新工科人才培养系列教材

电力工程基础

单鸿涛　陈　蓓　刘　瑾◎主　编
任丽佳　章文俊　张　菁
李志伟　闫书佳　王国良◎副主编
宋万清◎主　审

中国铁道出版社有限公司
CHINA RAILWAY PUBLISHING HOUSE CO., LTD.

内容简介

本书共分七章，包括电力系统概述、电网的参数计算和等值电路、电力系统负荷和潮流计算、电力系统短路和三相短路、继电保护基础、智能电网、微电网和泛在电力物联网建设等。全书内容结构安排合理，既反映了电力工程的整体性、综合性，又做到以学生为主体，以能力培养为中心，根据初学者的学习过程特点，遵循由浅入深、循序渐进的原则，突出重点，化解难点。

本书适合作为高等院校电气工程及其自动化等相关专业的教材，也可供电气工程技术人员及相关领域的工程师参考。

图书在版编目（CIP）数据

电力工程基础/单鸿涛，陈蓓，刘瑾主编．—北京：中国铁道出版社有限公司，2021．11

新工科人才培养系列教材

ISBN 978-7-113-26432-1

Ⅰ．①电… Ⅱ．①单… ②陈… ③刘… Ⅲ．①电力工程-高等学校-教材 Ⅳ．①TM7

中国版本图书馆 CIP 数据核字(2019)第 255915 号

书　　名：**电力工程基础**
作　　者：单鸿涛　陈　蓓　刘　瑾

策　　划：曹莉群　　　　编辑部电话：(010) 63549508
责任编辑：陆慧萍　绳　超
封面设计：宿　萌
封面制作：刘　颖
责任校对：焦桂荣
责任印制：樊启鹏

出版发行：中国铁道出版社有限公司（100054，北京市西城区右安门西街 8 号）
网　　址：http://www.tdpress.com/51eds/
印　　刷：三河市兴达印务有限公司
版　　次：2021 年 11 月第 1 版　2021 年 11 月第 1 次印刷
开　　本：787 mm×1 092 mm 1/16　印张：13.5　字数：334 千
书　　号：ISBN 978-7-113-26432-1
定　　价：40.00 元

前言

本书按照应用型本科建设的要求，不仅阐述了电力工程发电、输变电和配电系统领域电气设计常用的设计、运行和管理，以及继电保护基础等基本理论和计算及分析方法，还介绍了现代电力系统的运行、新能源发电、智能电网、泛在电力物联网以及微电网等领域的新知识和新技术。

全书共分七章，包括电力系统概述、电网的参数计算和等值电路、电力系统负荷和潮流计算、电力系统短路和三相短路、继电保护基础、智能电网、微电网和泛在电力物联网建设等。全书内容结构安排合理，既反映了电力工程的整体性、综合性，又做到以学生为主体，以能力培养为中心，根据初学者的学习特点，遵循由浅入深、循序渐进的原则，突出重点，化解难点。

本书适合作为高等院校电气工程及其自动化等相关专业的教材，也可供电气工程技术人员及相关领域的工程师参考。

本书由上海工程技术大学单鸿涛、陈蓓、刘瑾任主编，上海工程技术大学任丽佳、章文俊、张菁、李志伟、闫书佳、王国良任副主编。全书由宋万清主审。

由于编者水平有限，加之编写时间仓促，书中不妥和疏漏之处在所难免，恳请专家和读者批评指正，以便我们不断修正。

编　者

2019 年 10 月

目 录

第1章 电力系统概述

 1.1 电力系统的基本概念及要求

电力系统是由发电厂、输变电线路、供配电所和用电等环节组成的电能生产与消费系统。它的功能是将自然界的一次能源通过发电装置转换成电能，再经输电、变电和配电将电能供应到各用户。为实现这一功能，电力系统在各个环节和不同层次还具有相应的信息与控制系统，对电能的生产过程进行测量、调节、控制、保护、通信和调度，以保证用户获得安全、优质的电能。

电力系统的主体结构有电源（水电站、火电厂、核电站等发电厂），变电所（升压变电所、负荷中心变电所等），输电、配电线路和负荷中心。各电源点还互相连接以实现不同地区之间的电能交换和调节，从而提高供电的安全性和经济性。输电线路与变电所构成的网络通常称电力网络。电力系统的信息与控制系统由各种检测设备、通信设备、安全保护装置、自动控制装置以及监控自动化、调度自动化系统组成。电力系统的结构应保证在先进的技术装备和高经济效益的基础上，实现电能生产与消费的合理协调。

1.1.1 电力系统的基本构成

电力系统主要由发电厂、输变电线路、配电系统及用电负荷组成（如果将发电厂内的原动机部分也计入其中，则称为动力系统），其覆盖地域较广。电力系统的功能是将原始能源转换为电能，经过输电线路送至配电系统，再由配电线路把电能分配给负荷（用户）。原始能源主要是水力能源与火力能源（煤、天然气、石油、核聚变裂变燃料等），至于地热、潮汐、风力、太阳能等尚处于小容量发展阶段。在火力发电厂（或核电站）中，先由锅炉将化学能转变为热能（或由核反应堆将核能转变为热能），再由汽轮机将热能转换为机械能（若由天然气或水力发电，则直接由燃气轮机将化学能转换为机械能，或由水轮机将势能转换为机械能），最后由发电机将机械能转换为电能。输电线连接发电厂与配电系统以及与其他系统实行互连。配电系统连接由输电线供电局域内的所有负荷。电力负荷包括电灯、电热器、电动机（感应电动机、同步电动机等)、整流器、变频器或其他装置。在这些设备中电能又将转换为光能、热能、机械能等。现将电力系统的各组成分述如下:

1. 发电厂

发电厂的作用是产生电能,即发电厂将其他形式的一次能源经过发电设备转换为电能。发电厂根据利用的能源不同可分为火力发电厂、水力发电厂、核能发电厂,以及利用其他能源(如地热、风力、太阳能、石油、天然气、潮汐能等)的发电厂。目前,在我国大型电力系统中占主要地位的发电厂是火力发电厂,其次是水力和原子能发电厂。

为了充分、合理地利用动力资源,缩短燃料的运输距离,降低发电成本,火力发电厂一般建设在燃料产地,而水力发电厂只能建在水力资源丰富的地方。因此,发电厂往往远离城市和工业企业,即用电中心地区,故必须进行远距离输电。

2. 电力网(输配电系统)

电能的输送和分配是由输配电系统完成的,输配电系统又称电力网。目前的电力网输电形式可以分为交流输电与直流输电两种形式,其中交流输配电系统包括电能传输过程中途经的所有变电所、配电所中的电气设备和各种不同电压等级的电力线路。实践证明,输送的电力愈大,输电距离愈远,选用的输电电压就愈高,这样才能保证在输送过程中的电能损耗下降。但从用电角度考虑,为了用电安全和降低用电设备的制造成本,则希望电压低一些。因此,一般发电厂发出的电能都要先经过升压,然后由输电线路送到用电区,再经过降压,最后分配给用户使用,即采用高压输电、低压配电的方式。变电所就是完成这种任务的场所,在发电厂设置升压变电所将电压升高以利于远距离输送,在用电区则设置降压变电所将电压降低以供用户使用。

降压变电所内装设有受电、变电和配电设备,其作用是接受输送来的高压电能,经过降压后将低压电能进行分配。而对于低压供电的用户,只需再设置低压配电所即可。配电所内不设置变压器,它只能接受和分配电能。

但当输电的距离很远时,直流输电相比交流输电更加经济。在远距离或超远距离传输过程中,直流输电的线路造价低、运行的电能损耗小、线路走廊窄,这些优势可以减少电缆费用、传输损耗费用以及征地费用。但直流输电的主要缺点是难于引出分支线路,绝大部分只能采取端对端的输送方式。

直流输电是将三相交流电通过换流站将整流电变成直流电,然后通过直流输电线路送往另一个换流站逆变成三相交流电的输电方式。它基本上由两个换流站和直流输电线路组成,两个换流站与两端的交流系统相连接。

3. 电力用户

电力系统的用户又称用电负荷,可分为工业用户、农业用户、公共事业用户和人民生活用户等。根据用户对供电可靠性的不同要求,目前我国将用电负荷分为以下三级:

(1)一级负荷:对这一级负荷中断供电会造成人身伤亡事故或造成工业生产中关键设备难以修复的损坏,致使生产秩序长期不能恢复正常,造成国民经济的重大损失;或使市政生活的重要部门发生混乱等。当中断供电将造成人员伤亡或重大设备损坏或发生中毒、爆炸和火灾等情况的负荷,以及特别重要场所的不允许中断供电的负荷,应视为一级负荷中特别重要的负荷。

(2)二级负荷:对这一级负荷中断供电将引起大量减产,造成较大的经济损失;或使城市大量居民的正常生活受到影响等。

(3)三级负荷:对这一级负荷的短时供电中断不会造成重大损失。

对于不同等级的用电负荷,应根据其具体情况采取适当的技术措施来满足它们对供电可靠性的要求。一级负荷要求由双重电源供电,当一电源发生故障时,另一电源不应同时受到损坏。一级负荷中特别重要的负荷供电,除应由双重电源供电外,还应增设应急电源,并严禁将其他负荷接入应急供电系统。当工作电源出现故障时,由保护装置自动切除故障电源,同时由自动装置将备用电源自动投入或由值班人员手动投入,以保证对重要负荷连续供电。对于二级负荷,宜由双回路线路供电。在负荷较小或地区供电条件困难时,二级负荷可由单回路6 kV及以上专用的架空线路供电。对于三级负荷,通常采用单回路线路供电。

电力系统可以用一些基本参量加以描述。具体如下:

(1)总装机容量:系统中所有发电机组额定有功功率的总和,以兆瓦(MW)计。

(2)年发电量:系统中所有发电机组全年所发电能的总和,以兆瓦·时(MW·h)计。

(3)最大负荷:指规定时间(一天、一月或一年)内电力系统总有功功率负荷的最大值,以兆瓦(MW)计。

(4)年用电量:接在系统上所有用户全年所用电能的总和,以兆瓦·时(MW·h)计。

(5)额定频率:我国规定的交流电力系统的额定频率为50 Hz。

(6)最高电压等级:电力系统中最高电压等级的电力线路的额定电压,以千伏(kV)计。

1.1.2　电力系统运行的特点和要求

在电力系统短短的一百多年发展历史中,电力系统从早期的直流到后来的交流,再到现代的交直流并存,电力系统的规模越来越大,输电距离也越来越远,已经出现了大型的跨国、跨区域联合电力系统。将小系统联合成大系统具有以下几方面明显的优点:

(1)提高了供电可靠性。

(2)提高了供电的电能质量。

(3)可以减少系统的备用容量,提高设备利用率。

(4)便于安装大机组,且机组容量越大,技术经济效益越好。

(5)可以合理利用动力资源,提高了系统运行的经济性。

虽然联合电力系统具有上述优点,但是随着系统容量的不断扩大,故障影响和波及的范围也在扩大,系统的短路容量也在增大,对电气设备开断短路电流的能力也提出了更高的要求,这也正是联合电力系统需要解决的问题。

电力系统运行的特点,概括起来有以下几方面:

1. 发供用电的连续性

现阶段电能尚不能大量地、廉价地存储,发、变、输、配以及用电几乎同时完成,其中任一环节出现故障,必将影响电力系统的运行。因此,必须努力提高各环节的可靠性,以保证电力系统的安全、经济、连续、可靠运行和对用户的不间断供电。

2. 与国民经济各部门关系密切

电力工业与国民经济及人们生活息息相关,是国民经济发展的动力和基础,是人们生活的必需品。电力供应的中断或不足，将直接影响到社会生产、人们生活和国民经济的方方面面。若因电网故障发生重大事故时，重新启动所需费用高，并且停电一次会导致几百万元到几十亿元的财产损失。

3. 过渡过程的短暂性

电力系统中发电机、变压器、线路等元件的投入和切除要求非常迅速，由此而引起的系统电磁、机电暂态过程是非常短暂的。因此，正常和故障情况所进行的调整和切换操作非常迅速，必须依赖自动化程度高和动作可靠的继电保护设备及自动装置来完成。同时还需要大量的、高素质的专业人才来加以控制。

根据电力系统运行的特点，电力系统的基本要求主要有以下几方面：

1. 保证连续可靠的供电

供电的中断将使生产停顿、生活紊乱，甚至危害到设备和人身的安全，造成十分严重的后果。供电中断给国民经济造成的损失远远超过对电力系统本身造成的停电损失。因此，电力系统运行首先要满足连续可靠的要求；其次要提高运行和管理水平，防止发生误操作和不必要的人为操作失误使事故扩大化；还要加强对设备的安全运行进行检查；最后要加强和完善电网本身的结构，增加备用容量和采用必要的自动化设备。

2. 保证良好的电能质量

电能质量指标是指电压、频率和波形三者的变化不能超过允许的波动范围。电压的允许波动范围：35 kV 及以上为 ±5%，10 kV 及以下为 ±7%；频率的允许偏移为 50 ±（0.2～0.5）Hz（小系统为 ±0.5 Hz，大系统为 ±0.2 Hz）；波形应为标准正弦波且谐波应不超过标准。电能质量合格，用电设备正常工作时具有最佳的技术经济效果；相反，电能质量不合格，不仅对用电设备运行产生影响，对电力系统本身也有危害。

3. 保证电力系统运行的经济性

电力系统运行时，要尽可能地降低发电、变电和输配电过程中的损耗，最大限度地降低电能成本。这不仅意味着大量节约了能量资源，而且也降低了各用电部门的生产成本，使国民经济整体受益。

1.1.3 电压的变换和电能的传输

由发电厂产生的电能只有经过电压的变换和电能的传输之后才能进行使用，而这一过程依靠的是各变电站和输电网完成的。变电站是联系发电厂和用户的中间环节，起着电能变换和分配的作用，是电力网的主要组成部分。

按功能划分，电力系统的变电站可分为两大类：

1. 发电厂的变电站

发电厂的变电站又称发电厂的升压变电站，其作用是将发电厂发出的有功功率及无功功率送入电力网，因此其使用的变压器是升压型的，其中低压为发电机额定电压，高、中压主分接头电压为电网额定电压的 110%。

2. 电力网的变电站

一般选用降压型变压器，即作为功率受端的高压主分接头电压为电网额定电压，功率送端中、低压主分接头电压为电网额定电压的 110%。具体选择应根据电力网电压调节计算来确定。所有发电厂发出的电力均需经过升压变电站连接到高压、超高压输电线路上,以便将电能送出。然后经过降压变电站降压后将电能分配至各个地区及用户中。

按照在电力系统中的位置,变电站也可分为以下几类:

1. 枢纽变电站

枢纽变电站的主要作用是联络本电力系统中的各大电厂与大区域或大容量的重要用户,并实施与远方其他电力系统的联络,是实现联合发、输、配电的枢纽,因此其电压最高、容量最大,是电力系统的最上层变电站。其连接电力系统中高压和中压的几个电压级,汇集多个电源,高压侧电压为330~500 kV的变电站,全所停电后将引起系统解列甚至瓦解。

2. 中间变电站

中间变电站的主要作用是对一个大区域供电,因此其高压进线来自枢纽变电站或附近的大型发电厂,其中,低压对多个小区域负荷供电,并可能接入一些中、小型电厂,是电力系统的中层变电站。其高压侧起转换功率的作用,通常汇集两三个电源,电压为220~330 kV,同时降压供给地区用电,全所停电后将引起电网解列。

3. 地区变电站

地区变电站的主要作用是对一个小区域或较大容量的工厂供电,高压侧电压为110~220 kV,以向地区用户供电为主。全所停电后,该地区将中断对用户的供电。

4. 终端变电站

终端变电站是电力系统最下层的变电站。其低压出线分布于用户中,并在沿途接入小容量变压器,降压供给小容量的生产和生活用电,个别工厂内会下设车间变电站对各车间供电;其高压侧电压为110 kV,处于输电线路终端,接近负荷点。全所停电后,有关用户将被中断供电。

注意:

有些重要的工厂可能会设立自备电厂,该自备电厂接入配电变电站的低压母线中。正常运行时自备电厂除供给本厂负荷外,还可能有剩余功率对外输出,这时该变电站实际上为自备电厂的升压变电站;当自备电厂停运时,外部电力系统经该变电站将功率送入,这时该变电站为降压变电站,因此常称此种变电站为工厂与电力系统的联络变电站。考虑功率的双向传送,其变压器可按需要选用有载调压变压器。

1.1.4 电力系统的连接和电压等级

1. 电力系统的连接

电力系统中,发电厂和变电站之间的电气连接方式,是由它们之间的地理位置、负荷大小及其重要程度确定的。常用的几种连接方式如下:

(1)单回路接线。这种供电方式是单端电源供电的,如图1-1(a)所示。当线路发生故障时,负荷将会停电,故不太可靠,这种接线适用于较不重要的负荷。

(2)双回路接线,其接线方式如图1-1(b)所示。虽然双回路接线方式也只有单电源供电,但是当双回路的某一条线路发生故障时,另一条输电线路仍可继续供电,故可靠性较高。同时,这两回路接线接在发电厂不同组别的母线上,当某组母线出现故障时,另一组母线经另一输电线路可保持对负荷供电,故可靠性是足够高的。这种接线能担负对一、二类用户的供电。

(3)环形网络接线,其接线方式如图1-1(c)所示。如果一条线路发生故障,发电厂还可以经另外两条线路向负荷供电,故这种接线的可靠性也比较高。

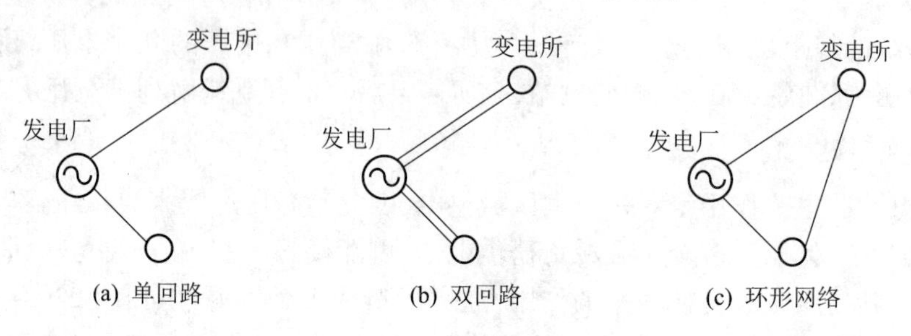

图1-1　电力系统的接线方式

2. 电力网的额定电压

为了完成电能的输送和分配,电力网一般设置多种电压等级。所有用电设备、发电机和变压器都规定有额定电压,即正常运行时最经济的电压。电力网的额定电压是根据用电设备的额定电压制定的。目前,我国制定的1 000 V以上电压的额定电压标准见表1-1。

表1-1　1 000 V以上电压的额定电压标准(kV)

用电设备额定电压	交流发电机额定线电压	变压器额定线电压	
		一次绕组	二次绕组
3	3.15	3及3.15	3.15及3.3
6	6.3	6及6.3	6.3及6.6
10	10.5	10及10.5	10.5及11.0
—	15.75	15.75	—
35	—	35	38.5
60	—	60	66
110	—	110	121
154	—	154	169
220	—	220	242
330	—	330	363
500	—	500	525

对表1-1的说明如下:

(1)发电机的额定电压比用电设备的额定电压高出5%,这是由于一般电网中电压损耗允许值为10%,而市用电设备的电压偏差允许值为±5%,且发电机接在电力网送电端,应比额定电压高。

(2)变压器一次侧相当于用电设备,二次侧是下一级电压线路的送电端,所以一次侧电压与用电设备的额定电压相等,而二次侧电压比用电设备电压高10%(包括本身电压损耗5%)。但在3 kV、6 kV、10 kV电压时,若采用短路电压小于7.5%的配电变压器,则二次绕组的额定电压只高出用电设备电压的5%。

(3)变压器一次绕组栏内的3.15 kV、6.3 kV、10.5 kV、15.75 kV电压适用于发电机端直接连接的升压变压器;二次绕组栏内的3.3 kV、6.6 kV、11.0 kV电压适用于阻抗值在高于同级电网的变压器阻抗7.5%以上的降压变压器。

(4)一般将35 kV及以上的高压线路称为输电线路,10 kV及以下的线路称为配电线路。其中,3~10 kV的线路称为高压配电线路,1 kV以下的线路称为低压配电线路。

3. 电压等级的选择

对于某一电压等级的输电线路而言,其输送能力主要取决于输送功率的大小和输送距离的远近。由于各输电线路电压等级的选择,是关系到电力系统建设费用的高低、运行是否方便、设备制造是否经济合理的一个综合性问题,因此要经过复杂的计算和技术比较才能确定,仅将电压等级、输送功率和输送距离的关系列于表1-2中。

表1-2　电压等级、输送功率和输送距离的关系

电压等级/kV	输送功率/kW	输送距离/km
6	100~1 200	4~15
10	200~2 000	15~20
35	2 000~10 000	20~50

1.1.5　电力系统负荷

1. 负荷构成

电力系统总负荷是所有用户用电设备所需功率的总和。这些设备包括异步电动机、同步电动机、电热器、电炉、照明和整流设备等,对于不同的行业,这些设备的构成比例不同。在工业部门用电设备中异步电动机所占比例最大。所有用户消耗功率之和称为电力系统综合用电负荷。综合用电负荷加上传输和分配过程中的网络损耗称为电力系统的供电负荷,即发电厂应供出的功率。供电负荷加上各发电厂本身消耗的厂用电功率即为发电机应发出的功率,称为电力系统的发电负荷。它们之间的关系如图1-2所示。

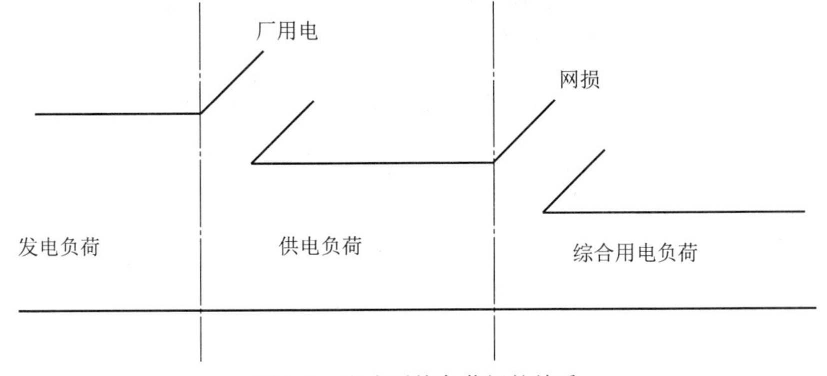

图1-2　电力系统负荷间的关系

2. 负荷曲线

在进行电力系统分析、计算及调度部门决定开停机时,必须知道负荷的大小。由于电力系统的负荷是随时间变化的,因此,电力网中的功率分布、功率损耗及电压损耗等都是随负荷变化而变化的。所以,在分析和计算电力系统的运行状态时,必须了解负荷随时间变化的规律。用户的用电规律通常以负荷曲线表示。在第3章将对负荷曲线进行详细解释。

1.1.6 标幺值及其应用

1. 有名制和标幺制

进行电力系统计算时,除采用有单位的阻抗、导纳、电压、电流、功率等进行运算外,还可采用没有单位的阻抗、导纳、电压、电流、功率等的相对值进行运算。前者称为有名制,后者称为标幺制。标幺制是一种归一化算法,是把不同量程等级转化到同一尺度的量程等级进行比较分析。标幺制之所以能在相当宽广的范围内取代有名制,是由于标幺制具有计算结果清晰、便于迅速判断计算结果的正确性、可大量简化计算等优点。

标幺制中,上述各量都以相对值出现,必然要有所相对的基准,即所谓基准值。标幺值、有名值、基准值之间应有如下关系:

$$\text{标幺值} = \frac{\text{有名值}(\Omega、\mathrm{S}、\mathrm{kV}、\mathrm{kA}、\mathrm{MV\cdot A}\text{等})}{\text{基准值}(\text{与相应有名值相同})} \tag{1-1}$$

按式(1-1),并计及三相对称系统中,线电压为相电压的$\sqrt{3}$倍,三相功率为单相功率的3倍,如取线电压的基准值为相电压基准值的$\sqrt{3}$倍,三相功率的基准值为单相功率基准值的3倍,则线电压和相电压的标幺值数值相等,三相功率和单相功率的标幺值数值相等。而通过运算将会发现,标幺制的这一特点也是它的一个优点。

基准值的单位应与有名值的单位相同是选择基准值的一个限制条件。选择基准值的另一个限制条件是阻抗、导纳、电压、电流、功率的基准值之间也应符合电路的基本关系。如阻抗、导纳的基准值为每相阻抗、导纳;电压、电流的基准值为线电压、线电流;功率的基准值为三相功率,则这些基准值之间应有如下关系:

$$\begin{aligned} S_B &= \sqrt{3}\,U_B I_B \\ U_B &= \sqrt{3}\,I_B Z_B \\ Z_B &= \frac{1}{Y_B} \end{aligned} \tag{1-2}$$

式中 Z_B, Y_B——每相阻抗、导纳的基准值;

U_B, I_B——线电压、线电流的基准值;

S_B——三相功率的基准值。

由此可见,五个基准值中只有两个可以任意选择,其余三个必须根据上述关系派生。通常是,先选定三相功率和线电压的基准值S_B、U_B,然后按上述关系式求出每相阻抗、导纳和线电流的基准值,具体如下:

$$\begin{aligned} Z_B &= \frac{U_B^2}{S_B} \\ Y_B &= \frac{S_B}{U_B^2} \end{aligned} \tag{1-3}$$

$$I_{B}=\frac{S_{B}}{\sqrt{3}U_{B}}$$

功率的基准值往往就取系统中某一发电厂的总功率或系统的总功率,也可取某发电机或变压器的额定功率,有时也取某一个整数,如100 MV·A、1 000 MV·A等。电压的基准值往往取参数和变量都将向其归算的该级额定电压。例如,拟将参数和变量都归算至220 kV电压侧,则基准电压就取220 kV。

2. 有名值的电压级归算

无论采用有名制或标幺制,对多电压级网络,都需将参数或变量归算至同一电压级——基本级。常取网络中最高电压级为基本级。有名值归算时按式(1-4)~式(1-6)计算。

$$\begin{cases}R=R'(k_{1}k_{2}k_{3}\cdots)^{2}\\X=X'(k_{1}k_{2}k_{3}\cdots)^{2}\end{cases}\tag{1-4}$$

$$\begin{cases}G=G'\left(\dfrac{1}{k_{1}k_{2}k_{3}\cdots}\right)^{2}\\B=B'\left(\dfrac{1}{k_{1}k_{2}k_{3}\cdots}\right)^{2}\end{cases}\tag{1-5}$$

$$\begin{cases}U=U'(k_{1}k_{2}k_{3}\cdots)\\I=I'\left(\dfrac{1}{k_{1}k_{2}k_{3}\cdots}\right)\end{cases}\tag{1-6}$$

式中　$k_{1},k_{2},k_{3}\cdots$——变压器的变比;

R',X',G',B',U',I'——归算前电阻、电抗、电导、电纳、相应的电压、电流的值;

R,X,G,B,U,I——归算后电阻、电抗、电导、电纳、相应的电压、电流的值。

3. 标幺值的电压级归算

在多电压级网络中,标幺值的电压级归算有两条不同途径:一是将网络各元件阻抗、导纳以及网络中各点电压、电流的有名值都归算到同一电压级——基本级,然后除以与基本级相对应的阻抗、导纳、电压、电流基准值,如式(1-7)所示。

$$\begin{cases}Z_{*}=\dfrac{Z}{Z_{B}}=Z\dfrac{S_{B}}{U_{B}^{2}}\\Y_{*}=\dfrac{Y}{Y}=Y\dfrac{U_{B}^{2}}{S_{B}}\\U_{*}=\dfrac{U}{U_{B}}\\I_{*}=\dfrac{I}{I_{B}}=I\dfrac{\sqrt{3}U_{B}}{S_{B}}\end{cases}\tag{1-7}$$

式中　Z_{*},Y_{*},U_{*},I_{*}——阻抗、导纳、电压、电流的标幺值;

Z,Y,U,I——归算到基本级的阻抗、导纳、电压、电流的有名值;

$Z_{B},Y_{B},U_{B},I_{B},S_{B}$——与基本级相对应的阻抗、导纳、电压、电流、功率的基准值。

二是将未经归算的各元件阻抗、导纳以及网络中各点电压、电流的有名值除以由基本级归算到这些量所在电压级的阻抗、导纳、电压、电流基准值，如式(1-8)所示。

$$\begin{cases} Z_* = \dfrac{Z'}{Z'_B} = Z' \dfrac{S'_B}{U'^2_B} \\ Y_* = \dfrac{Y'}{Y'_B} = Y' \dfrac{U'^2_B}{S'_B} \\ U_* = \dfrac{U'}{U'_B} \\ I_* = \dfrac{I'}{I'_B} = I' \dfrac{\sqrt{3}U'_B}{S'_B} \end{cases} \tag{1-8}$$

式中 Z_*, Y_*, U_*, I_*——阻抗、导纳、电压、电流的标幺值；

Z', Y', U', I'——未经归算的阻抗、导纳、电压、电流的有名值；

$Z'_B, Y'_B, U'_B, I'_B, S'_B$——由基本级归算到 Z'、Y'、U'、I'所在电压级的阻抗、导纳、电压、电流、功率的基准值。

这里 Z、Y、U、I 与 Z'、Y'、U'、I'的关系如式(1-8)、式(1-9)所示，而Z_B、Y_B、U_B、I_B、S_B与Z'_B、Y'_B、U'_B、I'_B、S'_B的关系如式(1-9)所示。

$$\begin{cases} Z'_B = Z_B \left(\dfrac{1}{k_1 k_2 k_3 \cdots} \right)^2 \\ Y'_B = Y_B (k_1 k_2 k_3 \cdots)^2 \\ U'_B = U_B \left(\dfrac{1}{k_1 k_2 k_3 \cdots} \right)^2 \\ I'_B = I_B (k_1 k_2 k_3 \cdots) \\ S'_B = S_B \end{cases} \tag{1-9}$$

最后一式表明基准功率不存在不同电压级之间的归算问题，因此$\sqrt{3}U_B I_B = \sqrt{3}U'_B I'_B$。

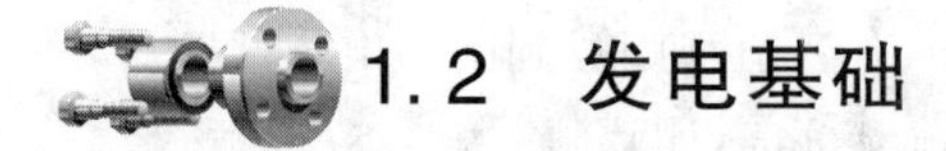

1.2 发电基础

发电厂按照使用能源的类型可以分为火力发电厂、水力发电厂、风力发电厂、核能发电厂以及其他可再生能源类型的发电厂。下面对这些类型的发电厂进行详细阐述。

1.2.1 火力发电

利用固体、液体、气体燃料的化学能来生产电能的工厂称为火力发电厂，简称火电厂。迄今为止，火电厂仍是世界上电能生产的主要方式，约占发电设备总装机容量的70%以上。我国和世界各国的火电厂使用的燃料大多以煤炭为主，其他还有以燃油、天然气以及生活和工业垃圾等为燃料的火电厂。

火电厂在将一次能源转化为电能的过程中，一般要经过三次能量转换。首先是将燃料的化学能转化为热能，再经过原动机把热能转变为机械能，最后通过发电机将机械能转化为电能。

火电厂按照其生产方式不同又可以分为下列类型：

(1)凝汽式火电厂：将锅炉产生的过热蒸汽送到汽轮机，通过汽轮机带动发电机发电。而凝汽式火电厂的特点是将已做过功的蒸汽(乏汽)排入凝汽器，在凝汽器中凝结成水后再重新打入锅炉。在这一过程中，大量的热量被循环水带走，因此，凝汽式火电厂的热效率较低，一般只有30%~40%。

(2)热电厂：热电厂与凝汽式火电厂的主要不同点在于汽轮机中部分已经做过功的蒸汽，从中间抽出后供给热力用户，或经热交换器将水加热后再供给热力用户。由于热电厂减少了循环水带走的热量损失，因此热电厂的热效率较高，一般可以达到60%~70%。

1.2.2 水力发电

水力发电厂是利用河流等蕴藏的水能资源来生产电能的工厂，简称水电厂。水电厂将水的势能转换为电能只有两次能量转换过程，即通过原动机(水轮机)将水的势能转换为机械能，再通过发电机将机械能转变为电能。根据水利枢纽的布局不同，水电厂又可以分为堤坝式和引水式等类型。

(1)堤坝式水电厂。这种发电厂的厂房建在坝后，全部水压由坝体承受，厂房本身不承受水压。利用坝体抬高水位形成发电水头，再将高水位的水头引下来冲动水轮机，带动发电机发电。堤坝式水电厂按水头又可以分为坝后式和径流式两种，我国长江三峡、刘家峡和二滩等都属于坝后式水电厂，葛洲坝则为径流式水电厂。

(2)引水式水电厂。将水电厂建筑在山区水流湍急的河道上，或河床坡度较大的区段，用修隧道或渠道的方法形成水流落差来发电。这种发电厂多用于小水电站。

此外，为了系统调峰的需要，系统中还有一些水电厂，在负荷较小时利用系统“多余”的电能，使机组按电动机水轮机(水泵)方式运行，将下游的水抽到上游水库储存；而在系统负荷高峰时，使机组按水轮机-发电机方式运行，将水库中的蓄水转变为电能。这种水电厂一般称为抽水蓄能电厂。

1.2.3 风力发电

风是空气流动所产生的。由于地球的自转、公转以及地表的差异，地面各处接受太阳辐射强度也是有所差异的，产生大气温差，从而产生大气压差，形成空气的流动。风能就是指流动的空气所具有的能量，是由太阳能转化而来的。因此，风能是一种干净的自然能源、可再生能源，同时风能的储量十分丰富。据估算，全球大气中总的风能量约为10^{14} kW，其中可被开发利用的风能约为2×10^{9} kW，比世界上可利用的水能大10倍。因此，风能的开发利用具有非常广阔的前景。

风能与近代广为开发利用的化石燃料和核能不同，它不能直接储存起来，是一种过程性能源，只有转化成其他形式的可以储存的能量才能储存。人类利用风能(风车)已有几千年的历史，主要用于碾谷和抽水，目前风能的利用主要是风力发电。由于火力发电和核裂变能发电在一次能源的开发、电能的生产过程中会造成环境污染，同时资源的储存量正在日益减少。而风力发电没有这些问题，且风力发电技术日趋成熟，产品质量可靠，经济性日益提高，发展速度非常快。

风力发电机组由风力机和发电机及其控制系统组成，其中风力机完成风能到机械能的转换，发电机及其控制系统完成机械能到电能的转换。

风力发电的运行方式通常可分为独立运行和并网运行。

1. 独立运行

发电机组的独立运行是指机组生产的电能直接供给相对固定用户的一种运行方式。独立运行风力发电系统（简称风电系统）包括以下主要部件：

(1)风力发电机组（简称风电机组）。与公共电网不相连，可独立运行的风力发电机系统。

(2)耗能负载。持续大风时，用于消耗风电机组发出的多余电能。

(3)蓄电池组。由若干蓄电池经串联组成的储存电能的装置。

(4)控制器。系统控制装置主要功能是对蓄电池进行充电控制和过放电保护，同时对系统输入、输出功率起到调节与分配作用，以及系统赋予的其他监控功能。

(5)逆变器。将直流电转换为交流电的电力电子设备。

(6)直流负载。以直流电为动力的装置或设备。

(7)交流负载。以交流电为动力的装置或设备。

为提高风电系统的供电可靠性，可设置柴油发电机组作为系统的备用电源和蓄电池组的应急充电电源。独立运行的风力发电机输出的电能经蓄电池蓄能，再供应用户使用。如用户需要交流电，则需在蓄电池与用户负荷之间加装逆变器。5 kW 以下的风力发电机多采用这种运行方式，可供电网达不到的边远地区的负荷用电。风能具有随机性，蓄能装置（多采用铅酸蓄电池和碱性蓄电池）是为了保证电能用户在无风期间内可以不间断地获得电能而配备的设备；另一方面，在有风期间，当风能急剧增加或用户负荷较低时，蓄能装置可以吸收多余的电能。

当然，为了实现不间断的供电，风力发电系统还可与其他动力源联合使用，互为补充，如风力-柴油发电系统联合运行，风力-太阳能发电系统联合运行。

2. 并网运行

风力机与电网连接，向电网输送电能的运行方式称为并网运行，它是克服风的随机性而带来的蓄能问题的最稳妥易行的运行方式，并可达到节约矿物燃料的目的。10 kW 以上直至兆瓦级的风力机皆可采用这种运行方式。在风能资源良好的地区，将几十、几百台或几千台单机容量从数十千瓦、数百千瓦直至兆瓦级以上的风力机组按一定的阵列布局方式成群安装组成的风力机群体，称为风力发电场，简称风电场。风电场属于大规模利用风能的方式，其发出的电能全部经变电设备送往大电网。风电场是在大面积范围内大规模开发利用风能的有效形式，弥补了风能能量密度低的弱点。风电场的建立与发展可带动和促进形成新的产业，有利于降低设备投资及发电成本。

1.2.4 核能发电

核电厂（又称核电站）是利用核能发电的工厂。核能又称原子能，因此核电厂也称原子能发电厂。

核能的利用是现代科学技术的一项重大成就。从 20 世纪 40 年代原子弹的出现开始，核能就逐渐被人们所掌握，并陆续用于工业、交通等许多部门，为人类提供了一种新的能源。核能分为核裂变能和核聚变能两类。由于核聚变能受控难度较大,目前用于发电的核能主要是核裂变能。

核能发电过程与火力发电过程相似,只是核能发电的热能是利用置于核反应堆中的核燃料在发生核裂变时释放出的能量而得到的。根据核反应堆型式的不同,核电厂可分为轻水堆型、重水堆型及石墨气冷堆型等。目前世界上的核电厂大多采用轻水堆型。轻水堆型又有压水堆型和沸水堆型之分。

在沸水堆型核能发电系统中,水直接被加热至沸腾而变成蒸汽,然后汽轮机做功,带动发电机发电。沸水堆型的系统结构比较简单,但由于水是在沸水堆内被加热的,其堆芯体积较大,并有可能使放射性物质随蒸汽进入汽轮机,对设备造成放射性污染,使其运行、维护和检修变得复杂和困难。为了避免这个缺点,目前世界上60%以上的核电厂采用压水堆型核能发电系统。与沸水堆型系统不同,压水堆型系统中增设了一个蒸汽发生器,从核反应堆中引出的高温水蒸气,进入蒸汽发生器内,将热量传给另一个独立系统的水,使之加热成高温蒸汽以推动汽轮发电机组旋转。由于在蒸汽发生器内两个水系统是完全隔离的,所以不会对汽轮机等设备造成放射性污染。我国的核电站即以压水堆型为主。

核电厂的主要优点是可以大量节省煤、石油等燃料。例如:1 kg铀裂变所产生的热量相当于2.7×10^3 t标准煤燃烧产生的热量。一座容量为500 MW的火电厂每年要烧1.5×10^6 t煤,而相同容量的核电厂每年只需消耗600 kg的铀燃料,从而避免了大量的燃料运输。虽然核电厂的造价比火电厂高,但其长期的燃料费、维护费则比火电厂低,且核电厂的规模愈大则生产每度电的投资费用下降愈多。日本大地震前,世界最大的核电站是日本福岛核电站,容量为9 096 MW。目前世界上最大单机容量的核电站是1 750 MW的广东台山核电站。2016年,我国核电累计发电量为2 105.19 kW·h,约占全国累计发电量的3.56%。

1.2.5　太阳能发电

太阳能是太阳内部连续不断的核聚变反应过程产生的能量,它以光辐射的形式向太空发射约为3.83×10 MW/s能量,到达地球大气层上界的能量仅为其总辐射能量的亿分之一,但已高达1.73×10 MW/s,相当于500万t煤的能量。即使经大气层的反射和吸收,仍有8.2×10 MW/s到达地面,地球一年获得的太阳辐射能是全球能耗的上万倍。地球上几乎所有其他能源都直接或间接地来自太阳能(核能和地热能除外),巨大的太阳能是地球的能源之母、万物生长之源,据估计尚可维持数十亿年之久。太阳能是可再生能源,资源丰富、遍地都有,既可免费使用,又无须开采和运输,还是清洁而无任何污染的能源,但太阳能的能流密度较低,还具有间歇性和不稳定性,给开发利用带来不少的困难。

因此,在常规能源日益紧缺、环境污染日趋严重的今天,充分利用太阳能显然具有持续供能和保护环境双重伟大的意义。太阳能由于可以转换成多种其他形式的能量,其应用的范围非常广泛,主要有太阳能发电、太阳能热利用、太阳能动力利用、太阳能光化利用、太阳能生物利用和太阳能光利用等。

1. 太阳能热发电

将吸收的太阳辐射热能转换成电能的发电技术称为太阳能热发电技术,它包括两大类型:一类是利用太阳热能直接发电,如半导体或金属材料的温差发电、真空器件中的热电子和热离子发电以及碱金属热电转换和磁流体发电等。这类发电的特点是发电装置本体没有活动部件,但目前此类发电量小,有的方法尚处于原理性试验阶段。另一类是太阳热能间接发电,就是利用光—热—电转换,即通常所说的太阳能热发电。将太阳热能转变为介质的热能,通过热机带动发电机发电,其基本组成与火力发电设备类似,只不过其热能是从太阳能转换而来,就是说用"太阳锅炉"代替火电厂的常规锅炉。

太阳能热发电的种类不少,但都是太阳辐射能→热能→机械能→电能的能量转换过程,因此典型的太阳能热发电系统的构成由聚光聚热装置、中间热交换器、储能系统、热机与发电机系统等几部分组成。

2. 太阳能光发电

太阳能光发电是指不通过热过程直接将太阳的光能转换成电能的太阳能发电方式。可分为光伏发电、光感应发电、光化学发电、光生物发电,其中光伏发电是太阳能光发电的主流,光感应发电和光生物发电目前还处于原理性试验阶段,光化学发电具有成本低、工艺简单等优点,但工作稳定性等问题尚需要解决。因此,通常所说的太阳能光发电就指光伏发电。光伏发电是根据光生伏特效应原理,利用太阳能电池(光伏电池)将太阳能直接转化成电能。太阳能电池是一种具有光电转换特性的半导体器件,能直接将太阳辐射能转换成直流电,是光伏发电的最基本单元。太阳能电池特有的电特性是借助于在晶体硅中掺入某些元素(如磷或硼等),从而在材料的分子电荷中造成永久的不平衡,形成具有特殊电性能的半导体材料。在阳光照射下,具有特殊电性能的半导体内可以产生自由电荷,这些自由电荷定向移动并积累,从而在其两端形成电动势,当用导体将其两端闭合时便产生电流。这种现象称为"光生伏特效应",简称"光伏效应"。

目前应用最广的太阳能电池是晶体硅太阳能电池。它由半导体材料组成,厚度大约为0.35 mm,分为两个区域:一个是正电荷区,另一个是负电荷区。负电荷区位于电池的上层,这层由掺有磷元素的硅片组成;正电荷区置于电池表层的下面,由掺有硼元素的硅片制成;正负电荷界面区域称为PN结。当阳光投射到太阳能电池时,太阳能电池内部产生自由电子-空穴对,并在电池内扩散。自由电子被PN结扫向N区,空穴被扫向P区,在PN结两端形成电压,当用金属线将太阳能电池的正负极与负载相连时,外电路就形成了电流。每个太阳能电池基本单元PN结处的电动势大约为0.5 V,此电压值大小与电池片的尺寸无关。太阳能电池的输出电流受自身面积和日照强度的影响,面积较大的电池能够产生较强的电流。

光伏发电具有安全可靠、无噪声、无污染、制约少、故障率低等优点,在我国西部广袤严寒、地形多样的农牧民居住地区,发展太阳能光伏发电有着得天独厚的条件和非常现实的意义。

1.2.6 生物质发电

生物质能是绿色植物通过叶绿素将太阳能转化为化学能而储存在生物质内部的能量,一直是人类赖以生存的重要能源,通常包括木材和森林工业废弃物、农业废弃物、水生植物、油料植物、城市与工业有机废弃物和动物粪便等。生物质能由太阳能转化而来,是可再生能源。

开发利用生物质能,具有很高的经济效益和社会效益,主要体现在:生物质能是可再生能源,来源广、便宜、容易获得,并可转化为其他便于利用的能源形式,如燃气、燃油、酒精等;生物质燃烧产生的污染远低于化石燃料,并使得许多废物、垃圾的处置问题得到解决,有利于环境保护。以生物质能为能源发电,只是其中利用的一种形式。由于生物质能表现形式的多样性,以及将生物质原料转换成能源的装置不同,生物质能发电厂的种类较多,规模大小受生物质能资源的制约,主要有垃圾焚烧发电厂、沼气发电厂、木煤气发电厂、薪柴发电厂、蔗渣发电厂等。尽管如此,从能源转换的观点和动力系统的构成来看,生物质能发电与火力发电基本相同。一种是将生物质原料直接或处理后送入锅炉燃烧把化学能转化为热能,以蒸汽作为工质进入汽轮机驱动发电机,如垃圾焚烧发电厂。另一种是将生物质原料处理后,形成液体燃料或气体燃料直接进入发电机驱动发电机发电,如沼气发电厂。

因此,利用生物质能发电的关键在于生物质原料的处理和转换技术。除了直接燃烧外,利用现代物理、生物、化学等技术,可以把生物质资源转化为液体、气体或固体形式的燃料和原料。目前研究开发的转换技术主要分为物理干馏,热解法和生物、化学发酵法几种,包括干馏制取木炭技术、生物质可燃气体(木煤气)技术、生物质厌氧消化(沼气制取)技术和生物质能生物转换技术。

1. 生物质转化的能源形式

通过转换技术得到的能源形式有如下几种:

(1)酒精(乙醇)。它被称为绿色"石油燃料",把植物纤维素经过一定的加工改造、发酵即可获得。用酒精作燃料,可大大减少石油产品对环境的污染,而且其生产成本与汽油基本相同。

(2)甲醇。它是由植物纤维素转化而来的重要产品,是一种环境污染很小的液体燃料。甲醇的突出优点是燃烧中碳氢化合物、氧化氮和一氧化碳的排放量很低,而燃烧率比较高。

(3)沼气。它是在极严格的厌氧条件下,有机物经多种微生物的分解与转化作用产生的,是高效的气体燃料,主要成分为甲烷(55%~70%)、二氧化碳(30%~35%)和极少量的硫化氰、氢气、氨气、磷化三氢、水蒸气等。

(4)可燃气体(木煤气)。它是可燃烧的生物质,如木材、锯末屑、秸秆、谷壳、果壳等,在高温条件下经过干燥、干馏热解、氧化还原等过程后产生的可燃混合气体,其主要成分有可燃气体 CO、H_2 等及不可燃气体 N_2 和少量水蒸气。不同的生物质资源汽化产生的混合气体各成分含量有所差异。生物质气化产生的混合气体与煤、石油经过汽化产生的可燃混合气体煤气的成分大致相同,为了加以区别,俗称"木煤气"。另外,汽化过程还有大量煤焦油产生,它是由生物质热解释放出的多种碳氢化合物组成的,也可作为燃料使用。

(5)固体燃料。它包括生物质干馏制取的木炭和生物质挤压成型的固体燃料。为克服生物质燃料密度低的缺点,采取将生物质粉碎成一定细度后,在一定的压力、温度和湿度条件下,挤压成棒状、球状、颗粒状的生物质固体燃料。生物质经挤压成型加工,使其密度大大增加,热值显著提高,与中质煤相当,便于储存和运输,并保持了生物质挥发性高、易着火燃烧、灰分及含硫量低、燃烧产生污染物较少等优点。如果再利用生物质炭化炉还可以将成型生物质固体燃料进一步炭化,生产生物炭。由于在隔绝空气条件下,生物质被高温分解,生成燃气、焦油和炭,其中的燃气和焦油又从炭化炉释放出去,所以最后得到的生物炭燃烧效果显著改善,烟气中的污染物含量明显降低,是一种高品质的民用燃料,优质的生物炭还可以用于冶金工业。

(6)生物油。某些绿色植物能够迅速地把太阳能转变为烃类,而烃类是石油的主要成分。植物依靠自身的生物机能转化为可利用的燃料,是生物质能源的生物转换技术。对这些植物的液体(实际是一种低分子量的碳氢化合物)加以提炼,得到的"绿色石油"燃烧时不会产生一氧化碳和二氧化硫等有害气体,不污染环境,是一种理想的清洁生物燃料。

2. 生物质能发电的特点

(1)生物质能发电的重要配套技术是生物质能的转换技术,且转化设备必须安全可靠、维护方便。

(2)利用当地生物资源发电的原料必须具有足够数量的储存,以保证连续供应。

(3)发电设备的装机容量一般较小,且多为独立运行的方式。

(4)利用当地生物质能资源就地发电、就地利用,不需外运燃料和远距离输电,适用于居住分散、人口稀少、用电负荷较小的农牧业区及山区。

(5)城市粪便、垃圾和工业有机废水对环境污染严重,用于发电,则化害为利,变废为宝。

(6)生物质能发电所用能源为可再生能源,资源不会枯竭、污染小、清洁卫生,有利于环境保护。

目前我国城市垃圾处理以填埋和堆肥为主,既侵占土地又污染环境。垃圾焚烧技术可以在高温下对垃圾中的病原菌彻底杀灭达到无害化处理目的,焚烧后灰渣只占原体积的5%,达到减量化的目的。采用垃圾焚烧发电,不仅具有以上优点,还可回收能源,是目前发达国家广泛采用的城市垃圾处理技术。垃圾焚烧发电技术的关键在于:焚烧技术即垃圾焚烧炉技术,现有方式主要有层状焚烧、沸腾焚烧和旋转焚烧,其中以层状焚烧应用最广。层状焚烧的垃圾锅炉的垃圾焚烧过程,是通过可移动的、有一定倾斜角的炉排片使垃圾在炉床上缓慢移动,并不断地翻转、搅拌、松散,甚至开裂和破碎,以保证垃圾逐渐干燥、着火燃烧,直至完全燃尽,垃圾焚烧产生的尾气中,有一定量的粉尘、HCl、NO、SO_2,因此要严格控制燃烧工况(空气量、燃烧温度、炉内停留时间)并安装各种尾气净化设备。此外,垃圾中可燃废弃物的质量和数量随季节和地区的不同而发生变化,垃圾发电的发电量波动性大、稳定性差。

我国经过30多年的发展,沼气发电在工矿企业、山区农村、小城镇,以及远离电网、少煤缺水的地区得到应用,已研制出0.5~250 kW不同容量的沼气发电机组,基本形成系列产品,并建成沼气电站120余座,总装机容量约3 000 kW。沼气电站具有规模小、设备简单、建设快、投资省的优点,制取沼气的资源丰富、分布广泛、价格低廉、不受季节影响可全年发电。可以净化环境、促进生态平衡;容易实现与太阳能、风能的联合利用等优点。以沼气利用技术为核心的综合利用技术模式,由于其明显的经济和社会效益而得到快速发展,已成为中国生物质能利用的特色。

沼气发电站主要由发电机组(沼气发动机和发电机)、废热回收装置、控制和输配电系统、气源工程和辅助建筑物等构成。生产过程为:消化池产生的沼气经汽水分离、脱硫化氢和脱二氧化碳等净化处理后,由储气柜输送至稳压箱稳压后,进入沼气发动机驱动发电机发电。而沼气发动机排出的废气和冷却水中的热量,则通过废热回收装置进行回收后,作为消化池料液加温热源或其他用途而得到充分利用。

1.2.7 潮汐发电

潮汐能是指海水潮涨和潮落形成的水的势能,多为10 m以下的低水头,平均潮差在3 m以上就有实际应用价值。潮汐电站目前已经实用化。在潮差大的海湾入口或河口筑坝构成水库,在坝内或坝侧安装水轮发电机组,利用堤坝两侧潮汐涨落的水位差驱动水轮发电机组发电。潮汐电站有单库单向式、单库双向式、双库式等几种形式。

(1)单库单向式潮汐电站。这种电站只建一个水库,安装单向水轮发电机组,因落潮发电可利用的水库容量和水位差比涨潮大,这种电站常采用落潮发电方式。涨潮时打开水库闸门向水库充水,平潮时关闸;落潮后,待水库内外有一定水位差时开闸,驱动水轮发电机组发电。单库单向式潮汐电站结构简单,投资少,但一天中只有1/3左右的时间可以发电。为了利用库容多发电,可采用发电结合抽水蓄能式,在水头小时,用电网的电力将海水抽入水库,以提高发电水头。

(2)单库双向式潮汐电站。这种电站只建一个水库,安装双向水轮发电机组或在水工建筑布置上满足涨潮和落潮双向发电要求,比单库单向式可增加发电量约25%,同样可采用发电结合抽水蓄能式,但仍存在间歇性发电的缺点。

(3)双库式潮汐电站(高低库)。这种电站建有两个互相邻接的水库,两库之间安装单向水轮发电机组。涨潮时,向高水库充水;落潮时,由低水库泄水,高、低库之间始终保持水位差,水轮发电机组连续发电。潮汐电站采用贯流式水轮机,有灯泡贯流式和全贯流式两种型式。灯泡贯流式机组是潮汐发电中的第一代机型,全贯流式机组为第二代机型。

1.3　电力系统设备

1.3.1　发电设备

1. 发电机

发电机是指将其他形式的能源转换成电能的机械设备,它由水轮机、汽轮机、柴油机或其他动力机械驱动,将水流、气流、燃料燃烧或原子核裂变产生的能量转化为机械能传给发电机,再由发电机转化为电能。

发电机通常由定子、转子、端盖及轴承等部件构成。定子由定子铁芯、线包绕组、机座以及固定这些部分的其他结构件组成。转子由转子铁芯(或磁极、磁扼)绕组、护环、中心环、滑环、风扇及转轴等部件组成。由轴承及端盖将发电机的定子、转子连接组装起来,使转子能在定子中旋转,做切割磁感线的运动,从而产生感应电势,通过接线端子引出,接在回路中,便产生了电流。

发电机可分为直流发电机和交流发电机。其中,交流发电机分为同步发电机和异步发电机(很少采用);交流发电机还可分为单相发电机与三相发电机。

另外,从原理上发电机可分为同步发电机、异步发电机、单相发电机、三相发电机;从产生方式上发电机可分为汽轮发电机、水轮发电机、柴油发电机、汽油发电机等;从能源上发电机可分为火力发电机、水力发电机、风力发电机等。

2. 光伏发电系统

太阳能光伏发电是利用太阳电池半导体材料的光电效应,将太阳光辐射能直接转化为电能的一种新型发电方式。该系统主要由太阳能电池板、控制器和逆变器三大部分组成。太阳能电池经过串联后进行封装保护可形成大面积的太阳电池组件,再配合上功率控制器等部件就形成了光伏发电装置。

关于半导体材料在外电路下可以形成电流的原理参见1.2.5节。

1.3.2 输变电设备

输变电系统是由一系列电气设备组成的。发电站发出的强大电能只有通过输变电系统才能输送到电力用户。

除了变压器、导线、绝缘子互感器、避雷器、隔离开关和断路器等电气设备外，还有电容器、套管、阻波器电缆、电抗器和继电保护装置等，这些都是输变电系统中必不可缺的设备。下面对输变电系统的主要电气设备及其功能进行简单介绍。

1. 输变电系统的基本电气设备

1)导线

导线的主要功能就是引导电能实现定向传输。导线按其结构可以分为两大类：一类是结构比较简单不外包绝缘的称为电线；另一类是外包特殊绝缘层和铠甲的称为电缆。电线中最简单的是裸导线，裸导线结构简单、使用量最大，在所有输变电设备中，它消耗的有色金属最多。电缆的用量比裸导线少得多，但是因为它具有占用空间小、受外界干扰少、比较可靠等优点，所以也占有特殊地位。电缆不仅可埋在地里，还可浸在水底，因此在一些跨江过海的地方都离不开电缆。电缆的制造比裸导线要复杂得多，这主要是因为要保证它的外皮和导线间的可靠绝缘。输变电系统中采用的电缆称为电力电缆。此外，还有供通信用的通信电缆等。

2)变压器

变压器是利用电磁感应原理对变压器两侧交流电压进行变换的电气设备。为了大幅度地降低电能远距离传输时在输电线路上的电能损耗，发电机发出的电能需要升高电压后再进行远距离传输，而在输电线路的负荷端，输电线路上的高电压只有降低等级后才能便于电力用户使用。例如，要把发电站发出的电能送入输变电系统，就需要在发电站安装变压器，该变压器输入端(又称一次侧)的电压和发电机电压相同，变压器输出端(又称二次侧)的电压和该输变电系统的电压相同。这种输出电压比输入电压高的变压器即为升压变压器。当电能送到电力用户后，还需要很多变压器把输变电系统的高电压逐级降到电力用户侧的220 V(相电压)或380 V(线电压)。这种输出端电压比输入端电压低的变压器即为降压变压器。除了升压变压器和降压变压器外，还有联络变压器、隔离变压器和调压变压器等。例如，几个邻近的电网尽管平时没多少电能交换，但有时还是希望它们之间能够建立起一定的联系，以便在特定的情况下互送电能，相互支援。这种起联络作用的变压器称为联络变压器。此外，两个电压相同的电网也常通过变压器再连接，以减少一个电网的事故对另一个电网的影响，这种变压器称为隔离变压器。

3)开关设备

开关设备的主要作用是连接或隔离两个电气系统。高压开关是一种电气设备，其功能就是完成电路的接通和切断，达到电路的转换、控制和保护的目的。高压开关比常用低压开关重要得多、复杂得多。常见的日用开关才几百克，而高压开关有的重达几十吨，高达几层楼。这是因为它们之间承受的电压和电流大小很悬殊。按照接通及切断电路的能力，高压开关可分为好几类。最简单的是隔离开关，它只能在线路中基本没有电流时，接通或切断电路。但它有明显的断开间隙，一看就知道线路是否断开，因此凡是要将设备从线路断开进行检修的地方，都要安装隔离开关以保证安全。断路器也是一种开关，它是开关中较为复杂的一种，它既能在正常情况下接通电路,又能在事故下切断电路。除了隔离开关和断路器以外,还有在电流小于或接近正常时切断或接通电路的负荷开关。电流超过一定值时切断电路的熔断器以及为了确保高压电气设备检修时安全接地的接地开关等都属于开关设备。

4)高压绝缘子

高压绝缘子是用于支撑或悬挂高电压导体,起对地隔离作用的一种特殊绝缘件。由于电瓷绝缘子的绝缘性能比较稳定,不怕风吹、日晒、雨淋,因此各种高压输变电设备(尤其是户外使用的)广泛采用高压电瓷作为绝缘子。例如:架空导线必须通过绝缘子挂在电线杆上才能保证绝缘,一条长500 km的330 kV输电线路大约需要14万个绝缘子串。高压绝缘子的另一大类是高压套管,当高压导线穿过墙壁或从变压器油箱中引出时,都需要高压套管作为绝缘。除了高压电瓷作为绝缘子外,基于硅橡胶材料的合成绝缘子也获得了广泛应用。

2. 输变电系统的保护设备

1)互感器

互感器的主要功能是将变电站高电压导线对地电压或流过高电压导线的电流按照一定的比例转换为低电压和小电流,从而实现对变电站高电压导线对地电压和流过高电压导线的电流的有效测量。对于大电流、高电压系统,不能直接将电流和电压测量仪器或表计接入系统,这就需要将大电流、高电压按照一定的比例变换为小电流、低电压。通常利用互感器完成这种变换。互感器分为电流互感器和电压互感器,分别用于电流和电压变换。由于它们的变换原理和变压器相似,因此也称为测量变压器。

互感器的主要作用:

(1)互感器可将测量或保护用仪器仪表与系统一次回路隔离,避免短路电流流经仪器仪表,从而保证设备和人身安全。

(2)由于互感器一次侧和二次侧只有磁联系,而无电的直接联系,因而降低了二次仪表对绝缘水平的要求。

(3)互感器可以将一次回路的高电压变为100 V或(100/3)V的低电压,将一次回路中的大电流统一变为5 A的小电流。这样,互感器二次侧的测量或保护用仪器仪表的制造就可做到标准化。

2)继电保护装置

继电保护装置是电力系统重要的安全保护系统。它根据互感器以及其他一些测量设备反映的情况,决定需要将电力系统的哪些部分切除、哪些部分投入。虽然继电保护装置很小,只能在低电压下工作,但它却在整个电力系统安全运行中发挥重要作用。

3)避雷器

避雷器主要用于保护变电站电气设备免遭雷击损害。变电站主要采用避雷针及避雷器两种防雷措施。避雷针的作用是不使雷直接击打在电气设备上。避雷器主要安装在变电站输电线路的进出端,当来自输电线路的雷电波的电压超过一定幅值时,它就首先动作,把部分雷电流经避雷器及接地网泄放到大地中从而起到保护电气设备的作用。

4)其他电力设备

除了上述设备外,变电站一般还安装有电力电容器和电力电抗器。

(1)电力电容器的主要作用是为电力系统提供无功功率,达到节约电能的目的。主要用来给电力系统提供无功功率的电容器,一般称为移相电容器。而安装在变电站输电线路上以补偿输电线路本身无功功率的电容器称为串联电容器,串联电容器可以减少输电线路上的电压损失和功率损耗,而且由于就地提供无功功率,因此可以提高电力系统运行的稳定性。在远距离输电中利用电力电容器可明显提高输送容量。

(2)电力电抗器与电力电容器的作用正好相反,它主要是吸收无功功率。对于比较长的高压输电线路,由于输电线路对地电容比较大,输电线路本身具有很大的无功功率,而这种无功功率往往正是引起变电站电压升高的根源。在这种情况下,安装电力电抗器来吸收无功功率,不仅可限制电压升高,而且可提高输电能力。电力电抗器还有一个很重要的特性,那就是能抵抗电流的变化,因此它也被用来限制电力系统的短路电流。

1.3.3 配电装置

配电装置是发电厂和变电所的一种特殊电工建筑物,它是按照一定的电气主接线的要求,将其中的开关设备、载流导体、保护和测量电器以及其他必要的辅助设备合理布置和连接起来的,用来接受和分配电能的装置。发电机、变压器、线路运行方式改变所需要的倒闸操作也需要在配电装置中进行。

1. 配电装置的分类及要求

配电装置按电气设备装置地点不同可分为屋内配电装置和屋外配电装置。按其组装方式不同又可分为装配式配电装置(把电气设备在现场进行组装的配电装置)和成套配电装置(在制造厂内把电气设备全部组装完成后运至安装地点)。

(1)屋内配电装置的电气设备都布置在屋内。具有如下特点:①由于允许安全净距小和可以分层布置,占地面积较小;②维修、巡视和操作在室内进行,不受气候影响;③能有效地防止污染,减少事故和维护工作量;④房屋建筑投资较大。

(2)屋外配电装置的电气设备都布置在屋外。具有如下特点:①不需要建筑房屋,土建工程量和费用较少,建设周期缩短;②相邻设备之间距离可适当加大,使运行安全,便于带电作业;③扩建方便;④占地面积大;⑤受环境条件影响,设备的运行、维修和操作条件较差。

(3)成套配电装置的特点为:①电气设备布置在封闭或半封闭的金属外壳中,结构紧凑,占地面积小;②安装简便,有利于缩短建设周期和进行扩建;③运行可靠性高,维护方便;④耗用钢材较多,造价较高。

(4)配电装置的设计和安装应满足如下基本要求:①必须贯彻执行国家基本建设方针和技术经济政策;②合理选用设备,在布置上力求整齐、清晰,满足对设备和人身的安全要求,保证运行的可靠性;③保证操作维护的方便性;④在保证安全的前提下,采取有效措施减少钢材、木材和水泥的消耗,努力降低造价,节省占地面积;⑤便于安装和扩建。

2. 屋内、外配电装置中的最小安全净距

配电装置的整个结构尺寸,是综合考虑设备外形尺寸,检修维护和搬运的安全距离、电气绝缘距离等因素决定的。各种间隔距离中最基本的是空气中的最小安全净距,即《高压配电装置设计技术规程》中所规定的A值,它表明带电部分至接地部分或相间的最小安全净距,保持这一距离时,无论正常或过电压的情况下,都不致发生空气绝缘的电击穿;其余的B、C、D、E值是在A值的基础上,加上运行维护、搬运和检修工具活动范围及施工误差等尺寸而确定的。A值与电极的形状、冲击电压波形、过电压及其保护水平和环境条件等因素有关。一般而言,

220 kV 及以下的配电装置,大气过电压起主要作用;330 kV 及以上的配电装置,内过电压起主要作用。

1.3.4 高压电器

高压电器一般指额定电压在 3 kV 及以上的电气设备。按其在变电所中的作用可分为以下几类:高压开关电器,如高压断路器、隔离开关、接地开关、负荷开关等;高压保护电器,如高压熔断器、避雷器等;高压测量电器,如电压互感器、电流互感器等限流电器(电抗器);其他电器,如成套电器与组合电器、电力电容器等。本节主要介绍前几类高压电器。

1. 高压断路器

高压断路器是变电所中最重要的开关电器,它不仅要断开或闭合电路中的正常工作电流,还应能断开过负荷电流或短路电流,因此它对电力系统的安全、可靠运行起着极为重要的作用。

1)对高压断路器的基本要求

绝缘应安全可靠,既能承受最高工频工作电压的长期作用,又能承受电力系统发生过电压时的短时作用;有足够的热稳定性和电动力稳定性,能承受短路电流的热效应和电动力效应而不致损坏;有足够好的开断能力,能可靠地断开短路电流,即使所在电路的短路电流为最大值时亦应如此;动作速度快,熄弧时间短,尽量减轻短路电流造成的损害,并提高电力系统稳定性。

根据断路器采用的灭弧介质及其作用原理的不同,高压断路器可分为油断路器(多油式和少油式两种)、压缩空气断路器、真空断路器、空气断路器、六氟化硫断路器、自产气断路器和磁吹断路器等型式。下面仅就地方电网常用的高压断路器进行简单介绍。

(1)油断路器:油断路器分为多油断路器和少油断路器。多油断路器由于体积大、用油多、质量大、易爆炸等缺点,目前基本不用了。少油断路器是利用少量变压器油作为灭弧介质,且将变压器油作为主触头在分闸位置时其间的绝缘介质,但不作为导电体。对地绝缘导电体与接地部分的绝缘主要用电瓷、环氧树脂玻璃布和环氧树脂等材料做成。根据安装地点的不同,少油断路器可分为户内式和户外式,户内式主要用于 6 ~ 35 kV 系统,户外式则用于 35 kV 以上的系统中。少油断路器具有质量小、体积小、节约油和钢材、占地面积小等优点,地方电力网的变电所多采用这种型式的断路器。

①少油断路器的结构:少油断路器主要由导电部分、机械传动部分和灭弧系统三大部分构成。

②少油断路器的操作机构:断路器的合闸、跳闸、合闸后的维持机构,称为操作机构。因此,每种操作机构均应包括合闸机构、跳闸机构和维持机构三部分。合闸过程中要克服多种摩擦力和可动部分的重力,需要足够大的功率;跳闸过程中仅需要做很小的功,只要将维持机构的脱扣器释放打开,靠跳闸弹簧储存的能量即可迅速跳闸。

110 kV 及以下系统常用的高压断路器操作机构,按其驱动能源的不同可分为手动式(CS 型)、电磁式(CD 型)、弹簧式(CT 型)和电动机式(CJ 型)。手动式操作机构是人用臂力使断路器合闸。弹簧式操作机构和电动机式操作机构是在合闸前先用电动机(型式不同)使合闸弹簧储能,然后利用弹簧所储能量将断路器合闸。电磁式操作机构主要由合闸电磁铁、跳闸电磁铁和维持机构组成。合闸时,合闸电磁铁线圈(简称合闸线圈)通电,电磁铁芯内的顶柱向上弹起,通过曲柄连杆机构(CD 型)或单臂杠杆机构(CD 型)驱动断路器传动机构的主大轴转动,从而使之合闸,并由机械锁扣机构扣住,将断路器维持在合闸位置。跳闸时,只要跳闸电磁铁线圈(简称跳闸线圈)通电,其铁芯中的顶柱瞬时被吸入线圈内,锁扣机构被释放打开,在跳闸弹簧作用下断路器立即跳闸。

国产 CD 型电磁操作机构可与 SN10 -10 型断路器配套使用,它的跳、合闸线圈直流额定电压为 110 V 或 220 V,对应的电流为 195 A 或 97.5 A,而跳闸线圈的电流只有 5 A(合闸电流)或 2.5 A(跳闸电流)。

(2)压缩空气断路器:压缩空气断路器(简称空气断路器)是利用压缩空气作为灭弧绝缘和传动介质的断路器。由于近年来六氟化硫断路器和真空断路器的发展应用速度较快,所以新设计的变电所中已很少采用此种断路器。

(3)真空断路器:真空断路器是近 30 年来发展和应用的一种新型断路器,它具有真空灭弧室。把触头放在真空灭弧室中靠真空作为灭弧和绝缘介质。这里所谓的真空,是指真空度在 0.13 Pa 以下的空间,具有较高的绝缘强度。

(4)六氟化硫断路器(SF_6):SF_6断路器具有良好的绝缘性能和灭弧性能,它能在电弧间隙的游离气体中消灭导电的电子。与普通空气相比,在同等压力下,SF_6断路器绝缘能力超过空气的 1 ~2 倍,其灭弧能力相当于同等条件下空气的 100 倍。而且,电弧在 SF_6 断路器中燃烧时,电弧电压特别低、燃弧时间短,每次开断后,触头烧损很小,适于频繁操作。

SF_6断路器的缺点是:其电气性能受电场均匀程度及水分等杂质影响特别大,故对 SF_6 断路器的密封结构、元件结构及 SF_6气体本身质量的要求相当严格,因此价格较高。近年来,SF_6全封闭组合电器得到较快发展,这种组合电器把断路器、隔离开关、互感器、避雷器、母线等变电所主要设备全装在充有 SF_6 气体的密闭容器中,它占地面积小,检修周期长,维护简单,运行更加可靠。

2)高压断路器的基本参数

(1)额定电压和最高工作电压:额定电压(U_N)是指高压断路器长期正常工作所能承受的电压,最高工作电压(U_{wmax})是指高压断路器能承受的电力系统可能出现的最高电压。产品目录上标明的额定电压是指线电压。选用高压断路器时,只需按安装地点所在电网的额定电压选择即可。

(2)额定电流:额定电流(I_N)是指高压断路器允许长期通过的最大电流。在此电流下,高压断路器的发热温度不超过国家标准规定的数值。

(3)额定开断(断路)电流:额定开断电流($I_{N.oc}$)是指断路器在额定电压下能够正常开断的最大电流,它表明断路器能够正常开断最大短路电流的能力。如果断路器实际运行电压低于它的额定电压,则开断电流可以适当增大,但不能超过产品规定的极限开断电流。

(4)额定断流容量:额定断流容量($S_{N.oc}$)又称额定开断容量,它是断路器额定电压和额定开断电流的乘积。在三相电路中可用式(1-10)表示。

$$S_{N.oc} = \sqrt{3}\, U_N\, I_{N.oc} \tag{1-10}$$

如果断路器实际运行电压低于额定电压,而开断电流又无明确解释,则应按额定开断电流计算,此时的开断容量计算式如下:

$$S_{oc} = S_{N.oc}\frac{U}{U_N} \tag{1-11}$$

例如,10 kV 少油断路器的额定开断容量为300 MV·A,当用于6 kV 系统时,其开断容量为

$$S_{oc} = \frac{6}{10} \times 300 \text{ MV} \cdot \text{A} = 180 \text{ MV} \cdot \text{A} \tag{1-12}$$

(5)热稳定电流:热稳定电流(I_{ts})表征断路器承受短路电流热效应的能力,通常以电流有效值表示。产品目录中给出了一定时间(标准时间为4 s)的热稳定电流值,当以此电流通过断路器且时间不超过给定值时,其内部温度不超过国家标准规定的允许发热温度。通常,断路器的热稳定电流等于额定开断电流,即

$$I_{ts} = I_{N.oc} \tag{1-13}$$

(6)动稳定电流:动稳定电流表征断路器承受短路电流电动力效应的能力,通常用电流峰值i_{max}表示,又称断路器极限通过电流。当断路器正常合闸而通过最大冲击短路电流时,会发生机械损坏现象。

(7)分闸时间:

①全分闸时间:断路器从得到分闸命令信号起,到内部电弧熄灭为止的时间,称为全分闸时间。它等于固有分闸时间和燃弧时间之和。

②固有分闸时间:固有分闸时间是断路器从得到分闸命令信号(即跳闸线圈开始通电)起到主触头刚分离(任一相)的一段时间。该时间取决于断路器和操作机构的机械传动特性,可视为定值。

③燃弧时间:燃弧时间是从主触头分离到三相电弧完全熄灭的一段时间。该时间常随开断电流的不同而略有变化。从电力系统安全、可靠运行的角度看,希望分闸时间愈短愈好。

(8)合闸时间:断路器从接到合闸命令信号(合闸线圈开始通电)起,到各相触头刚刚闭合接通为止的时间,称为合闸时间。该时间取决于断路器和操作机构的机械传动特性,可视为定值。电力系统对合闸时间要求不高,但对合闸的可靠性要求高。

以上,前六个参数是断路器铭牌上需要列出的基本参数;后两个参数是继电保护和自动装置上常用的数据。此外,还有规定操作顺序和自动重合闸性能等,在此不再赘述。

2. 隔离开关

隔离开关没有专门的灭弧装置,它属于交流开弧的熄弧方式,所以不能开断负荷电流和短路电流。隔离开关的主要用途是在电路中可以造成一个可靠的并且明显可见的断开点,隔离高压电源。因此,隔离开关可用于检修或倒闸操作,也可以接通或断开电流较小的回路,例如,励磁电流或电容电流不超过表1-3所示数值。

表1-3　隔离开关允许开断的回路电流参考值

额定电压/kV	电感电流/A	电容电流/A
6~10	4	2
20~35	3	2
60~110	3	1

隔离开关多采用手动操作机构,有的3 kV 及以上的户外式隔离开关附设接地闸刀,当主闸刀开断后,接地闸刀便自动闭合接地。这样可以省略倒闸操作时必须挂接地线,检修完毕恢复送电时必须拆除接地线这一规定,安全性和可靠性均有所提高。隔离开关多与断路器配

合使用,合闸送电时,应首先合上隔离开关,最后再合上断路器;跳闸切断电路时,应首先跳开断路器,最后再拉开隔离开关。上述操作顺序不允许颠倒,否则将发生严重事故。因为一旦用隔离开关切断负荷电流或短路电流时,产生的电弧将很难熄灭,不仅隔离开关将被烧毁,而且很长的开弧会造成多相短路或母线短路。

3. 负荷开关

负荷开关设有比较简单的灭弧装置,能够开断正常的负荷电流或规定范围内的过负荷电流,但不能切断短路电流。负荷开关还可以用来切断或接通空载变压器、空载线路或电力电容器组。

常用的负荷开关有油浸式、固体产气式和压气式三种。油浸式负荷开关的三组触头置于油箱中;固体产气式和压气式负荷开关,相当于隔离开关和简单的产气式或压气式灭弧装置的组合。产气材料一般为纤维绝缘板或有机玻璃丝板。

负荷开关常与高压熔断器串联使用,以代替高压断路器,这样可以起到电路正常通断、过负荷和短路保护作用。负荷开关主要用于 35 kV 及以下系统的轻负荷电路。

4. 高压熔断器

高压熔断器是高压电网中的一种保护电器,当通过短路电流或长期过负荷电流时它将自行熔断,以保护该电路中的电气设备。高压熔断器通常可分为限流式和跌落式两类,主要用于35 kV及以下的小容量电网中。

1)限流式熔断器

限流式熔断器由熔管触头座、绝缘子和底座构成,核心部件是熔管内部的熔体和填充材料。国产 RN1 型限流式熔断器的熔体用镀锡铜丝做成,或在铜丝上焊些小锡球,在熔管(一般为瓷管)内充满石英砂。当电路长期过负荷或短路时,熔体发热而熔断,并产生电弧。由于石英砂对电弧有强烈的去游离作用,所以电弧电流在过零之前就会熄灭。

在熔丝上镀锡(或镀银)或焊锡球的作用在于降低熔丝的熔点,促使熔断温度降低。由于限流熔断器在电弧电流过零之前就会熄弧,因此将产生截流过电压。为了限制过电压倍数,可采取措施使熔体熔断时电流减小得慢一些。例如,采用截面不同的分断式熔体,让截面小的熔体首先熔断,然后熔断较大截面的熔体等。限流式熔断器的熄弧时间一般不超过 10 ms。

2)跌落式熔断器

RW 型跌落式熔断器由瓷绝缘支柱、熔管部件、下触头、鸭嘴罩、弹簧钢片等部件构成。熔管为酚醛纸管或环氧玻璃布管,管子内层装有虫胶桑皮纸管等固体产气材料;熔体穿过熔管中孔而与下端触头和上端压板相连接,熔体多选用铜、银或铜银合金。安装时应使熔管轴线与纵轴线约成30°夹角。

正常运行时跌落式熔断器处在正常工作状态。当电路长期过负荷或发生短路时,熔体因过热而熔断,压板在弹簧作用下向上方弹起,于是上触头从鸭嘴罩内滑脱,熔管靠自身重力绕轴自行跌落。在熔体刚熔断时,熔管内产生电弧并产生大量气体;由于管内压力很高,使气体高速喷出,因此具有纵向吹弧作用,且当电流过零时即会熄弧。跌落式熔断器主要用于 10 kV 及以下高压电力线路和电力变压器回路,作为过负荷和短路保护,并可用绝缘钩棒拉合熔管,以开断或接通小容量空载变压器、空载线路和小负荷电流。

第2章
电网的参数计算和等值电路

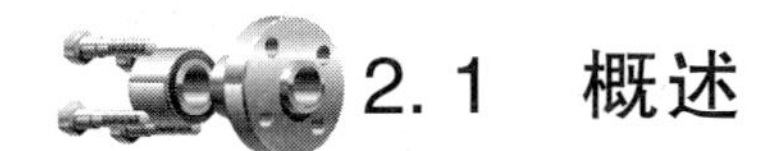

2.1 概述

如果把电力系统中的发电机和用电设备划分出去单独讨论剩余部分则称为电力网,简称电网。由此可知,电力网是传送和分配电能的网络,它由各种输配电线路和变压器等设备组成。电力网按其电压高低、供电范围、用途和特性等可分为许多类型,例如交流或直流电力网、区域或地方电力网、城市或农村电力网,以及工业企业电力网等。

地方电力网的电压等级一般不超过110 kV,供电距离多在100 km以内。通常由区域变电所二次侧出线后的供电网络,基本上都属于地方电力网,例如工业企业、城市和农村电力网等。电压在10 kV以上、供电距离在几十千米到几百千米以上的电力网,均属于区域电力网,由于区域电力网的电压高、输电线路长、传输功率大等特点,有许多很复杂的理论问题和技术问题需要讨论研究,但这些内容不列入本书的讨论范围,下面主要讨论地方电力网的有关问题。

一、对地方电力网的基本要求

电力网的接线方式应首先考虑供电的可靠程度,以便满足不同用户对不间断供电的要求。供电的可靠性应与用户的负荷等级相适应,不能片面地盲目追求。电力网的接线方式还应考虑运行的灵活性和安全性,尽量简化接线减少供电层次。电力网的经济运行问题与其接线方式密切相关,当技术经济条件允许时,尽量选用高压线路深入负荷中心,而且应避免正常情况下曲折迂回供电。

二、地方电力网常用接线方式

1. 放射形接线

放射形接线是指由区域变电所或总降压变电所二次侧母线直接向用户变电所供电,沿线不接其他负荷,各用户变电所之间也无联系,如图2-1(a)所示。这种接线方式的优点是,线路设计和铺设都较简单,维护方便,继电保护和自动装置简单且容易实现自动化;它的最大缺点是供电可靠性差,只要在该线路的任一处发生故障,则由它供电的全部用户都得停电。这种接线方式的总降压变电所出线回路数往往较多,因此并不经济。放射形接线主要用于三级负荷和部分次要的二级负荷。

对于比较重要的二级负荷,为了提高供电可靠性,也可以采用双回路放射形接线,如图2-1(b)所示。当任一条线路发生故障或检修时,另一条线路可继续供电。图2-1(b)的母线用断路器分断,可实现自动切换,供电的可靠性较高。对于某些工业企业内部的车间变电所,采用图2-1(c)所示的接线方式也能提高供电的可靠性,当任一条线路发生故障或检修时,可将其切换到备用干线[图2-1(c)虚线所示]上。

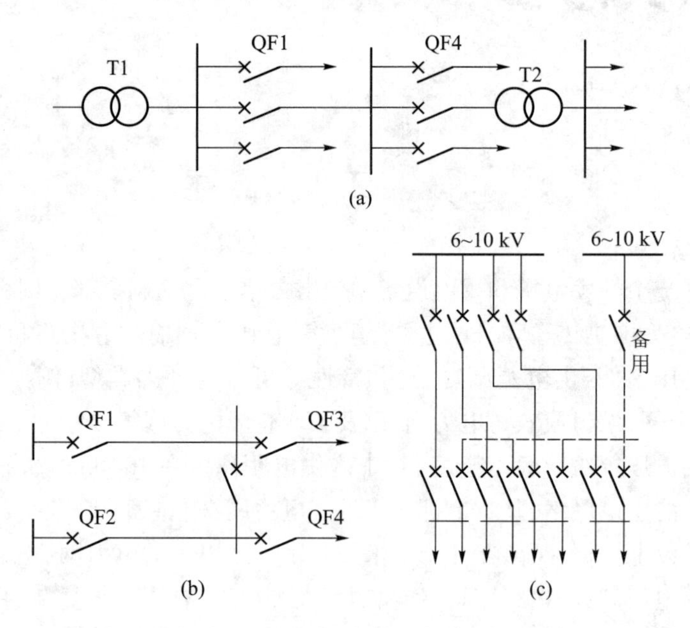

图2-1 电力网的放射形接线结构图

2. 树干形接线

树干形接线可分为图2-2(a)所示的直接连线树干形和图2-2(b)所示的串联树干形。直接连线树干形接线是由总降压变电所二次侧母线向外引出的高压供配电干线,沿途从干线上直接接出分支线引入用户(或车间)变电所。这种接线方式的优点是,总降压变电所出线回路数较少,高压配电装置和线路投资相应减少,比较经济。它的主要缺点是,供电可靠性差,只要干线上发生故障或检修,则由该干线供电的所有用户都将停电(至少是短时停电),影响面较大。因此,这种接线方式的分支数目不宜过多,变压器容量也不宜过大。

为了提高供电可靠性,可采用串联树干形接线,能够缩小停电范围。例如,当图2-2(b)中WL3线路故障时,干线始端的总断路器跳闸后,只要拉开隔离开关QS4,即可对变压器T1和T2恢复供电。

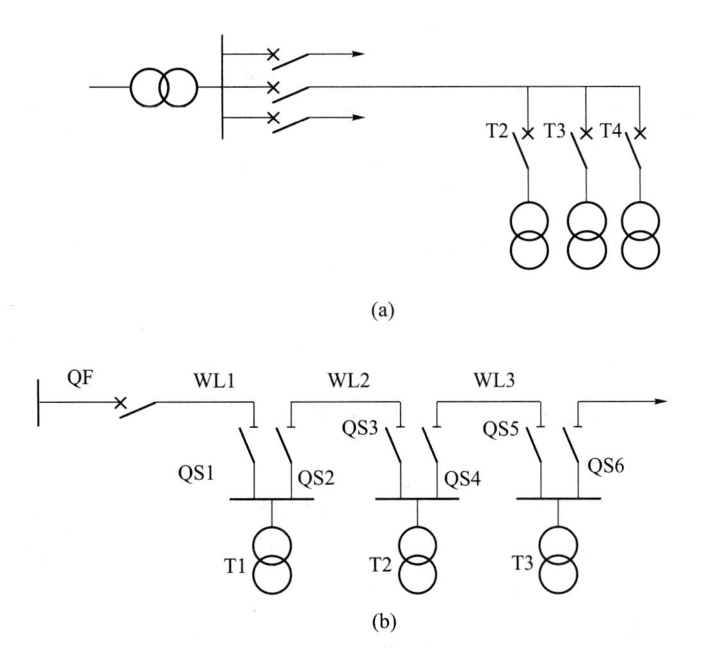

图 2-2　电力网的树干形接线结构图

3. 环形接线

环形接线电力网与接入的电源数目关系很大，单电源、双电源或多电源的环形接线，分析问题的角度差异较大，涉及供电可靠性、电力网经济运行、电力网的灵活调度、继电保护与自动和远动装置以及系统稳定性等许多方面，仅就供电可靠性来说，图 2-3(a)、(b)所示环形接线电力网的供电可靠性都很高，任一条线路故障或检修，都不会造成停电。

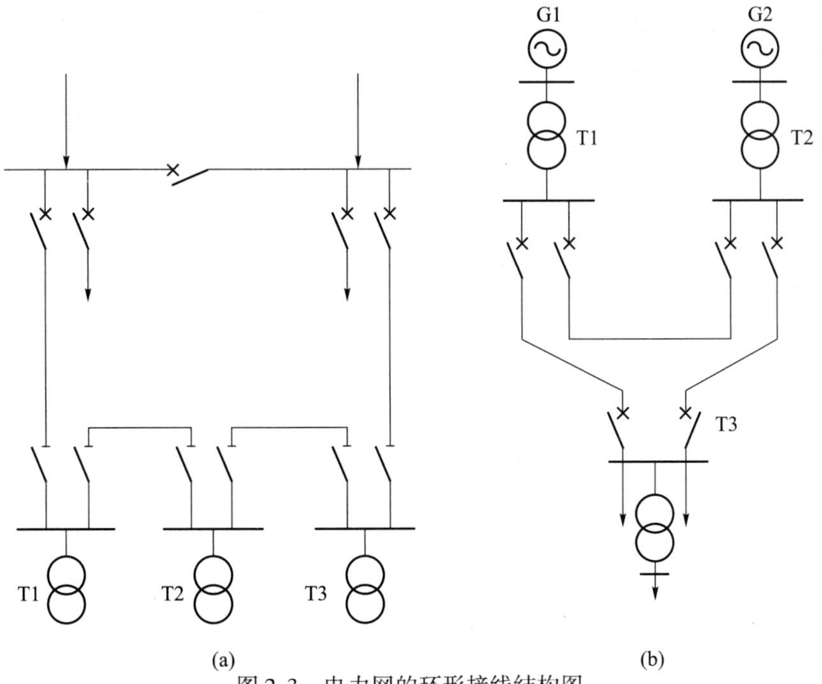

图 2-3　电力网的环形接线结构图

对于工业企业内部电力网来说，如果采用图2-3(a)所示的环形接线，可以少用很多断路器，故减少了投资；当任一条线路故障或检修时，停电时间(等于寻找故障和倒闸操作时间)很短，全部车间变电所可以很快恢复供电。环形接线的主要缺点是线路导线截面应按有可能通过的全部负荷来考虑，因此截面较大，投资多；对继电保护和自动装置要求较高，技术上较复杂。

放射形和树干形接线的电网统称为开式电网，环形接线的电网又称闭式电网。闭式电网开环运行时，也具有开式电网特征。

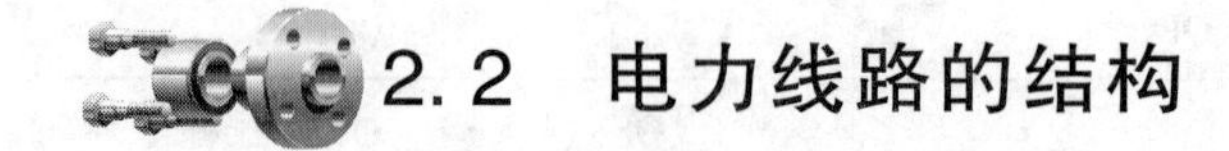

2.2 电力线路的结构

电力线路通常分为架空线路、电缆线路和架空线路与电缆线路串接的混合线路。架空线路投资较少，易于维修，建设工期较短，但它需要出线走廊，有时会影响交通建筑和市容；由于它露天架设，容易遭受雷击和风雨等自然灾害，但寻找和修复故障却较快。电缆线路的投资大，建设工期长，寻找和修复故障比较困难，但不占用地面，不易受自然灾害的影响，故障概率小，且不影响市容和厂区外观。因此，目前的电力网中绝大部分都采用架空线路，只在不适宜采用架空线路的地方(如城市的人口稠密区、重要的公共场所、过江、跨海、严重污秽区、某些工业企业厂区等)才采用电缆线路。由于农村、田野广阔且易挖掘，所以采用直接埋入土中的塑料电缆反而节省投资，目前已得到广泛应用。

2.2.1 架空线路

架空线路主要由导线、避雷针(并非全部架设)杆塔、绝缘子、拉线和金具等部件组成。

(1)导线：导线可分为裸导线和绝缘导线两大类。高压线路基本上都用裸导线，它散热性好，又节省绝缘材料。绝缘导线主要用于低压线路，以利于人身和设备安全。

裸导线的材料主要有铝、铜、钢等。目前大量使用的是铝或铝合金导线。钢导线一般用作避雷线或用作铝绞线的芯线(即钢芯铝绞线)，以提高其机械强度。铜的导电性能和机械强度均优于铝，但成本较高，应尽量少用。

架空线路采用的导线结构型式主要有单股、多股绞线和钢芯铝纹线三种。由于钢芯铝纹线的机械强度可得到保证，因此它是架空线路采用的主要导线型式，但钢芯铝纹线不计入载流截面导线。

绝缘导线按其绝缘材料的不同分类时，常用的有橡皮绝缘、氯丁橡胶绝缘和塑料绝缘。国产架空导线的型号是用拉丁字母表示导线和结构特征的，如T表示铜线，L表示铝线，G表示钢线，J表示多股绞线，T表示铜绞线，LJ表示铝绞线，GJ表示钢绞线，LGJ表示钢芯铝纹线等。为了保证架空导线有足够的机械强度，有关规程中规定了导线允许的最小截面，同时规定了导线距地面和建筑物的最小允许距离。

导线悬挂在杆塔的绝缘子上，自悬挂点至导线最低点的垂直距离称为弧垂(或弛度)。周围环境温度升高或导线外表覆冰时，都将使导线弧垂增大，因此导线最低点距地面的距离应不小于安全距离。当环境温度最低时，架空导线的弧垂最小；导线覆冰时或风速最大时，导线悬挂点所受应力最大。选择导线截面和两杆塔之间的距离时,应按上述最严重的情况进行力学计算,以便保证架空导线的电气性能和力学性能都能满足要求。

架空导线与其他线路交叉跨越时,电压高的或可靠性要求高的电力线路应在上方,通信线路一般均应设在电力线路的下方。

为了保证架空电力线路三相导线间不发生碰线短路故障,其线间距离一般规定为380 V为0.4~0.6 m,6~10 kV为0.8~1 m,35 kV为2~3.5 m,110 kV为3~4.5 m。如果杆塔间距(又称档距)较小时,上述线间距离可适当减小。

35 kV及以上架空线路的档距较大,风力引起的导线振动情况比较严重,容易使导线在悬挂点附近折断。为了减小这种振动,常在导线悬挂点附近装设防振锤。

(2)杆塔:架空线路的杆塔主要有木杆、钢筋混凝土杆和铁杆三种。现在,木杆已基本不用,铁杆主要用在220 kV及以上的超高压线路或大跨越线路及受力较大的杆塔上,钢筋混凝土杆已广泛应用于220 kV及以下的架空线路上。电杆上用来安装绝缘子的横担常用的有木横担、铁横担和瓷横担三种,为了加强杆塔的稳固性,根据力学计算,有的需要加装拉线。

按使用目的和受力情况不同,杆塔通常分为直线杆、转角杆、耐张杆(发生断线时不影响下一段线路的杆塔)、终端杆、换位杆(将各相导线换位而使其各相电抗基本相等)和跨越杆(跨越较宽的河面、峡谷和铁路、公路等)等类型。

(3)绝缘子:架空线路用的绝缘子主要有针式、悬式和棒式三种。针式绝缘子主要用于10 kV及以下线路。悬式绝缘子主要用于35 kV及以上高压线路。

2.2.2　电缆线路

电力电缆按绝缘材料的不同,可分为油浸纸绝缘、橡皮绝缘、聚氯乙烯绝缘和交联聚乙烯绝缘等型式;按护套材料的不同,可分为铅包和铝包电力电缆、钢带或钢丝铠装的电力电缆等。电力电缆的敷设方式通常有以下几种:

(1)直接埋入土中:埋深一般为0.7~0.8 m,应在冻土层以下。多条电缆并列敷设时,彼此应有一定间距,以利散热。电缆同样具有热胀冷缩的物理特性,敷设时在土中应预留曲折形伸缩弯,但弯曲半径不能超过规定值,否则将损伤电缆绝缘。埋地电缆引出地面或穿越建筑物墙基时,要穿钢管,以保护电缆并便于检修。在城市和厂区内的埋地电缆,往往敷设在埋于地下的混凝土管中,这种方式对保护电缆和施工都较有利。

(2)电缆沟敷设:当电缆条数较多时,宜采用电缆沟敷设,沟面用水泥板覆盖,电缆置于电缆沟的支架上。如果电力电缆与控制电缆同时敷设在一条电缆沟中,则电力电缆应置于控制电缆的上层。油浸纸绝缘电缆敷设时,对电缆沟的坡度有规定要求,以防止高端电缆绝缘油过少而发生故障。

(3)穿管敷设:电力电缆在室内明敷或暗敷时,一般多采用穿钢管的敷设方式,以防电缆受到机械损伤。穿管敷设电力电缆时,如果与蒸汽或热水管道平行或交叉时,应预留足够的间距以防电缆过热。假如电力电缆与氧气或乙炔气等易爆管道平行或交叉时,也应预留足够的间距,以防电缆故障时引起爆炸事故。

2.3 架空电路的参数计算和等值电路

2.3.1 线路参数

1. 输电线路的电阻

单位长度的导线的电阻可由式(2-1)计算:

$$r_1 = \frac{\rho}{S} \tag{2-1}$$

式中 S——导线导电部分面积,mm^2;

ρ——导线材料的电阻率,$\Omega \cdot mm^2/km$。

应用式(2-1)计算的电阻为线路的直流电阻,在计算交流电阻时,必须注意以下影响:

(1)架空线路大多为多股绞线,因扭绞使得股线的实际长度增长了2%~3%,因此,ρ 的取值也应相应增大2%~3%。

(2)计算导线电阻时,都是根据导线的标称截面(额定截面)来进行的,但大多数情况下导线的实际截面一般比标称截面略小。例如,LGJ-120 型钢芯铝线,其标称截面为 120 mm^2,而实际截面为 115 mm^2。因而使用式(2-1)时,应把导线的电阻率相应增大,归算到与它的标称截面相适应。

(3)由于交流电路中存在着集肤效应(即当交变电流通过导体时,电流将集中在导体表面流过的现象)和邻近效应(即相邻导线流过高频电流时,由于电磁作用使电流偏向一边的特性)的影响,使得导线中的电流密度分布不均匀,因而同截面导线的交流电阻略大于直流电阻。一般工频交流下,这些效应使电阻值增大0.2%~1%。

此外,导线的电阻值还会受到环境温度变化的影响,但运行中导线温度的变化范围很小,对电阻影响不大,故电阻率 ρ 的值多取环境温度 20 ℃时的值。当计算精度要求较高时,可以根据实际温度进行修正,计算式为式(2-2)。

$$r_1 = r_{20}[1 + \alpha(t - 20)] \tag{2-2}$$

式中 r_1, r_{20}——温度分别为 t(单位:℃)和 20 ℃时的电阻,Ω/km;

α——电阻温度系数,对于铜为 0.003 82/℃,铝为 0.003 6/℃。

若导线的长度为 l(km),则每相导线的电阻 R 为

$$R = r_1 l \tag{2-3}$$

2. 输电线路的电抗

输电线路电抗是由于导线中通过交流电时,在导线周围产生了磁场而形成的。对于对称排列的三相电力线路,或者虽然不对称但是经过完整的换位后的线路,其每相导线单位长度的电抗可按以下公式计算。

单导线每相单位长度的电抗 x_1(Ω/km)为

$$x_1 = 2\pi f\left(4.6\lg\frac{D_m}{r} + 0.5\mu_r\right)\times 10^{-4} \tag{2-4}$$

式中 f——交流频率,Hz;

r——导线的计算半径(mm 或 cm),简称“导线的半径”;

μ_r——导线材料的相对磁导率;

D_m——三相导线间几何平均距离,简称“几何距”。

几何距的计算公式为

$$D_m = \sqrt[3]{D_{AB} D_{BC} D_{CA}}$$

式中 D_{AB}, D_{BC}, D_{CA}——两相导线间的距离,mm。

若取 $f=50$ Hz, $\mu_r=1$,则单导线每相单位长度的电抗为

$$x_1 = 0.144\,5\lg\frac{D_m}{r} + 0.015\,7 \quad (2\text{-}5)$$

在高压和超高压电网中,为了防止在高电压作用下导线周围的空气游离而产生电晕现象,往往采用分裂导线。在分裂导线线路中,每相用几根同型号的次导线并联组成复导线,次导线对称地分布在半径为 R 的圆周上,次导线之间用间隔棒支撑。由于分裂导线等值地增大了导线半径,从而减小了导线表面的电场强度,避免了正常运行时导线表面产生电晕现象。

导线分裂时,每相线路的电抗计算式为

$$x_1 = 0.144\,5\lg\frac{D_m}{r_{eq}} + \frac{0.015\,7\mu_r}{n} \quad (2\text{-}6)$$

式中 n——次导线的分裂次数;

r_{eq}——次导线的等值半径。

r_{eq}的计算式为

$$r_{eq} = \sqrt[n]{rd_{12}d_{13}\cdots d_{1n}} = \sqrt[n]{rd_m^{n-1}} \quad (2\text{-}7)$$

式中 r——次导线半径;

d_m——次导线几何平均距离。

若线路长度为 l(km)时,线路每相的电抗 X 为

$$X = x_1 l \quad (2\text{-}8)$$

3. 输电线路的电导

输电线路的电导主要是由绝缘子的泄漏现象和导线的电晕现象所决定的。在正常运行时,沿绝缘子的泄漏损失是很小的,可以忽略不计,因此输电线路的电导就由导线电晕的有功功率损耗决定。

所谓电晕现象,就是架空导线带有高电压的情况下,导线表面的电场强度超过空气的击穿强度时,导线表面的空气分子被游离所产生的放电现象同时发出“嗤嗤”的放电声,并产生臭氧,夜间还可以看见蓝紫色荧光,此即为电晕现象。电晕要消耗电能,电晕损耗值的大小与导线表面电场强度值、导线的表面状态、气象条件、导线的布置方式等因素有关,而与线路的电流值无关。目前还难以用理论公式来精确计算电晕损耗值,只能依靠实测或按经验公式来近似计算线路的电晕损耗值。当已知架空线路单位长度的电晕损耗值后,即可按式(2-9)计算出线路单位长度的等值电导g_1,即

$$g_1 = \frac{\Delta p_g}{U^2} \times 10^{-3} \quad (2\text{-}9)$$

式中 Δp_g——三相线路单位长度的电晕损耗功率,kW/km;

U——线路的线电压,kV。

电晕的产生不仅将损耗大量功率,还将产生可听噪声以及干扰无线电通信、电视接收等。因此,对高压和超高压架空输电线,应尽量避免电晕的产生。为了减少电晕损耗,应设法降低导线表面电场强度值,当导线表面电场强度值低于产生电晕的临界电场强度值时就不致发生电晕。从电场特性可知,当导线截面愈小时,其表面电场强度愈高。所以,限制和避免电晕产生的基本措施之一,就是对不同电压等级的架空线路限制其导线外径不小于某个临界值。

由试验和运行经验得知,一般 110 kV 以下电压的架空线路和 35 kV 以下的电缆线路,由于电压低,不会发生电晕,因此,不必验算电晕损耗和绝缘介质损耗。

4. 输电线路的电纳

架空输电线路的相与相之间以及相与地之间存在电位差。在电压作用下,相间和相对地间就存在分布电容,与此对应的参数即为电纳。经过完整循环换位的三相架空线路,每相每千米单导线对理想中性线的电容C_1可用式(2-10)计算,即

$$C_1 = \frac{0.0241}{\lg \frac{D_m}{r}} \times 10^{-6} \tag{2-10}$$

对于工频交流电,$f=50$ Hz,每相每千米单导线电纳b_1为

$$b_1 = 2\pi f C_1 = \frac{7.58}{\lg \frac{D_m}{r}} \times 10^{-6} \tag{2-11}$$

式中,各符号的意义与电抗计算式相同。

对于分裂导线,与电抗的计算式相同,只需要将式(2-10)和式(2-11)中导线半径 r 用分裂导线半径r_{eq}代替即可。

若线路长为 l(km),每相线路的容性电纳 B 为

$$B = b_1 l \tag{2-12}$$

若线路工作电压为 U(kV),则长度为 l 的线路,每相的电容电流I_C以及三相线路的电容功率Q_C分别为

$$I_C = \frac{U}{\sqrt{3}} B \tag{2-13}$$

$$Q_C = \sqrt{3} U I_C = U^2 B \tag{2-14}$$

式中　U——线电压。

【例 2-1】330 kV 线路的导线结构有如下三种方案:

(1)使用 LGJ-630/45 导线,铝线部分截面积为 623.45 mm^2,直径为 33.6 mm。

(2)使用 2 × LGJ-300/50 分裂导线,每根导线铝线部分截面积为 299.54 mm^2,直径为 24.26 mm,分裂间距为 400 mm。

(3)使用 2 × LGJK-300 分裂导线,每根导线铝线部分截面积为 300.8 mm^2,直径为 27.44 mm,分裂间距为 400 mm。

三种方案中,导线都水平排列,相间距离为 8 m。

试求这三种导线结构的线路单位长度的电阻、电抗、电纳。

解：

(1)线路电阻：

LGJ-630/45　　$r_1 = \frac{\rho}{S} = \frac{31.5}{630}\ \Omega/\text{km} = 0.050\ 0\ \Omega/\text{km}$

2×LGJ-300/50　　$r_1 = \frac{\rho}{S} = \frac{31.5}{2\times 300}\ \Omega/\text{km} = 0.052\ 5\ \Omega/\text{km}$

2×LGJK-300　　$r_1 = \frac{\rho}{S} = \frac{31.5}{2\times 300}\ \Omega/\text{km} = 0.052\ 5\ \Omega/\text{km}$

(2)线路电抗：

对上述的三种方案

$$D_{\text{m}} = \sqrt[3]{D_{\text{AB}}D_{\text{BC}}D_{\text{CA}}} = \sqrt[3]{8\ 000\times 8\ 000\times 2\times 8\ 000}\ \text{m} = 1.26\times 8\ 000\ \text{m} = 10\ 080\ \text{mm}$$

LGJ-630/45

$$x_1 = 0.144\ 5\lg\frac{D_{\text{m}}}{r} + 0.015\ 7 = \left(0.144\ 5\lg\frac{10\ 080}{16.8} + 0.015\ 7\right)\ \Omega/\text{km} = 0.417\ \Omega/\text{km}$$

2×LGJ-300/50

先求等效电阻

$$r_{\text{eq}} = \sqrt[n]{rd_{12}d_{13}\cdots d_{1n}} = \sqrt[n]{rd_{\text{m}}^{n-1}} = \sqrt[n]{12.13\times 400^{2-1}}\ \text{mm} = 69.66\ \text{mm}$$

则电抗为

$$x_1 = 0.144\ 5\lg\frac{D_{\text{m}}}{r_{\text{eq}}} + \frac{0.015\ 7}{n} = \left(0.144\ 5\lg\frac{10\ 080}{69.66} + \frac{0.015\ 7}{2}\right)\ \Omega/\text{km} = 0.320\ \Omega/\text{km}$$

2×LGJK-300

先求等效电阻

$$r_{\text{eq}} = \sqrt[n]{rd_{12}d_{13}\cdots d_{1n}} = \sqrt[n]{r\ d_{\text{m}}^{n-1}} = \sqrt[n]{13.72\times 400^{2-1}}\ \text{mm} = 74.10\ \text{mm}$$

则电抗为

$$x_1 = 0.144\ 5\lg\frac{D_{\text{m}}}{r_{\text{eq}}} + \frac{0.015\ 7}{n} = \left(0.144\ 5\lg\frac{10\ 080}{74.10} + \frac{0.015\ 7}{2}\right)\ \Omega/\text{km} = 0.316\ \Omega/\text{km}$$

(3)线路电纳：

LGJ-630/45　　$b_1 = 2\pi f C_1 = \frac{7.58}{\lg\frac{D_{\text{m}}}{r}}\times 10^{-6} = \frac{7.58}{\lg\frac{10\ 080}{16.8}}\times 10^{-6}\text{S/km} = 2.73\times 10^{-6}\ \text{S/km}$

2×LGJ-300/50　　$b_1 = 2\pi f C_1 = \frac{7.58}{\lg\frac{D_{\text{m}}}{r}}\times 10^{-6} = \frac{7.58}{\lg\frac{10\ 080}{69.66}}\times 10^{-6}\text{S/km} = 3.51\times 10^{-6}\ \text{S/km}$

2×LGJK-300　　$b_1 = 2\pi f C_1 = \frac{7.58}{\lg\frac{D_{\text{m}}}{r}}\times 10^{-6} = \frac{7.58}{\lg\frac{10\ 080}{74.10}}\times 10^{-6}\text{S/km} = 3.55\times 10^{-6}\ \text{S/km}$

2.3.2　电力线路的等值电路

如前所述，输电线路的电阻、电抗、电导和电纳等电气参数都是沿线路均匀分布的，所以严格说来，输电线路的等值电路应是均匀的分布参数等值电路，但这种电路的计算过于复杂，只是在计算远距离输电线路时才有必要，通常可以用集中参数的等值电路来代替它。在实际应用时，根据输电线路的长短，分为短距离输电线路、中距离输电线路和长距离输电线路。下面主要介绍常用的前两种等值电路。

1. 短距离输电线路

对于长度不超过 100 km 的架空输电线路，线路额定电压为 60 kV 及以下者，以及不长的电力电缆线路，均可认为是短距离输电线路。短距离输电线路由于电压等级不高，电纳、电导的影响均可以忽略不计，即认为 $G=0$、$B=0$，而只需考虑阻抗，其值为

$$Z = R + \mathrm{j}X = r_1 l + \mathrm{j}x_1 l \tag{2-15}$$

式中 l——输电线路长度。

短距离输电线路的等值电路如图 2-4 所示。从图中可得

$$\dot{U}_1 = \dot{U}_2 + \dot{I}_2 Z$$

$$\dot{I}_1 = \dot{I}_2$$

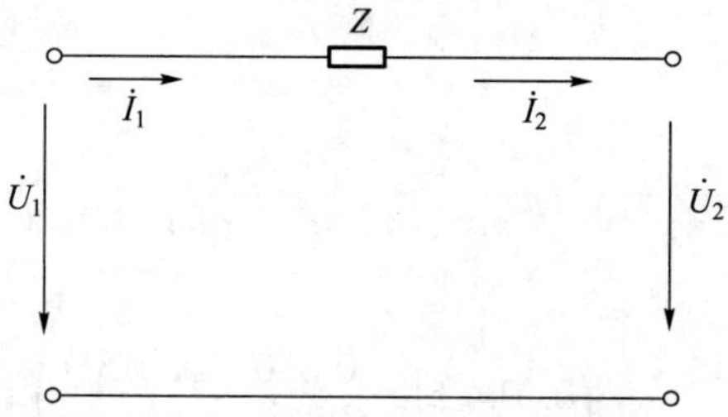

图 2-4 短距离输电线路的等值电路

写成矩阵的形式：

$$\begin{bmatrix} \dot{U}_1 \\ \dot{I}_1 \end{bmatrix} = \begin{bmatrix} 1 & Z \\ 0 & 1 \end{bmatrix} \begin{bmatrix} \dot{U}_2 \\ \dot{I}_2 \end{bmatrix} \tag{2-16}$$

将式(2-16)与电路中所介绍过的二端口网络方程：

$$\begin{bmatrix} \dot{U}_1 \\ \dot{I}_1 \end{bmatrix} = \begin{bmatrix} A & B \\ C & D \end{bmatrix} \begin{bmatrix} \dot{U}_2 \\ \dot{I}_2 \end{bmatrix}$$

相比较，不难得出等值电路的四个常数 A,B,C,D，即

$$A = 1, \quad B = Z, \quad C = 0, \quad D = 1$$

2. 中距离输电线路

对于长度为 100 ~ 300 km，线路额定电压为 110 ~ 330 kV 的架空输电线路，以及长度不超过 100 m 的电力电缆线路，可视为中距离输电线路。这种电力线路电压较高，线路电纳不能忽略，但晴天时可按无电晕情况来考虑，即电导的影响可以不计，认为 $G=0$。此时：

$$Z = R + \mathrm{j}X = r_1 l + \mathrm{j}x_1 l$$

$$Y = G + \mathrm{j}B = \mathrm{j}B = \mathrm{j}b_1 l$$

式中 l——输电线路长度。

这种线路的Π形等值电路如图 2-5 所示。由此可得线路末端的电压、电流方程为

$$\dot{U}_1 = \left(\dot{I}_2 + \frac{Y}{2}\dot{U}_2\right)Z + \dot{U}_2 = \left(\frac{YZ}{2} + 1\right)\dot{U}_2 + Z\dot{I}_2$$

$$\dot{I}_1 = \frac{Y}{2}\dot{U}_1 + \frac{Y}{2}\dot{U}_2 + \dot{I}_2 = Y\left(\frac{YZ}{4} + 1\right)\dot{U}_2 + \left(\frac{YZ}{2} + 1\right)\dot{I}_2$$

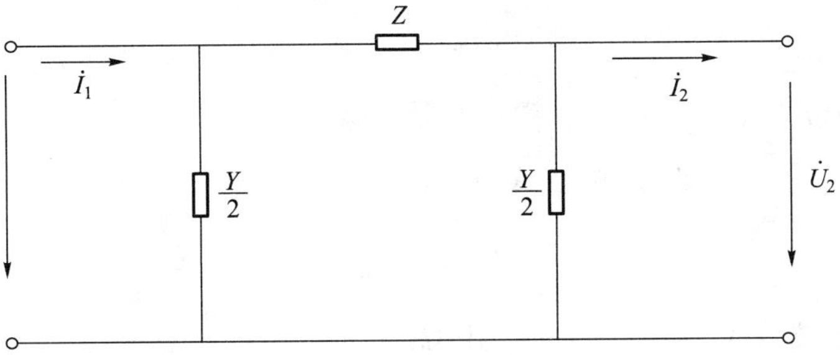

图 2-5 中距离输电线路的Π形等值电路

写成矩阵的形式：

$$\begin{bmatrix} \dot{U}_1 \\ \dot{I}_1 \end{bmatrix} = \begin{bmatrix} \frac{YZ}{2} + 1 & Z \\ Y\left(\frac{YZ}{4} + 1\right) & \frac{YZ}{2} + 1 \end{bmatrix} \begin{bmatrix} \dot{U}_2 \\ \dot{I}_2 \end{bmatrix} \tag{2-17}$$

与二端口网络方程比较后得 A,B,C,D 四个常数为

$$A = \frac{YZ}{2} + 1, \quad B = Z, \quad C = Y\left(\frac{YZ}{4} + 1\right), \quad D = \frac{YZ}{2} + 1$$

2.4 电力变压器结构和等值电路

变压器(transformer)是电力网的主要元件之一。按其电源相数可分为单相、三相、多相；按绕组数量可分为双绕组、三绕组及自耦变压器；按调压方式可分为无励磁调压和有载调压；按用途可分为电力变压器和特种变压器(音频变压器、中频变压器、高频变压器、脉冲变压器等)等类型。无论哪一种类型的变压器，其参数一般都是指电阻R_T、电抗 X_T、电导G_T和电纳B_T。另外，变压器的变比(transformation ratio)也是变压器的一个参数。变压器的前四个参数可以从铭牌上的四个数据(短路损耗P_k、短路电压U_k% 、空载损耗P_0、空载电流I_0%)经过计算得到。由于电力变压器为三相对称元件，其等值电路和参数可以只讨论一相。

2.4.1 双绕组变压器

1. 电阻R_T

变压器的电阻R_T与绕组的三相总铜损P_{Cu}有如下关系：

$$P_{Cu} = 3I_N^2 R_T = 3\left(\frac{S_N}{\sqrt{3}U_N}\right)^2 R_T = \frac{S_N^2}{U_N^2}R_T \tag{2-18}$$

而额定电流流过变压器时，高低压绕组中的总铜损 P_{Cu} 近似等于短路损耗 P_k(把变压器

的二次绕组短路,在一次绕组额定分接头位置上通入额定电流,此时变压器所消耗的功率又称负载损耗),即

$$P_{k} \approx P_{Cu}$$

所以得到式(2-19):

$$P_{k} \approx \frac{S_{N}^{2}}{U_{N}^{2}} R_{T} \tag{2-19}$$

式中,U_N,S_N分别以 V,V · A 为单位;P_k以 W 为单位。

如果U_N以 kV 为单位,S_N以 MV · A 为单位,P_k以 kW 为单位,则式(2-19)可改为

$$R_{T} = \frac{P_{k} U_{N}^{2}}{1\ 000\ S_{N}^{2}} \tag{2-20}$$

式中 R_T——变压器高低压绕组的总电阻,Ω;

U_N——变压器的额定电压(线电压),kV;

P_k——变压器的短路损耗,kW;

S_N——变压器的额定容量,MV · A。

2. 电抗X_T

根据阻抗电压(又称短路电压)的定义,当变压器二次绕组短路(稳态),一次绕组流过额定电流而施加的电压称为阻抗电压 U。通常 U 用一次绕组所施加的电压与额定电压比值的百分数表示,即

$$U_{k}\% = \frac{\sqrt{3}\ I_{N} Z_{T}}{U_{N}} \times 100 = \frac{S_{N} Z_{T}}{U_{N}^{2}} \times 100 \tag{2-21}$$

式中,U_N,S_N分别以 V,V · A 为单位;Z_T以 Ω 为单位。

如果U_N以 kV 为单位,S_N以 MV · A 为单位,Z_T以 Ω 为单位,则式(2-21)可改为

$$Z_{T} = \frac{U_{k}\%\ U_{N}^{2}}{100\ S_{N}} \tag{2-22}$$

在工程计算中,由于大容量变压器的阻抗中以电抗为主,亦即变压器的电抗和阻抗数值上接近相等,可以近似认为$X_T \approx Z_T$。所以,变压器的电抗计算式为

$$X_{T} \approx \frac{U_{k}\%\ U_{N}^{2}}{100\ S_{N}} \tag{2-23}$$

式中 X_T——变压器高低压绕组的总电抗;

$U_k\%$——变压器的短路电压百分值;

U_N,S_N——意义与式(2-20)相同。

3. 电导G_T

变压器的电导用来表示三相总铁芯损耗,即

$$P_{Fe} = 3\left(\frac{U_{N}}{\sqrt{3}}\right)^{2} G_{T} = U_{N}^{2}\ G_{T} \tag{2-24}$$

当变压器二次绕组开路,一次绕组施加额定电压时,所消耗的有功功率称为空载损耗。空载损耗包括铁芯中磁滞和涡流损耗及空载电流在一次绕组电阻上的损耗,前者称为铁损,后者称为铜损。由于空载电流很小,铜损可略去不计,因此,空载损耗基本上就是铁损,即P_{Fe}

$\approx P_0$。所以

$$G_T = \frac{P_0}{U_N^2}$$

式中，P_0，U_N分别以 W，V 为单位。

如果P_0以 kW 为单位，U_N以 kV 为单位，则上式可改为

$$G_T = \frac{P_0}{1\ 000\ U_N^2} \tag{2-25}$$

式中　G_T——变压器电导，S；

P_0——变压器的空载损耗，kW；

U_N——变压器额定电压，kV。

4. 电纳B_T

变压器的电纳反映变压器的励磁功率，且为感性。当变压器在额定电压下二次侧空载时，一次绕组中通过的电流I_0称为空载电流，一般以额定电流的百分数表示。因为空载电流仅起励磁作用，所以又称励磁电流。通常变压器的励磁支路用导纳表示，如图 2-6 所示。由图 2-6可知，变压器空载电流包含有功电流分量$\dot{I}_g$和无功电流分量$\dot{I}_b$，与励磁功率对应的是无功电流分量$\dot{I}_b$。如图 2-7 所示，由于有功电流分量$\dot{I}_g$很小，可近似地认为无功电流分量$\dot{I}_b$和空载电流$\dot{I}_0$在数值上相等。于是有：

$$I_0\% = \frac{(U_N/\sqrt{3})\ B_T}{I_N} \times 100 = \frac{U_N^2\ B_T}{S_N} \times 100 \tag{2-26}$$

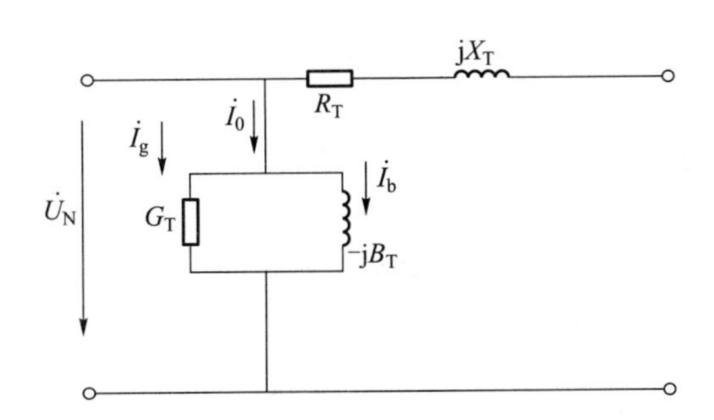

图 2-6　励磁支路以导纳表示的双绕组变压器电路图

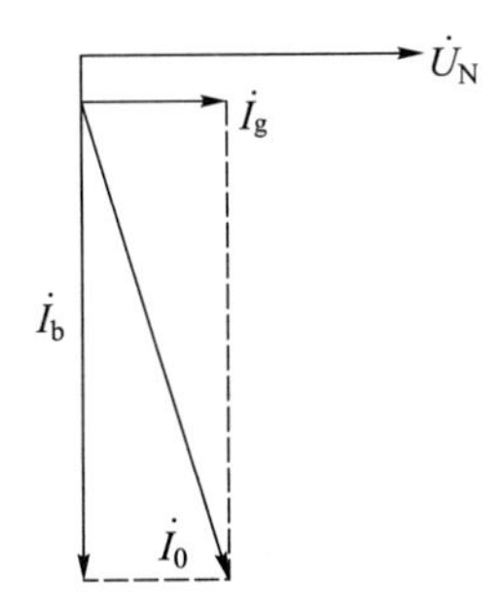

图 2-7　双绕组变压器空载运行时的相量图

根据变压器铭牌上给出的$I_0\%$，可以算出电纳B_T为

$$B_T = \frac{I_0\%}{100} \cdot \frac{S_N}{U_N^2} \tag{2-27}$$

式中 B_T——变压器的电纳，S；

$I_0\%$——变压器的空载电流百分值；

U_N，S_N——意义与式(2-20)相同。

求得双绕组变压器的R_T，X_T，G_T，B_T后，即可画出变压器的等值电路。在电力系统计算中，双绕组变压器一般用图2-8(a)所示等值电路表示较为方便。变压器的导纳$G_T - jB_T$应接在靠电源侧。也就是说，对于降压变压器，其导纳支路接在高压侧；对于升压变压器，其导纳支路接在低压侧。在电力系统计算中，有时也将导纳支路用功率表示，如图2-8(b)所示。在计算35 kV及以下的电网时，因变压器导纳的影响很小，可以忽略不计，其等值电路可以用一个串联阻抗表示，如图2-8(c)所示。

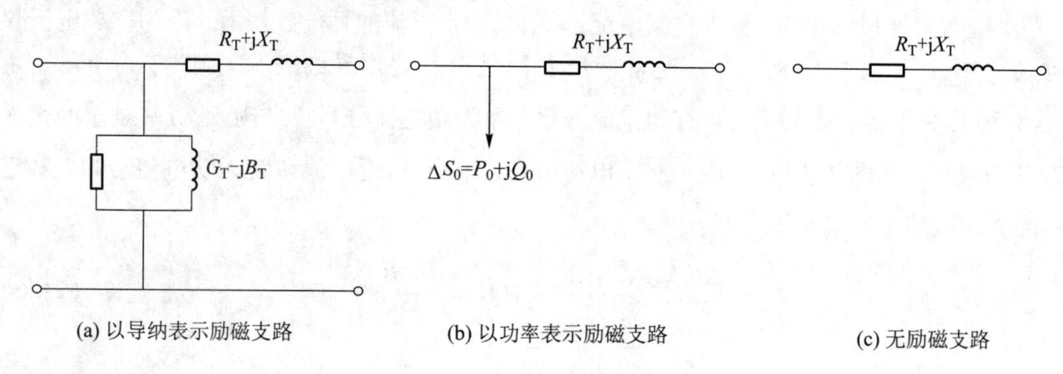

(a) 以导纳表示励磁支路　(b) 以功率表示励磁支路　(c) 无励磁支路

图2-8　双绕组变压器等值电路

2.4.2　三绕组变压器

三绕组变压器参数的计算原则与双绕组变压器相同。下面来介绍其参数的计算公式。

1. 电阻

三绕组变压器各绕组的电阻与绕组设计制造的容量大小有关，我国三绕组变压器三个绕组的容量比有三种不同类型。第一种为100/100/100，即三个绕组容量相同，都等于变压器额定容量。第二种为100/100/50，即第三绕组容量仅为额定容量的一半。第三种为100/50/100，即第二绕组容量为额定容量的一半。

对于第一种三绕组变压器，由已知的三绕组短路损耗P_{k12}、P_{k23}、P_{k31}可直接求出每个绕组的短路损耗如下：

$$\begin{cases} P_{k1} = \dfrac{1}{2}(P_{k12} + P_{k31} - P_{k23}) \\ P_{k2} = \dfrac{1}{2}(P_{k12} + P_{k23} - P_{k31}) \\ P_{k3} = \dfrac{1}{2}(P_{k23} + P_{k31} - P_{k12}) \end{cases} \tag{2-28}$$

各绕组的计算式如下：

$$\begin{cases} R_{T1} = \dfrac{P_{k1} U_N^2}{1\ 000\ S_N^2} \\ R_{T2} = \dfrac{P_{k2} U_N^2}{1\ 000\ S_N^2} \\ R_{T3} = \dfrac{P_{k3} U_N^2}{1\ 000\ S_N^2} \end{cases} \tag{2-29}$$

对于第二种和第三种类型的三绕组变压器，制造厂提供的短路损耗数值是一对绕组中容量较小的一方达到它本身的额定电流。这时应将两组间的短路损耗数值归算到额定电流下的短路损耗数值，再运用式(2-28)、式(2-29)求取各绕组的短路损耗和电阻。如100/100/50的变压器，厂家提供的短路损耗P'_{k31}、P'_{k23}都是第三绕组达到额定电流（第三绕组额定容量S_{N3}）时测得的短路损耗，而并非达到变压器额定电流时的短路损耗，故首先应将其归算到变压器额定电流下，公式如下：

$$\begin{cases} P_{k31} = P'_{k31}\left(\dfrac{I_N}{I_N/2}\right)^2 = 4P'_{k31} \\ P_{k23} = P'_{k23}\left(\dfrac{I_N}{I_N/2}\right)^2 = 4P'_{k23} \end{cases} \tag{2-30}$$

然后再按式(2-28)、式(2-29)计算三绕组变压器的电阻。

2. 电抗

与双绕组变压器一样，近似地认为电抗上的电压降就等于短路电压。在制造厂提供短路电压百分数$U_{k12}\%$、$U_{k23}\%$、$U_{k31}\%$后，与求解电阻时的计算公式相似，各绕组的短路电压百分数为

$$\begin{cases} U_{k1}\% = \dfrac{1}{2}(U_{k12}\% + U_{k31}\% - U_{k23}\%) \\ U_{k2}\% = \dfrac{1}{2}(U_{k12}\% + U_{k23}\% - U_{k31}\%) \\ U_{k3}\% = \dfrac{1}{2}(U_{k23}\% + U_{k31}\% - U_{k12}\%) \end{cases} \tag{2-31}$$

各绕组的等值电抗为

$$\begin{cases} X_{T1} = \dfrac{U_{k1}\%}{100} \cdot \dfrac{U_N^2}{S_N} \\ X_{T2} = \dfrac{U_{k2}\%}{100} \cdot \dfrac{U_N^2}{S_N} \\ X_{T3} = \dfrac{U_{k3}\%}{100} \cdot \dfrac{U_N^2}{S_N} \end{cases} \tag{2-32}$$

需要指出的是，制造厂（或手册）提供的短路电压百分数，不论变压器各绕组容量比如何，一般都已归算为与变压器额定容量相对应的值，因此可直接用式(2-31)、式(2-32)计算，这点与

计算电阻时制造厂提供的未经归算的短路损耗是不同的。

三绕组变压器各绕组等值电抗的相对大小，与三个绕组在铁芯上的排列有关。高压侧因绝缘要求高，高压绕组都排在外层，升压结构变压器的中压绕组最靠近铁芯，低压绕组居中；而降压结构变压器的低压绕组靠近铁芯，中压绕组居中。排在中间的绕组，其等值电抗较小，有时由于其他两个绕组的互感大于绕组本身的自感，甚至使其电抗具有不大的负值。

3. 导纳

三绕组变压器电导G_T、电纳B_T的计算方法与双绕组变压器相同，不再重复。三绕组变压器的等值电路如图 2-9 所示。

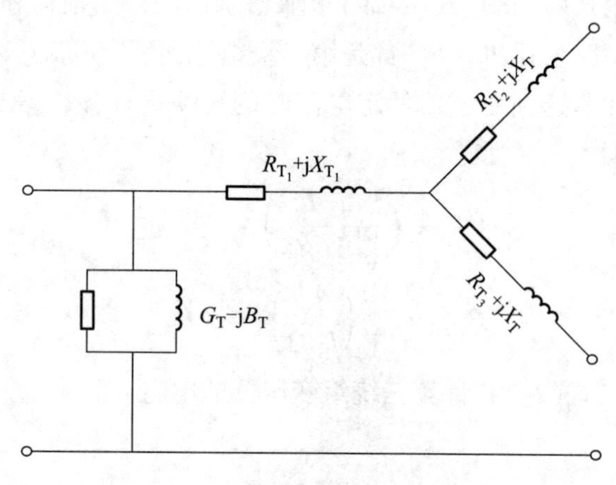

图 2-9 三绕组变压器的等值电路

2.4.3 自耦变压器

自耦变压器和普通变压器的端点条件相同，两者的短路试验参数和等值电路的确定也完全相同。三绕组自耦变压器与普通三绕组变压器端点条件的比较，如图 2-10 所示。

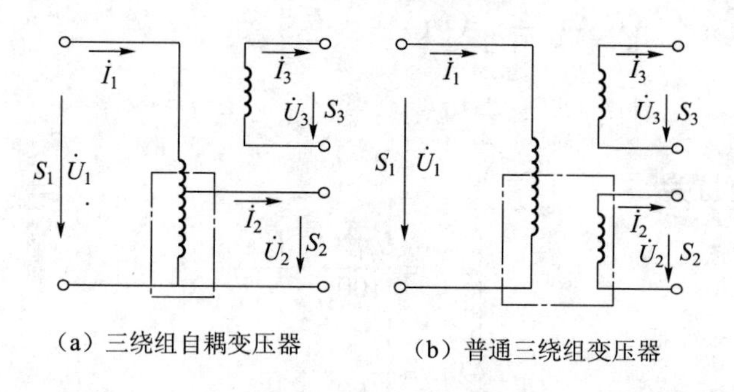

图 2-10 三绕组自耦变压器与普通三绕组变压器端点条件的比较

这里需要说明的只是三绕组自耦变压器第三绕组的额定容量S_{N3}总是小于变压器的额定容量，而且制造厂给出的三绕组自耦变压器的短路试验参数中，不仅短路损耗P_k未经归算至额定容量，短路电压百分值 $U\%$ 也未归算至额定容量，因此需按式(2-33)计算：

$$\begin{cases} P_{k31}=P'_{k31}\left(\dfrac{S_N}{S_{N3}}\right)^2 \\ P_{k23}=P'_{k23}\left(\dfrac{S_N}{S_{N3}}\right)^2 \\ U_{k31}\%=U'_{k31}\%\ \dfrac{S_N}{S_{N3}} \\ U_{k32}\%=U'_{k32}\%\ \dfrac{S_N}{S_{N3}} \end{cases} \tag{2-33}$$

式中，P'_{k31}，P'_{k21}，$U'_{k31}\%$，$U'_{k32}\%$ 是厂方提供的原始数据；S_{N3} 为第三绕组的额定容量。

【例 2-2】三相三绕组自耦变压器的部分技术数据如下：额定容量为 120/120/60 MV · A，额定电压为 10.5/121/242 kV，空载电流为 1.243%，空载损耗为 132 kW。短路电压和短路损耗见表 2-1。

表 2-1　短路电压和短路损耗（未经归算）

绕　组	高压－中压	高压－低压	中压－低压
短路电压百分值/%	12.20	6.00	8.93
短路损耗/kW	343.0	251.5	285.0

试求变压器的阻抗、导纳，并画星形等值电路，等值电路中所有参数都归算至高压侧。

解：

（1）阻抗：

先将短路损耗归算至对应于变压器的额定容量

$$P_{k12}=343\ \text{kW}$$
$$P_{k31}=4P'_{k31}=4\times 251.5\ \text{kW}=1\ 006\ \text{kW}$$
$$P_{k23}=4P'_{k23}=4\times 285.0\ \text{kW}=1\ 140\ \text{kW}$$

从而

$$P_{k1}=\frac{1}{2}(P_{k12}+P_{k31}-P_{k23})=\frac{1}{2}(343+1\ 006-1\ 140)\text{kW}=104.5\ \text{kW}$$

$$P_{k2}=\frac{1}{2}(P_{k12}+P_{k23}-P_{k31})=\frac{1}{2}(343+1\ 140-1\ 006)\text{kW}=238.5\ \text{kW}$$

$$P_{k3}=\frac{1}{2}(P_{k23}+P_{k31}-P_{k12})=\frac{1}{2}(1\ 140+1\ 006-343)\text{kW}=901.5\ \text{kW}$$

于是

$$R_{T1}=\frac{P_{k1}U_N^2}{1\ 000\ S_N^2}=\frac{104.5\times 242^2}{1\ 000\times 120^2}\ \Omega=0.425\ \Omega$$

$$R_{T2}=\frac{P_{k2}U_N^2}{1\ 000\ S_N^2}=\frac{238.5\times 242^2}{1\ 000\times 120^2}\ \Omega=0.970\ \Omega$$

$$R_{T3}=\frac{P_{k3}U_N^2}{1\ 000\ S_N^2}=\frac{901.5\times 242^2}{1\ 000\times 120^2}\ \Omega=3.666\ \Omega$$

然后将短路电压百分值归算至对应于变压器的额定容量

$$U_{k12}\% = 12.20$$

$$U_{k31}\% = 2U'_{k31}\% = 2\times 6.00 = 12.00$$

$$U_{k32}\% = 2U'_{k32}\% = 2\times 8.93 = 17.86$$

从而

$$U_{k1}\% = \frac{1}{2}(U_{k12}\% + U_{k31}\% - U_{k23}\%) = \frac{1}{2}(12.20 + 12.00 - 17.86) = 3.17$$

$$U_{k2}\% = \frac{1}{2}(U_{k12}\% + U_{k23}\% - U_{k31}\%) = \frac{1}{2}(12.20 + 17.86 - 12.00) = 9.03$$

$$U_{k3}\% = \frac{1}{2}(U_{k23}\% + U_{k31}\% - U_{k12}\%) = \frac{1}{2}(17.86 + 12.00 - 17.86) = 8.83$$

于是

$$X_{T1} = \frac{U_{k1}\%}{100}\cdot\frac{U_N^2}{S_N} = \frac{3.17}{100}\times\frac{242^2}{120}\ \Omega = 15.47\ \Omega$$

$$X_{T2} = \frac{U_{k2}\%}{100}\cdot\frac{U_N^2}{S_N} = \frac{9.03}{100}\times\frac{242^2}{120}\ \Omega = 44.07\ \Omega$$

$$X_{T3} = \frac{U_{k3}\%}{100}\cdot\frac{U_N^2}{S_N} = \frac{8.83}{100}\times\frac{242^2}{120}\ \Omega = 43.09\ \Omega$$

附带指出，对普通（非自耦）三绕组变压器，按如上方法求得的三个电抗中，有一个可能是负值。这是由于这种变压器的三个绕组中，必有一个在结构上处于其他两个绕组之间，而这个处于居中位置的绕组与位于它两侧两个绕组间的两个漏抗之和又小于该两绕组相互间的漏抗。例如，中压绕组居中，且有$U_{k12}\% + U_{k23}\% < U_{k31}\%$的关系。因此，这种等值为负值的现象并不真正表示该绕组有容性漏抗。普通三绕组变压器出现这种现象并不少见，但因这一负值电抗的绝对值往往很小，在近似计算中常取其为零。

（2）导纳：

$$G_T = \frac{P_0}{1\ 000\ U_N^2} = \frac{132}{1\ 000\times 242^2}\ \text{S} = 2.254\times 10^{-6}\ \text{S}$$

$$B_T = \frac{I_0\%}{100}\cdot\frac{S_N}{U_N^2} = \frac{1.243}{100}\times\frac{120}{242^2}\ \text{S} = 25.47\times 10^{-6}\ \text{S}$$

（3）等值电路：三绕组自耦变压器的等值电路如图 2-11 所示。

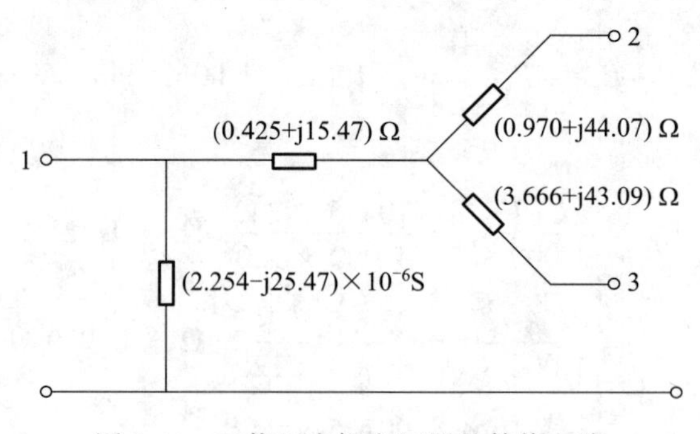

图 2-11　三绕组自耦变压器的等值电路

2.5　输电线路导线的选择与校验

1. 按结构类型选择电力电缆

根据电力电缆的用途、敷设方法和使用场所，选择电力电缆的芯数、芯线的材料、绝缘的种类、保护层的结构以及电缆的其他特征，最后确定电力电缆的型号。

2. 按电压选择

要求电力电缆的额定电压U_N不小于安装地点的最大工作电压U_{max}，即

$$U_N \geqslant U_{max} \tag{2-34}$$

3. 按最大持续工作电流选择电缆截面

在正常工作时，电缆的长期允许发热温度决定于电缆芯线的绝缘、电缆的电压和结构等。如果电缆长期发热温度过高时，电缆的绝缘强度将很快降低，可能引起芯线与金属外皮之间的绝缘击穿。电缆的长期允许电流I_N就是根据这一长期允许发热温度和周围介质的计算温度θ_{0N}来决定的。要使电缆的正常发热温度不超过其长期允许发热温度θ_N，必须满足式(2-35)，即

$$I_{max} \leqslant kI_N \tag{2-35}$$

式中，I_{max}为电缆电路中长期通过的最大工作电流；I_N为电缆的长期允许电流；k为综合修正系数，与环境温度、敷设方式及土壤热阻有关。

4. 按经济电流密度选择电缆截面

对于发电机、变压器回路，当其最大负荷利用小时数超过 5 000 h/年，且长度超过 20 m 时，应按经济电流密度选择电缆截面，并按最大长期工作电流进行校验。电缆的经济电流密度见表 2-2。

表 2-2　电缆的经济电流密度(单位为 A/mm²)

导体材料		最大负荷利用小时数 T_{max}/h		
		3 000 以下	3 000 ~ 5 000	5 000 以上
铝裸材料		1.65	1.15	0.9
铜裸材料		3	2.25	1.75
35 kV 以下	铝芯材料	1.92	1.73	1.54
	铜芯材料	2.5	2.25	2

按经济电流密度选出的电缆，还应确定经济合理的电缆根数。一般情况下，电缆截面(S)在 150 mm²以下时，其经济根数为一根；当电缆截面大于 150 mm²时，其经济根数可按 S/150 决定；若电缆截面比一根 150 mm²的电缆大，但又比两根 150 mm² 的电缆小时，通常宜采用两根 120 mm²的电缆。

5. 按短路热稳定校验电缆截面

满足热稳定要求的最小电缆截面如下：

$$S_{\min} = \frac{\sqrt{Q}}{C} \tag{2-36}$$

式中 Q——短路电流热效应；

C——热稳定系数，它与电缆类型、额定电压及短路允许最高温度有关，见表 2-3。

表 2-3 电缆热稳定系数

导体种类	铜			铝		
电缆类型	电缆线路有中间接头	20 kV、35 kV 油浸纸绝缘	10 kV 及以下油浸纸绝缘	电缆线路有中间接头	20 kV、35 kV 油浸纸绝缘	10 kV 及以下油浸纸绝缘
额定电压	短路允许最高温度/℃					
	120	175	250	120	175	200
3 ~ 10 kV	95.4	—	159	60.4	—	90
20 ~ 35 kV	101.5	130	—	—	—	—

6. 电压损失校验

当电缆用于远距离输电时，还应对其进行允许电压损失校验。电缆电压损失的校验公式如下：

$$\Delta U\% = \frac{\sqrt{3}\, I_{\max} \rho L \times 100}{U_N S} \tag{2-37}$$

式中 ρ——电缆导体的电阻率，$\Omega \cdot mm^2/m$；

L——电缆长度，m；

U_N——电缆额定电压，V；

S——电缆截面，mm^2；

$I_{\max}$——电缆的最大长期工作电流，A。

第3章 电力系统负荷和潮流计算

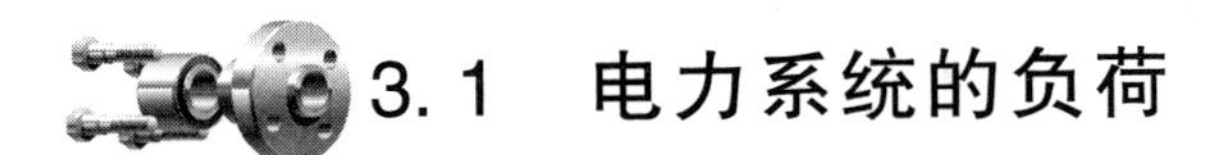

3.1 电力系统的负荷

电力系统的总负荷就是系统中所有用电设备消耗总功率的总和。这些设备包括异步电动机、同步电动机、各类电弧炉、整流装置、电解装置、制冷制热设备、电子仪器和照明设施等。它们分属于工农业、企业、交通运输、科研机构、文化娱乐和人民生活等各种电力用户。根据电力用户的不同负荷特征,电力负荷(power load)可分为工业负荷、农业负荷、交通运输业负荷和人民生活用电负荷等。

电力系统综合用电负荷是指工业、农业、交通运输、市政生活等各方面消耗的功率之和。电力系统供电负荷是指综合用电负荷加上传输和分配过程中的网络损耗,即为发电厂应供出的功率。电力系统发电负荷是指供电负荷加上各发电厂本身消耗的厂用电功率,即发电机应发出的功率。它们之间的关系如图3-1所示。

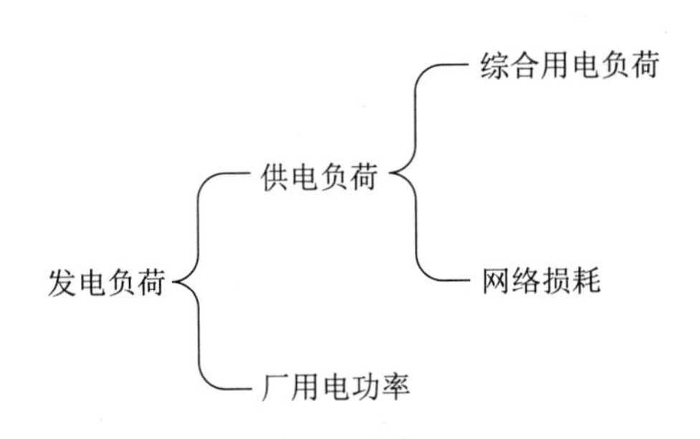

图3-1　电力系统负荷间的关系

按照电力系统负荷用户的重要性以及对供电连续性和可靠性程度要求的不同,一般将电力系统负荷分成三类。在第1章已进行详细介绍,在此不再赘述。

3.1.1 负荷曲线

在进行电力系统分析、计算及调度部门决定开停机时,必须知道负荷的大小。由于电力系统的负荷是随时间变化的,因此,电力网中的功率分布、功率损耗及电压损耗等都是随负荷变化而变化的。所以在分析和计算电力系统的运行状态时,必须了解负荷随时间变化的规律。用户的用电规律通常以负荷曲线表示。根据运行中的测量记录可以画出以往的负荷曲线。但由于负荷的变化是随机的,很难确切地预知未来负荷的变化规律,因此往往采用负荷预测的方法。由系统调度中心制订运行方式的人员根据以往的运行资料加之科学的计算方法,编制出未来负荷变化的曲线,进而制订发电计划。负荷预测是目前十分重要而又未完全解决的一项研究课题。

电力系统中的负荷曲线通常有以下几种:

1. 日负荷曲线

日负荷曲线反映负荷在一天 24 h 内随时间变化的规律。典型的日负荷曲线如图 3-2 所示。不同地区、不同负荷,其负荷曲线是不同的。一天之内最大的负荷称为日最大负荷 P_{max},又称尖峰负荷;最小的负荷称为日最小负荷 P_{min},又称低谷负荷。最小负荷以下的部分称为基本负荷,简称基荷。显然基荷是不随时间变化的。

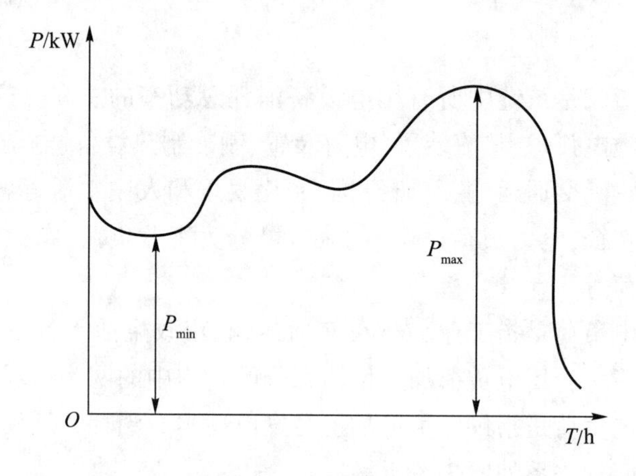

图 3-2 日负荷曲线

日负荷曲线除了表示负荷随时间变化的规律外,还可以反映用户消耗电能的多少。由于某一时间 M 内用户所消耗的电能 A 等于该用户的有功功率 P 乘以 M。因此,在一天内用户所消耗的总电能为

$$A = \int_0^{24} P(t)\,\mathrm{d}t \tag{3-1}$$

很明显,用户一天中消耗的电能即为日负荷曲线下面所包围的面积。当有功功率 P 的单位取 kW,时间 t 的单位取 h,则电能 A 的单位是 kW · h(千瓦 · 时)。全天的平均负荷为

$$P_{mv} = \frac{A}{24} = \frac{\int_0^{24} P(t)\,\mathrm{d}t}{24} \tag{3-2}$$

为了反映负荷曲线的起伏状况，系统中常用到负荷率 K_p 的概念，其定义为

$$K_p = \frac{P_{av}}{P_{max}} \tag{3-3}$$

K_p 值大则表示日负荷曲线平坦，即每天的负荷变化小，这是系统运行所需要的，可以避免频繁的开停机，提高系统运行的经济性；K_p 值小则表示负荷曲线起伏大，发电机的利用率较差。日负荷曲线是安排日发电计划、确定各发电厂发电任务以及确定系统运行方式等的重要依据。

2. 年最大负荷曲线

在电力系统的运行和设计中，不仅要知道一天 24 h 负荷变化的规律，而且要知道一年之内负荷的变化情况，经常用到的是年最大负荷曲线。把每天(或每月)的最大负荷纪录按年绘制成曲线，称为年最大负荷曲线，如图 3-3 所示。这种负荷曲线主要用来指导制订发电设备检修计划和制订新建、扩建电厂的规划等。

为了确保系统中因有机组检修或个别机组突然发生故障退出运行时不减少对用户的供电，系统中的装机总容量应大于系统最大负荷，大于部分称为备用容量。图 3-3 中斜线部分为系统检修机组容量，显然，检修机组应安排在负荷最小的时间，而且随负荷的增加应当不断装设新的发电设备。

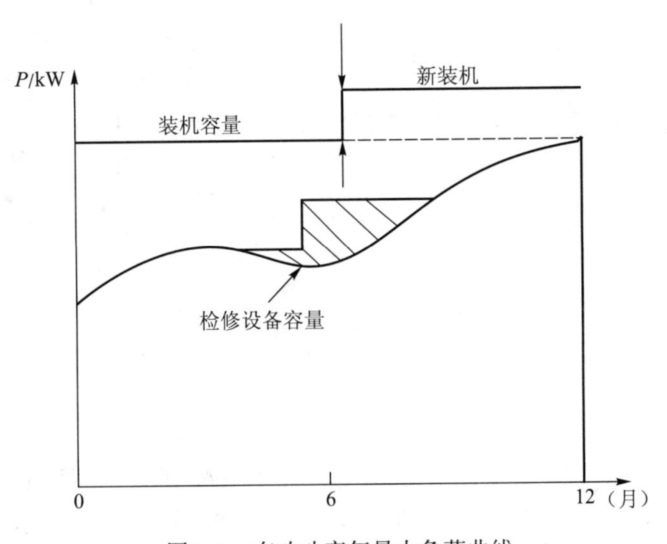

图 3-3　有功功率年最大负荷曲线

3. 年持续负荷曲线

在电力系统的分析和计算中，还经常用到年持续负荷曲线，如图 3-4 所示。它是将年最大负荷曲线按照累计时间由大到小重新排列而得到的曲线。如曲线中的 A 点反映了在年内负荷数值超过 P_1 的累计持续时间共有 $t(h)$，根据年持续负荷曲线可以计算全年负荷所消耗的电能 A，即

$$A=\int_0^{8\,760} P(t)\,\mathrm{d}t \tag{3-4}$$

它等于年持续负荷曲线下面包围的面积。将负荷全年取用的电能与一年中的最大负荷相比，

T_{max}称为年最大负荷利用时间，即

$$T_{max} = \frac{A}{P_{max}} = \frac{\int_0^{8\,760} P\mathrm{d}t}{P_{max}} \tag{3-5}$$

T_{max}的物理意义是，负荷以最大功率P_{max}连续运行T_{max}时间所消耗的电能A与负荷以实际功率运行一年所消耗的电能相等。T_{max}的大小，一定程度上反映了实际负荷在一年中变化的大小。T_{max}值越大，则负荷曲线比较平坦；T_{max}值越小，则负荷曲线随时间的变化越大，它在一定程度上反映了负荷用电的特点。电力系统长期运行的经验表明，各种不同类型的负荷，其T_{max}大体上在一定的范围内。因此，若已知各类用户的性质，则可得到T_{max}，进而由$A = T_{max}P_{max}$，可以估算出负荷全年的用电量。

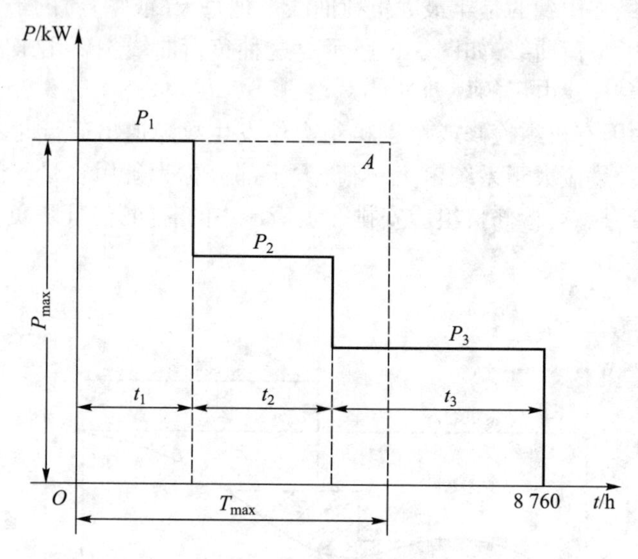

图3-4 年持续负荷曲线

3.1.2 负荷的计算

1. 概述

若要使供电系统能够在正常条件下可靠地运行，则系统中各个元件（包括电力变压器、开关设备及导线、电缆等）都必须选择得当，除了满足工作电压和频率的要求外，最重要的就是要满足负荷电流的要求。因此，有必要对供电系统中各个环节的电力负荷进行统计计算。

通过负荷的统计计算求出的、用来按发热条件选择供电系统中各元件的负荷值，称为计算负荷（calculated load），一般根据计算负荷选择的电气设备和导线电缆，若以计算负荷连续运行，则其发热温度不会超过允许值。由于导体通过电流达到稳定温升的时间大约为$(3\sim4)\tau$，τ为发热时间常数。截面积在16 mm^2及以上的导体，其$\tau \geqslant 10$ min，因此载流导体大约经30 min后可达到稳定温升值。由此可见，计算负荷实际上与从负荷曲线上查得的半小时最大负荷P_{30}（即年最大负荷P_{max}）是基本相当的。所以，计算负荷也可认为是半小时最大负荷。本来有功计算负荷可表示为P_C，无功计算负荷可表示为Q_C，计算电流可表示为I_C，但考虑到其“计算”（C）易与“电容”（C）混淆，因此本书借用半小时最大负荷P来表示其有功计算负荷，而无功计算负荷、视在计算负荷和计算电流则分别表示为Q_{30}、S_{30}、I_{30}。

计算负荷是供电设计计算的基本依据。计算负荷确定得是否正确合理,直接影响到电器和导线电缆的选择是否经济合理。如果计算负荷确定得过大,则将使电器和导线电缆选用得过大,造成投资和有色金属的浪费;如果计算负荷确定得过小,则又将使电器和导线电缆处于过负荷下运行,增加电能损耗,产生过热,导致绝缘过早老化甚至烧毁,同样要造成损失。由此可见,正确确定计算负荷意义重大。但由于负荷情况复杂,影响计算负荷的因素很多,虽然各类负荷的变化有一定的规律可循,但仍难准确确定计算负荷的大小。实际上,负荷也不是一成不变的,它与设备的性能、生产的组织、生产者的技能及能源供应的状况等多种因素有关。因此,负荷计算只能力求接近实际。

我国目前普遍采用的确定用电设备组计算负荷的方法有需要系数法和二项式法。需要系数法是世界各国均普遍采用的确定计算负荷的基本方法,简单方便。二项式法的应用局限性较大,但在确定设备台数较少而容量差别很大的分支干线的计算负荷时,比需要系数法合理,且计算也较简便。

2. 按需要系数法确定计算负荷

1)基本公式

用电设备组的计算负荷是指用电设备组从供电系统中取用的半小时最大负荷 P_{30},用电设备组的设备容量(equipment capability)P_e是指用电设备组所有设备(不含备用设备)的额定容量P_N之和,即 $P_e = \sum P_N$。而设备的额定容量是设备在额定条件下的最大输出功率。但是用电设备组的设备实际上不一定都同时运行,运行的设备也不太可能都满负荷,同时设备本身有功率损耗,配电线路也有功率损耗,因此用电设备组的有功计算负荷为

$$P_{30} = \frac{K_\Sigma K_L}{\eta_e \eta_{WL}} P_e \tag{3-6}$$

式中,K_Σ为设备组的同时系数,即设备组在最大负荷时运行的设备容量与全部设备容量之比;K_L为设备组的负荷系数,即设备组在最大负荷时的输出功率与运行的设备容量之比;η_e为设备组的平均效率,即设备组在最大负荷时的输出功率与取用功率之比;η_{WL}为配电线路的平均效率,即配电线路在最大负荷时的末端功率(即设备组的取用功率)与首端功率(即计算负荷)之比。

令式(3-6)中的$K_\Sigma K_L/(\eta_e \eta_{WL}) = K_d$,这里的$K_d$称为需要系数。由式(3-6)可知需要系数的定义如下:

$$K_d = \frac{P_{30}}{P_e} \tag{3-7}$$

即用电设备组的需要系数,是用电设备组在最大负荷时需要的有功功率与其设备容量的比值。由此可得按需要系数法确定三相用电设备组有功计算负荷的基本公式如下:

$$P_{30} = K_d P_e \tag{3-8}$$

实际上,需要系数K_d不仅与用电设备组的工作性质、设备台数、设备效率和线路损耗等因素有关,而且与操作人员的技能和生产组织等多种因素有关,因此应尽可能地通过实测分析确定,使之尽量接近实际。所以,需要系数值一般都比较低,例如冷加工机床组的需要系数值平均只有0.2左右。因此需要系数法较适用于确定车间的计算负荷。如果采用需要系数法来计算支线或分支干线上用电设备组的计算负荷,则需要系数值往往偏小,宜适当取大。只有1~2台设备时,可认为 $K_d = 1$,即 $P_{30} = P_e$。但对于电动机,由于它本身损耗较大,因此当只

有一台电动机时，$P_{30}=P_N/\eta$。式中，P_N为电动机的额定容量；η为电动机的效率。在K_d适当取大的同时，$\cos\varphi$也应适当取大。

这里还要指出，需要系数值与用电设备的类别和工作状态有极大的关系，因此在计算时首先要正确判明用电设备的类别和工作状态，否则将造成错误。例如，机修车间的金属切削机床电动机，应属小批生产的冷加工机床电动机，因为金属切削就是冷加工，而机修不可能是大批生产。又如压塑机、拉丝机和锻锤等，应属热加工机床。再如起重机、行车或电葫芦等，属吊车类。

在求出有功计算负荷P_{30}后，可按下列各式分别求出其余的计算负荷。

无功计算负荷为

$$Q_{30}=P_{30}\tan\varphi \tag{3-9}$$

式中，$\tan\varphi$为对应于用电设备组$\cos\varphi$的正切值。

视在计算负荷为

$$S_{30}=\frac{P_{30}}{\cos\varphi} \tag{3-10}$$

式中，$\cos\varphi$为用电设备组的平均功率因数。

计算电流为

$$I_{30}=\frac{S_{30}}{\sqrt{3}U_N} \tag{3-11}$$

式中，U_N为用电设备组的额定电压。

如果为一台三相电动机，则其计算电流就取为其额定电流，即

$$I_{30}=I_N=\frac{P_N}{\sqrt{3}U_N\cos\varphi\eta} \tag{3-12}$$

负荷计算中常用的单位：有功功率单位为"千瓦"(kW)，无功功率单位为"千乏"(kvar)，视在功率单位为"千伏·安"(kV·A)，电流单位为"安"(A)，电压单位为"千伏"(kV)。

2) 设备容量的计算

需要系数法基本公式($P_{30}=K_dP_e$)中的设备容量P，不含备用设备的容量在内，而且要注意，此容量的计算与用电设备组的工作制有关。

(1) 对于一般连续工作制和短时工作制的用电设备组。对于一般连续工作制和短时工作制的用电设备组来说，设备容量就是所有设备的铭牌额定容量之和。

(2) 对于断续周期工作制的用电设备组。对于断续周期工作制的用电设备组来说，设备容量就是将所有设备在不同负荷持续率下的铭牌额定容量换算到一个统一的负荷持续率下的功率之和。

断续周期工作制的用电设备常用的有电焊机和吊车电动机，各自的换算要求如下：

①电焊机组要求统一换算到$\varepsilon=100\%$。换算后的设备容量为

$$\begin{cases} P_e=P_N\sqrt{\dfrac{\varepsilon_N}{\varepsilon_{100}}}=S_N\cos\varphi\sqrt{\dfrac{\varepsilon_N}{\varepsilon_{100}}} \\ P_r=P_N\sqrt{\varepsilon_N}=S_N\cos\varphi\sqrt{\varepsilon_N} \end{cases} \tag{3-13}$$

式中，P_N，S_N为电焊机的铭牌容量(前者为有功功率，后者为视在功率)；ε_N为与铭牌容量对应的负荷持续率(计算中用小数)；ε_{100}其值为100%的负荷持续率(计算中用1)；$\cos\varphi$为铭牌规

定的功率因数。

②吊车电动机组要求统一换算到 $\varepsilon = 25\%$ 。换算后的设备容量为

$$P_e = P_N \sqrt{\frac{\varepsilon_N}{\varepsilon_{25}}} = 2P_e \sqrt{\varepsilon_N} \tag{3-14}$$

式中,P_N为吊车电动机的铭牌容量;ε_N为与铭牌容量对应的负荷持续率(计算中用小数);ε_{25}其值为25%的负荷持续率(计算中用0.25)。

3)多组用电设备计算负荷的确定

确定拥有多组用电设备的干线上或车间变电所低压母线上的计算负荷时,应考虑各组用电设备的最大负荷不同时出现的因素。因此,在确定多组用电设备的计算负荷时,应结合具体情况对其有功负荷和无功负荷分别计入一个同时系数(又称参差系数或综合系数)$K_{\Sigma p}$和$K_{\Sigma q}$。

(1)对车间干线:

$$K_{\Sigma p} = 0.85 \sim 0.95$$
$$K_{\Sigma q} = 0.90 \sim 0.97$$

(2)对低压母线:

①由用电设备组计算负荷直接相加来计算时:

$$K_{\Sigma p} = 0.80 \sim 0.90$$
$$K_{\Sigma q} = 0.85 \sim 0.95$$

②由车间干线计算负荷直接相加来计算时:

$$K_{\Sigma p} = 0.90 \sim 0.95$$
$$K_{\Sigma q} = 0.93 \sim 0.97$$

总的有功计算负荷为

$$P_{30} = K_{\Sigma p} \sum P_{30,i} \tag{3-15}$$

无功计算负荷为

$$Q_{30} = K_{\Sigma q} \sum Q_{30,i} \tag{3-16}$$

式中,$\sum P_{30,i}$,$\sum Q_{30,i}$分别为各组设备的有功和无功计算负荷之和。

总的视在计算负荷为

$$S_{30} = \sqrt{P_{30}^2 + Q_{30}^2} \tag{3-17}$$

总的计算电流为

$$I_{30} = \frac{S_{30}}{\sqrt{3}U_N} \tag{3-18}$$

注意:

由于各组设备的功率因数不一定相同,因此总的视在计算负荷和计算电流一般不能用各组的视在计算负荷或计算电流之和来计算,总的视在计算负荷也不能按式(3-17)来计算。

3. 按二项式法确定计算负荷

1)基本公式

二项式法的基本公式为

$$P_{30} = bP_{e} + cP_{x} \tag{3-19}$$

式中,bP_{e}为用电设备组的平均功率,其中P_{e}是用电设备组的设备总容量,其计算方法如前文3.1.2中需要系数法中所述;cP_{x}为用电设备组中x台容量最大的设备投入运行时增加的附加负荷,其中P_{x}是x台最大容量的设备总容量(b、c为二项式系数),其余的计算负荷Q_{30}、S_{30}和P_{30}的计算与前述需要系数法的计算相同。

但必须注意,按二项式法确定计算负荷时,如果设备总台数n少于规定的最大容量设备台数x的2倍(即$n<2x$)时,则其最大容量设备台数x宜适当取小,建议取为$x=n/2$,且按"四舍五入"规则取整数。例如,某机床电动机组只有7台时,其$x=7/2\approx4$,如果用电设备组只有1~2台设备时,则认为$P_{30}=P_{e}$。对于单台电动机,$P_{30}=P_{N}/\eta$。式中,P_{N}为电动机额定容量;η为其额定效率;在设备台数较少时,$\cos\varphi$应适当取大。

由于二项式法不仅考虑了用电设备组最大负荷时的平均功率,而且考虑了少数容量最大的设备投入运行时对总计算负荷的额外影响,所以二项式法比较适用于确定设备台数较少而容量差别较大的低压干线和分支线的计算负荷。但是二项式计算系数b、c和x的值,缺乏充分的理论根据,而且这些系数只适合机械加工工业,其他行业在该方面数据缺乏,从而使其应用受到一定局限。

2)多组用电设备计算负荷的确定

采用二项式法确定多组用电设备总的计算负荷时,亦应考虑各组用电设备的最大负荷不同时出现的因素。但是不应计入一个同时系数,而是应在各组用电设备中取其中一组最大的附加负荷cP_{x},再加上各组的平均负荷bP_{e},由此求得总的有功计算负荷。即总的有功计算负荷为

$$P_{30} = \sum (bP_{e})_{i} + (cP_{x})_{\max} \tag{3-20}$$

总的无功计算负荷为

$$Q_{30} = \sum (bP_{e}\tan\varphi)_{i} + (cP_{x})_{\max}\tan\varphi_{\max} \tag{3-21}$$

式中 $\tan\varphi_{\max}$——最大附加负荷$(cP_{x})_{\max}$的设备组的平均功率因数角的正切值。

关于总的视在计算负荷S_{30}和总的计算电流I_{30},仍按式(3-17)和式(3-18)计算。

3.1.3 电网损耗的计算

1. 供电系统的功率损耗

在确定各用电设备组的计算负荷后,如要确定车间或工厂的计算负荷,就需要逐级计入有关线路和变压器的功率损耗,如图3-5所示。例如,车间变电所低压配电线WL2首端的计算负荷$P_{30,4}$等于其末端计算负荷$P_{30,5}$加上该线路损耗ΔP_{WL2}(无功计算负荷则应加上无功损耗,此略);高压配电线WL2首端的计算负荷$P_{30,2}$等于车间变电所低压侧计算负荷$P_{30,3}$加上变压器T的损耗ΔP_{T},再加上高压配电线WL1的功率损耗ΔP_{WL1},为此,本节主要介绍线路和变压器功率损耗的计算。

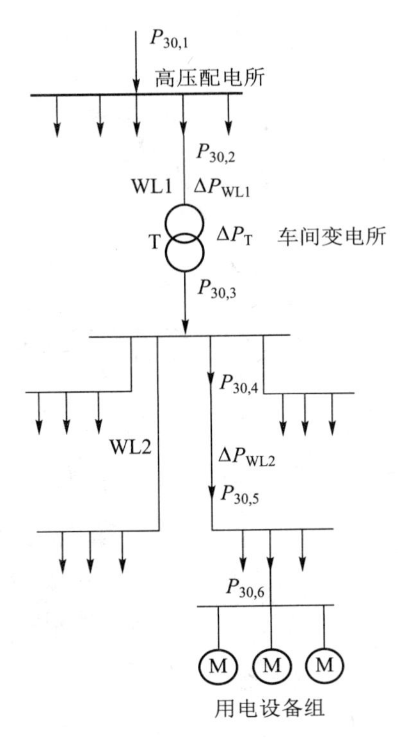

图 3-5　供电系统中部分的计算负荷和功率损耗(只示出有功部分)

2. 线路功率损耗的计算

线路功率损耗包括有功和无功两大部分。

1)有功功率损耗

有功功率损耗是电流通过线路电阻所产生的,其计算式为

$$\Delta P_{WL} = 3I_{30}^2 R_{WL} \tag{3-22}$$

式中　I_{30}——线路的计算电流;

R_{WL}——线路每相的电阻。

电阻$R_{WL}=R_0 l$,其中 l 为线路长度,R_0为线路单位长度的电阻值(可查有关手册或产品样本)。

2)无功功率损耗

无功功率损耗是电流通过线路电抗所产生的,其计算式为

$$\Delta Q_L = 3I_{30}^2 X_{WL} \tag{3-23}$$

式中　I_{30}——线路的计算电流;

X_{WL}——线路每相的电抗。

电抗 $X_{WL}=X_0 l$,其中 l 为线路长度;X_0为线路单位长度的电抗值(可查有关手册或产品样本)。但是查 X_0不仅要知道导线截面,而且要知道导线之间的几何均距。所谓线间几何均距,就是三相线路各相导线之间距离的几何平均值。如图 3-6(a)所示的 U、V、W 三相线路,其线间几何均距为

$$a_{av} = \sqrt{a_1 a_2 a_3} \tag{3-24}$$

如导线为等边三角形排列[见图 3-6(b)],则$a_{av}=a$;如导线为水平等距排列[见图 3-6

(c)],则$a_{av}=\sqrt[3]{2}a=1.26a$。

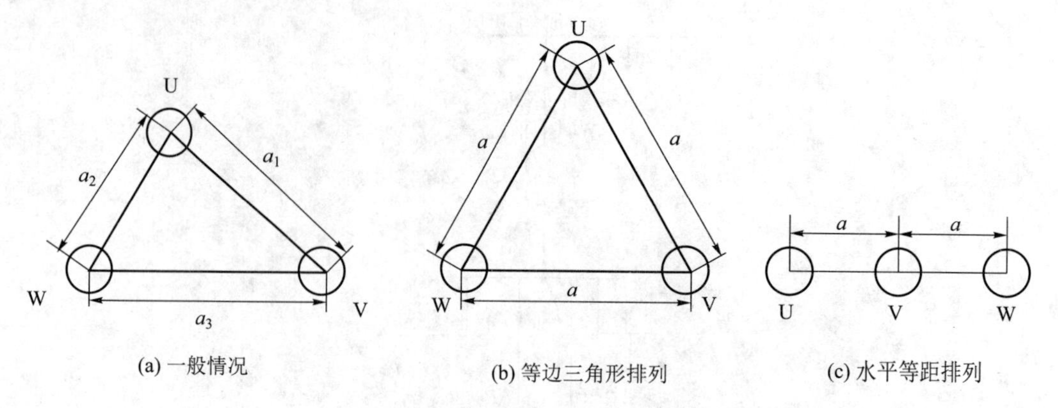

(a) 一般情况 (b) 等边三角形排列 (c) 水平等距排列

图 3-6 导线不同排列情况的几何均距

3. 变压器功率损耗的计算

变压器功率损耗也包括有功和无功两大部分。

1)变压器的有功功率损耗

变压器的有功功率损耗由以下两部分组成。

(1)铁芯中的有功功率损耗,即铁损 ΔP_{Fe}。铁损在变压器一次绕组的外施电压和频率不变的条件下,是固定不变的,与负荷无关。铁损可由变压器空载实验测定。变压器的空载损耗 ΔP_0 可认为就是铁损,因为变压器的空载电流很小,在一次绕组中产生的有功损耗可略去不计。

(2)有负荷时,一、二次绕组中的有功功率损耗,即铜损 ΔP_{Cu}。铜损与负荷电流(或功率)的二次方成正比。铜损可由变压器短路实验测定。变压器的短路损耗 ΔP_k 可认为就是铜损,因为变压器短路时一次侧短路电压 U_k 很小,在铁芯中产生的有功功率损耗可略去不计。

因此,变压器的有功功率损耗为

$$\Delta P_T = \Delta P_{Fe} + \Delta P_{Cu}\left(\frac{S_{30}}{S_N}\right)^2 \approx \Delta P_0 + \Delta P_k\left(\frac{S_{30}}{S_N}\right)^2 \tag{3-25}$$

或

$$\Delta P_T \approx \Delta P_0 + \Delta P_k \beta^2 \tag{3-26}$$

式中 S_N——变压器的额定容量;

S_{30}——变压器的计算负荷;

β——变压器的负荷率,$\beta = S_{30}/S_N$。

2)变压器的无功功率损耗

变压器的无功功率损耗也由两部分组成,分别如下:

(1)用来产生主磁通,即产生励磁电流的一部分无功功率,用 ΔQ_0 表示。它只与绕组电压有关,与负荷无关,且与励磁电流(或近似地与空载电流)成正比,即

$$\Delta Q_N \approx \frac{U_k\%}{100} S_N \tag{3-27}$$

式中 $U_k\%$——变压器空载电流占额定电流的百分值。

(2)无功功率损耗与负荷电流(或功率)的二次方成正比。因此,变压器的无功功率损

耗为

$$\Delta Q_{\rm T} = \Delta Q_0 + \Delta Q_{\rm N}\left(\frac{S_{30}}{S_{\rm N}}\right)^2 \approx S_{\rm N}\left[\frac{I_0\%}{100} + \frac{U_{\rm k}\%}{100}\left(\frac{S_{30}}{S_{\rm N}}\right)^2\right] \tag{3-28}$$

$$\Delta Q_{\rm T} \approx S_{\rm N}\left(\frac{I_0\%}{100} + \frac{U_{\rm k}\%}{100}\beta^2\right) \tag{3-29}$$

在负荷计算中，SL7、S7、S9 等型低损耗电力变压器的功率损耗可按下列简化公式近似计算：

有功功率损耗 $\Delta P_{\rm T} \approx 0.015S_{30}$

无功功率损耗 $\Delta Q_{\rm T} \approx 0.06S_{30}$

3.1.4　尖峰电流的计算

尖峰电流是持续 1 ~ 2 s 的短时最大负荷电流。它是用来计算电压波动、选择熔断器和低压断路器、整定继电保护装置和校验电动机的自起动条件等。

1. 单台用电设备尖峰电流的计算

单台用电设备尖峰电流就是它的起动电流，可按式(3-30)计算

$$I_{\rm pk} = K_{\rm n} I_{\rm N} \tag{3-30}$$

式中　$I_{\rm pk}$——设备起动的尖峰电流；

$I_{\rm N}$——设备的额定电流；

$K_{\rm n}$——用电设备的起动电流倍数，通常对于笼形电动机为 5 ~ 7，绕线转子式电动机为 2 ~ 3，直流电动机为 1.7，电焊机变压器为 3。

2. 多台用电设备尖峰电流的计算

$$I_{\rm pk} = K_{\Sigma}\sum_{i=1}^{n-1} I_{{\rm N}.i} + I_{\rm st.\,max} \tag{3-31}$$

或

$$I_{\rm pk} = I_{30} + (I_{\rm st} - I_{\rm N})_{\rm max} \tag{3-32}$$

式中　$I_{\rm st.\,max}$——用电设备中起动电流与额定电流之差为最大的那一台设备的起动电流；

$(I_{\rm st} - I_{\rm N})_{\rm max}$——用电设备中起动电流与额定电流之差；

$\sum_{i=1}^{n-1} I_{{\rm N}.i}$——去除起动电流与额定电流之差最大的那一台设备后，剩余的 $n-1$ 台设备额定电流之和；

K_{Σ}——$n-1$ 台设备的同时系数，按台数多少选取，一般为 0.7 ~ 1；

I_{30}——全部设备都运行时，线路的计算负荷。

3.1.5　功率因数

供电系统未采用无功补偿措施之前的功率因数称为自然功率因数。某一瞬间的功率因数称为瞬时功率因数，可用功率因数表直接测量，也可以根据电压表、电流表和功率表的读数，按式(3-33)进行计算。

$$\cos\varphi = \frac{P}{\sqrt{3}UI} \tag{3-33}$$

某一段时间(如一个工作班、一个月等)内的功率因数称为平均功率因数,可根据有功电能表的读数 W_p 和无功电能表的读数 W_q 按式(3-34)进行计算。

$$\cos\varphi_{av} = \frac{W_p}{\sqrt{W_p^2 + W_q^2}} \tag{3-34}$$

根据我国目前的有关规定,高压供电线路应保证 $\cos\varphi_{av} \geqslant 0.9$,低压供电线路应保证 $\cos\varphi_{av} \geqslant 0.85$。若达不到上述要求,必须采取无功补偿措施,否则加收电费。

1. 提高功率因数的意义

电力用户的功率因数提高后,不仅可以节约能源,而且对整个电网也很有利。

1)减小电网的功率损耗

设供电线路每相导线的电阻为 R(单位为 Ω),电流为 I(单位为 A),则线路的功率损耗为

$$\Delta P = 3I^2R \times 10^{-3} = \frac{P^2R \times 10^{-3}}{U_N^2\cos^2\varphi} \tag{3-35}$$

式中,ΔP 的单位为 kW。

由式(3-35)可知,当线路输送的有功功率 P 和导线电阻 R 不变时,线路的功率损耗 ΔP 与功率因数的二次方成反比,$\cos\varphi$ 愈大,ΔP 愈小,因此电网的线路损耗愈小。

2)减小电网的电压损失

供电线路的电压损失 ΔU 可表示为

$$\Delta U = \frac{PR + QX}{U_N} \tag{3-36}$$

如果保持有功功率 P 恒定,而 R、X 均为定值,若无功功率 Q 愈小,则电压损失愈小。提高功率因数后即可减小线路上传输的无功功率 Q,故使电压损失减小,提高了供电质量。

3)提高供电能力,降低电能成本

变压器线路等供电设备的供电能力,通常用视在功率 $S = \sqrt{P^2 + Q^2}$ 表示。用电回路的功率因数提高了,等于减小了供电设备传输的无功功率,于是可以传输更多的有功功率。这样,就能进一步发挥供电设备的潜力,降低整个供电网络的电能成本。

另外,对于同步发电机来说,若有功功率保持不变而功率因数较低时,转子的去磁效应增大,端电压较低,所以发电机出力将下降。

综上所述,电力用户的功率因数越低,耗用的无功功率越大,发电和供电成本均将增大,供电质量差。因此,必须努力提高电力用户的功率因数。

2. 提高功率因数的方法

大量统计资料表明,工业企业中耗用无功功率的情况大体如下:感应电动机占 65%~70%,各种变压器占 20%~25%,供电线路和其他用电设备占 10%。由此可知,要提高功率因数,通常可采取以下措施。

1)采用电力电容器进行无功补偿

这是目前最行之有效且应用最广的无功补偿措施,后文将专门讨论。

2)采用同步电动机进行无功补偿

调整同步电动机的励磁电流,使其在超前功率因数下运行,能够向供电网络输出无功

功率,故而能提高工业企业的功率因数。同步电动机的补偿能力可用式(3-37)表示,即

$$q\% = \frac{Q_0}{S_{N.M}} \times 100 \tag{3-37}$$

式中 Q_0——同步电动机输出的无功功率,kvar;

$S_{N.M}$——同步电动机的额定容量,kV·A。

同步电动机的补偿能力 $q\%$ 与它的负荷率励磁电流I_f和额定功率因数等因素有关。当I_f一定时,β 越小,Q_0越大,无功补偿能力越强。

3)采用同步调相机进行无功补偿

当同步电动机轴上不带机械负载而空载运行,专门向电网输送无功功率时,此种同步电动机称为同步调相机。它主要装设在区域性变电所,作为该地区的无功补偿电源,用以提高该地区的功率因数和电压质量。对于大型钢厂的轧钢设备,可用同步调相机作为专用的无功补偿装置。

4)合理选择感应电动机的型号、规格和容量

容量相同的电动机,一般说笼形比绕线转子式的功率因数高出4%~5%。感应电动机的空载电流为$(0.25\sim0.35)I_{N.M}$,是几乎固定不变的感性电流,对功率因数的影响不利,因此不宜选择容量偏大的感应电动机。

5)适当降低感应电动机空载和轻载时的外加电压

感应电动机励磁电流与外加电压的二次方成正比,降低外加电压即可提高供电回路的功率因数。但是降低外加电压后,电动机的出力也随之减小,所以必须在轻载时适当降低外加电压才行。

最简单的降压办法是三角形-星形换接法,即将三角形接线的定子绕组改为星形接线,每相绕组电压降低 $1/\sqrt{3}$,但电动机转矩降至 2/3 倍,因此只适用于轻载起动和轻载运行的电动机。

6)合理选择变压器容量和运行方式

变压器的空载电流基本是感性电流,对功率因数的影响较大,不能把容量选得过大。节能型电力变压器的空载电流较小,应优先选用。

7)提高感应电动机的检修质量

感应电动机检修时,应保持原有电气性能基本不变,尤其是定子与转子间的气隙尺寸不能超限;否则,气隙磁阻增大,致使电动机无功功率增大,功率因数降低。

8)绕线转子式感应电动机同步化运行

对于负荷率小于0.7及尖峰负荷高于0.9的绕线转子式感应电动机,应创造条件使其同步化运行。因为同步化运行能够减少企业单位从电网中吸取的无功功率,可以提高企业的功率因数。

9)调整、改革生产工艺流程

调整、改革企业的生产工艺流程是一项综合考虑的系统工程。仅从提高功率因数的角度看,应尽量消除空载或轻载运行的感应电动机和变压器等电感性负荷。

3. 电容器与无功补偿

1)电容器无功补偿的原理

在变配电所母线或用电设备上并联电力电容器(又称静电电容器),用以提高供电系统的

功率因数和电压质量，是目前世界各国普遍采用的无功补偿措施。

绝大部分电气设备的等值电路均可视为电阻 R 与电感 L 串联的电路，其功率因数可用式(3-38)表示，即

$$\cos\varphi = \frac{R}{\sqrt{R^2 + X_2^2}} = \frac{P}{\sqrt{P^2 + Q^2}} = \frac{P}{S} \tag{3-38}$$

当在 R，L 电路中并联接入电容 C 后，如图 3-7(a)所示，其电流方程为

$$\dot{I} = \dot{I}_C + \dot{I}_{RL} \tag{3-39}$$

由图 3-7(b)的相量图可知，并联电容后 U 与 I 的相位差变小了，即供电回路的功率因数提高了，此时$\dot{I}$滞后于$\dot{U}$，称为欠补偿。

若电容器的容量过大，供电回路电流 I 的相位超前于电压 U，这种情况称为过补偿，如图 3-7(c)所示。通常不要出现过补偿情况，因为这将引起变压器二次电压的升高(见变压器外特性曲线)，而且电容性无功功率在电力线路上传输时同样会使电能损耗增加。若供电线路电压因此而升高，还会增大电容器本身的损耗，使温升增大，影响电容器的使用寿命。

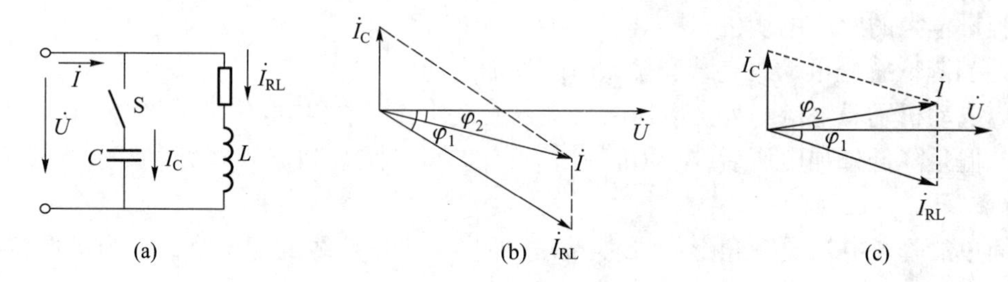

图 3-7　电容无功补偿接线与向量图

2)电容器的补偿方式

从电力电容器的安装位置看，通常可分为三种补偿方式。

(1)集中补偿。将电容器组集中装设在企业或地方总降压变电所的 6 ~ 10 kV 母线上，用以提高整个变电所的功率因数，使该变电所供电范围内的无功功率基本平衡，减少了高压线路的无功损耗，而且能够提高本变电所供电电压质量。

(2)分组补偿。将电容器组分别装设在功率因数较低的车间或村镇终端变配电所高压或低压母线上，因此又称分散补偿。这种补偿方式具有与集中补偿相同的优点，但无功补偿容量和范围相对小些。但是分组补偿的效果比较明显，采用的也较普遍。

(3)就地补偿。将电容器或电容器组装设在感应电动机或电感性用电设备附近，就地进行补偿，因此又称单独或个别补偿方式。它既能提高用电设备供电回路的功率因数，又能改善用电设备的电压质量，中、小型用电设备尤为适用这种补偿方式，我国过去用得较少，主要是缺乏合适的电力电容器。近年来，我国已能正式生产低压自愈式并联电容器，型号规格也较齐全，为就地补偿方式的推广创造了有利条件。

假如把集中补偿、分组补偿和就地补偿三种补偿方式通盘考虑，合理布局，可以取得很好的技术经济效益。

3)电力电容器补偿容量的计算

电容器的补偿容量，与采用的补偿方式、未补偿前的负载状况、电容器型号、规格等因素

有关。

(1)集中补偿和分组补偿电容器补偿容量计算:

$$Q_C = \beta_{av} P_C (\tan\varphi_1 - \tan\varphi_2) \tag{3-40}$$

或

$$Q_C = \beta_{av} q_C P_C \tag{3-41}$$

式中 P_C——由该变配电所供电的月最大有功计算负荷,kW;

β_{av}——月平均负荷率,一般可取0.7~0.8;

φ_1,φ_2——补偿前、后的功率因数角,$\cos\varphi_1$可取为最大负荷时的值,$\cos\varphi_2$可按电力部门要求确定,一般可取0.9~0.95。

当电容器组采用星形接线方式时,

$$Q_C = \sqrt{3}UI_C \times 10^{-3} = \sqrt{3}U\frac{U/\sqrt{3}}{1/\omega C_\varphi} \times 10^{-3} = \omega C_\varphi U^2 \times 10^{-3} \tag{3-42}$$

式中 U——装设地点电网线电压,V;

I_C——电容器组的线电流,A;

C_φ——每相电容器组的电容量,F。

因此,星形连接时每相电容器组的容量为

$$C_{\curlyvee} = C_\varphi = \frac{Q_c \times 10^3}{\omega U^2} \tag{3-43}$$

当电容器采用三角形接线方式时,

$$Q_C = \sqrt{3}UI_C \times 10^{-3} = 3U\frac{U}{1/\omega C_\varphi} \times 10^{-3} = 3\omega C_\varphi U^2 \times 10^{-3} \tag{3-44}$$

式中,Q_C的单位为kvar。

当线电压U以kV为单位时,每相电容器的容量(单位为kV·A)为

$$C_\triangle = \frac{Q_C \times 10^3}{3\omega U^2} \tag{3-45}$$

补偿前功率因数的选择问题:在高压供电高压计量的企业中,应该在变压器高压侧计算(或测试)功率因数;在高压供电低压计量和低压供电低压计量的企业中,应计算(或测试)低压侧的功率因数。

(2)就地补偿电容器补偿容量计算。单台感应电动机装有就地补偿电容器时,若电动机突然与电源断开,电容器将对电动机放电而产生自励磁现象。如果补偿电容器容量过大,可能因电动机惯性转动而产生过电压,造成电动机毁坏事故。为防止上述情况发生,电容器补偿容量不宜过大,以电容器(组)此时的放电电流不大于空载电流I_0为限,如式(3-46)所示。

$$Q_C = \sqrt{3}U_N I_0 \times 10^{-3} \tag{3-46}$$

式中 U_N——供电系统额定线电压,V;

I_0——电动机空载额定电流,A。

若电动机空载额定电流在产品样本中查不到,可用式(3-47)或式(3-48)估算。

$$I_0 = 2I_{N.M}(1 - \cos\varphi_N) \tag{3-47}$$

$$I_0 = I_{N.M}\left(\sin\varphi_N - \frac{\cos\varphi_N}{2n_T}\right) \tag{3-48}$$

式中 $I_{N.M}$——电动机额定电流，A；

φ_N——电动机未补偿前的额定功率因数角；

n_T——电动机最大转矩倍数。

应当指出，当电容器额定电压与实际运行电压不相符时，电容器的实际补偿量如式(3-49)所示。

$$Q_{C_1} = \left(\frac{U_w}{U_{N.C}}\right)^2 Q_{N.C} \tag{3-49}$$

3.2 简单电力系统的潮流计算

当电力系统带负荷正常运行后，便有电流和与之相对应的功率从电源通过元件流入负荷。在电力系统中，习惯上把功率和电压的分布称为潮流分布。由于负荷的随机性以及电力系统运行方式的不断变化，潮流分布也随之而发生变化。潮流计算是电力系统中一项基本计算，通过对电力系统潮流分布的计算，可进一步对系统运行的安全性、经济性进行分析、评价，并提出改进措施。

3.2.1 电网的功率损耗和电压降落

1. 功率表示方法

在电力系统潮流计算中，负荷一般用功率表示。本书采用国际电工委员会推荐的约定，复功率为电压相量与电流共轭相量的乘积，即

$$\dot{S} = \dot{U}\dot{I} = P + jQ \tag{3-50}$$

如图3-8所示，若负荷为感性负荷时，电流相量滞后于电压相量 φ 角，用复功率表示时，计算式为

$$\begin{aligned}\dot{S}_{ph} &= \dot{U}_{ph}\dot{I} = U_{ph}e^{j\beta} = U_{ph}Ie^{j\varphi} \\ &= U_{ph}I\cos\varphi + jU_{ph}I\sin\varphi = P_{ph} + Q_{ph}\end{aligned} \tag{3-51}$$

式中 $\dot{U}_{ph}$——相电压相量，kV；

$I,\dot{I}$——相电流相量及其共轭向量，A；

P_{ph}——单相有功功率，kW或MW；

Q_{ph}——单相无功功率，kvar或Mvar；

φ——相电压与相电流的夹角，即功率因数角。

式(3-51)两端同乘以$\sqrt{3}$，可得到以线电压表示的三相负荷功率为

$$\dot{S} = \sqrt{3}UI\cos\varphi + j\sqrt{3}UI\sin\varphi = P + jQ \tag{3-52}$$

式中 P——三相有功功率，kW或MW；

Q——三相无功功率，kvar或Mvar。

故三相视在功率为

$$S = \sqrt{P^2 + Q^2} = \sqrt{3}UI \tag{3-53}$$

式中 S——三相视在功率,kV·A 或 MV·A。

用上述约定的方法表示功率时,当负荷以滞后功率因数运行时所吸收的感性无功功率为正,以超前功率因数运行时所吸收的容性无功功率为负。

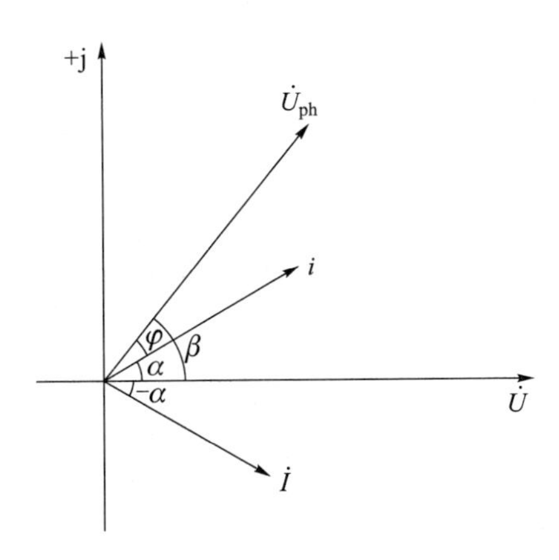

图 3-8 电压与电流的相量图

2. 电网的功率损耗

电力网运行时,电流通过各个元件,在电阻和变压器铁芯中,因发热产生有功功率损耗;在电感中因建立磁场,要损耗感性无功功率;在电容中因建立电场,要损耗容性无功功率。感性无功功率与容性无功功率可以互相补偿。

1)线路的功率损耗

图 3-9 所示为线路的 Π 型等值电路,线路首、末端电压分别为$\dot{U}_1$,$\dot{U}_2$,流过线路阻抗中的电流为 $\dot{I}$,则三相电路中所产生的功率损耗为

$$\Delta\dot{S} = 3I^2(R + jX) \times 10^{-6} - jQ_C = \frac{P^2 + Q^2}{U^2}(R + jX) - jQ_C$$

$$= \frac{P^2 + Q^2}{U^2}R + j\frac{P^2 + Q^2}{U^2}X - jQ_C = \Delta P + j\Delta Q - jQ \tag{3-54}$$

式中 $\Delta\dot{S}$——三相电路中所产生的功率损耗,MV·A;

I——线电流,A;

$R + jX$——线路一相的阻抗;

P,Q——流过线路阻抗上的首端或末端的三相有功功率(MW)和无功功率(Mvar);

U——对应于线路功率的线路首端或末端的线电压,近似计算时可以用额定电压U_N代替,kV;

ΔP——线路电阻中有功功率损耗$\left(\frac{P^2+Q^2}{U^2}R\right)$;

ΔQ——线路电抗中无功功率损耗$\left(\frac{P^2+Q^2}{U^2}X\right)$;

Q_C——线路容纳中的无功功率,Q_C对 ΔQ 起补偿作用。

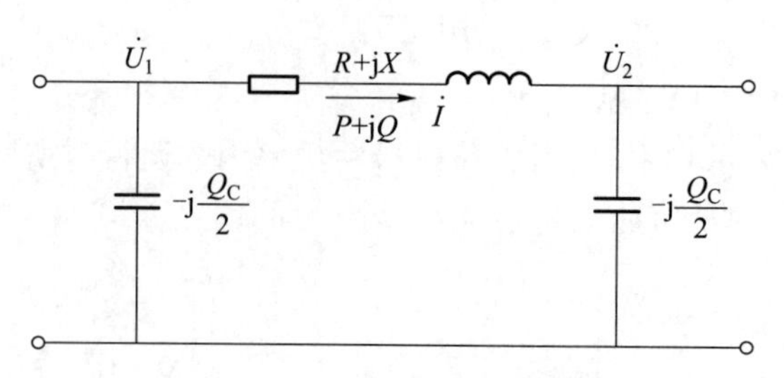

图 3-9　线路的 Π 型等值电路

2)变压器的功率损耗

图 3-10 为双绕组变压器的等值电路,等值电路首端和末端的电压分别为$\dot{U}_1$,$\dot{U}_2$,阻抗中通过电流为$\dot{I}$,则三相变压器中的功率损耗为

$$\Delta\dot{S}_T = 3I^2(R_T + jX_T)\times 10^{-6} + (\Delta P_0 + j\Delta Q) = \frac{P^2+Q^2}{U^2}(R_T + jX_T) + (\Delta P_0 + j\Delta Q_0)$$
$$= \left(\frac{P^2+Q^2}{U^2}R_T + \Delta P_0\right) + j\left(\frac{P^2+Q^2}{U^2}X_T + \Delta Q_0\right) = \Delta P_T + j\Delta Q_T \tag{3-55}$$

式中　$\Delta\dot{S}_T$——三相变压器总损耗,MV · A;

$R_T + jX_T$——变压器一相的阻抗,Ω;

P,Q——通过变压器阻抗上的有功功率(MW)及无功功率(Mvar);

U——对应于功率的变压器等值电路首端或末端的电压,kV;

I——流过变压器阻抗上的电流,A;

$\Delta P_0 + j\Delta Q_0$——变压器励磁导纳中的有功损耗和无功损耗,MV · A。

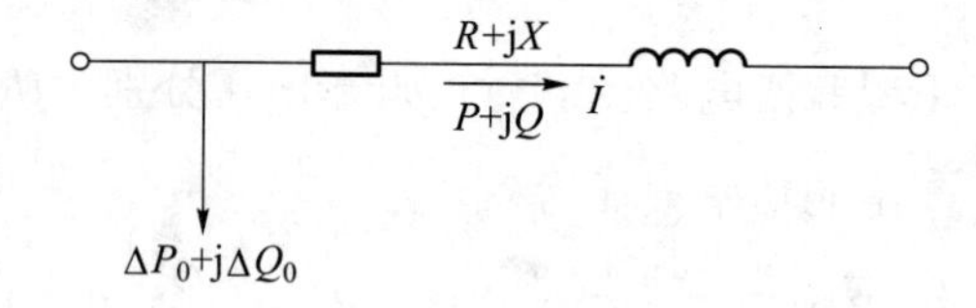

图 3-10　双绕组变压器的等值电路

将式(3-55)中的损耗分开来写,可得到有功损耗和无功损耗的表达式为

$$\Delta P_T = \frac{P^2+Q^2}{U^2}R_T + \Delta P_0 = \left(\frac{S}{U}\right)^2 R_T + \Delta P_0 \tag{3-56}$$

$$\Delta Q_T = \frac{P^2+Q^2}{U^2}X_T + \Delta Q_0 = \left(\frac{S}{U}\right)^2 X_T + \Delta Q_0 \tag{3-57}$$

若考虑到变压器正常工作时的电压接近额定电压,即 $U\approx U_N$,则双绕组变压器的功率损耗计算式可表示为

$$\Delta P_T = \Delta P_k\left(\frac{S}{S_N}\right)^2 + \Delta P_0 \tag{3-58}$$

$$\Delta Q_T = \frac{U_k\%}{100}\left(\frac{S}{S_N}\right)^2 + \frac{I_0\% S_N}{100} \tag{3-59}$$

仿照双绕组变压器功率损耗的求取方法,对于有三个支路的三绕组变压器,若高、中、低三个绕组的电压分别为 U_1、U_2、U_3,流过三个绕组的功率分别为 $P_1 + jQ_1$,$P_2 + jQ_2$、P_3 +

jQ_3，则三绕组变压器的功率损耗为

$$\Delta P_{T}=\frac{P_1^2+Q_1^2}{U_1^2}R_{T1}+\frac{P_2^2+Q_2^2}{U_2^2}R_{T2}+\frac{P_3^2+Q_3^2}{U_3^2}R_{T3}+\Delta P_0 \tag{3-60}$$

$$\Delta Q_{T}=\frac{P_1^2+Q_1^2}{U_1^2}X_{T1}+\frac{P_2^2+Q_2^2}{U_2^2}X_{T2}+\frac{P_3^2+Q_3^2}{U_3^2}X_{T3}+\Delta Q_0 \tag{3-61}$$

3. 电能损耗计算

在电力系统中，不但要进行功率损耗的计算，而且还要进行电能损耗计算。若流经电力线路和变压器的负荷功率在一段时间 T 内不变，则电能损耗为

$$\Delta A=\Delta PT=\frac{P^2+Q^2}{U^2}RT \tag{3-62}$$

式中　ΔP——线路或变压器的有功功率损耗；

P,Q——流经线路或变压器的有功功率和无功功率；

R——线路或变压器的电阻。

由于流经线路或变压器的功率是随时变化的，因此不能简单地用式(3-62)来计算电能损耗，需要用式(3-63)来计算。

$$\Delta A=\int_0^T\Delta P\mathrm{d}t=R\int_0^T\left(\frac{S}{U}\right)^2\mathrm{d}t \tag{3-63}$$

一般 T 取 8 760 h，则 ΔA 为一年的电能损耗。由于负荷随时间的变化规律很难用简单的函数式表示，因而直接用式(3-63)计算电能损耗比较困难。在工程计算中常采用一些近似的方法计算电力网的电能损耗。最常用的方法是利用最大功率损耗时间法来近似计算电能损耗。

当 U 不变时，式(3-63)可改写为

$$\Delta A=\frac{R}{U^2}\int_0^{8\,760}S^2\mathrm{d}t \tag{3-64}$$

若已知负荷曲线或负荷一年中的实测记录，则由 S 曲线很容易得到 S^2 曲线，如图3-11所示。式(3-64)中的积分可用以高度为 S_{max}^2，以 τ_{max} 为宽度的矩形面积表示，故式(3-64)可表示为

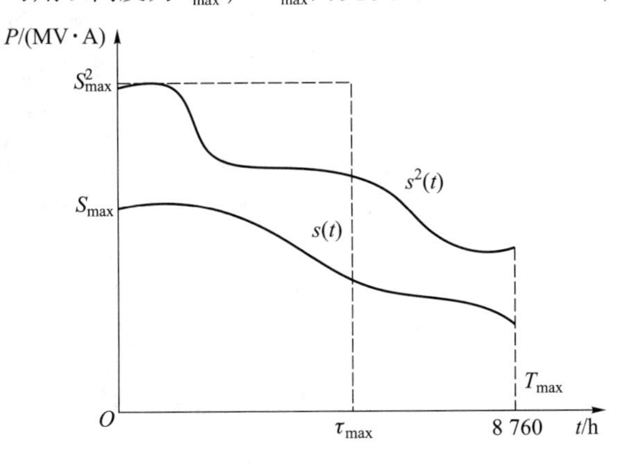

图3-11　最大功率损耗时间的意义

$$\Delta A=\frac{S_{\max}^2}{U^2}R\tau_{\max}=\Delta P_{\max}\tau_{\max} \tag{3-65}$$

式中　$\Delta P_{\max}=\frac{S_{\max}^2}{U^2}R$——流过最大负荷功率时的有功功率损耗；

$\tau_{\max}$——最大功率损耗时间。

其意义为：负荷以实际功率运行一年在线路上产生的电能损耗，与该负荷以最大功率连续运行$\tau_{\max}$产生的电能相同。显然，最大功率损耗时间$\tau_{\max}$与负荷曲线的形状有关。最大负荷利用时间$T_{\max}$越大，则$\tau_{\max}$也越大，在任何情况下$\tau_{\max}\leqslant T_{\max}$。

$\tau_{\max}$除了与负荷曲线有关外，还与其功率因数有关。因为一般负荷的有功功率曲线与无功功率曲线是不同的。具体地讲，无功功率在一年中的变化比较平缓。因此考虑无功功率后，$\tau_{\max}$有增大的趋势，而且功率因数越低，无功功率对整个ΔA的影响越大，所以$\tau_{\max}$增大的趋势也越明显。

变压器并联支路的电能损耗可按式(3-66)进行计算。

$$\Delta A_Y=\Delta P_0 T \tag{3-66}$$

式中　T——变压器每年投入运行的时间；

ΔP_0——变压器的空载损耗，kW。

当有n台变压器并联运行，并且电压为额定值时，全年的电能损耗为

$$\Delta A=\frac{S_{\max}^2}{nS_{\mathrm{N}}^2}\Delta P_{\mathrm{k}}\tau_{\max}+n\Delta P_0 T \tag{3-67}$$

式中　S_{N}——变压器额定容量，MV·A；

$S_{\max}$——通过变压器的最大负荷，MV·A；

n——并联运行的变压器台数；

ΔP_{k}——变压器负载损耗，kW；

$\tau_{\max}$——最大功率损耗时间，h。

4. 电压计算

由电工基础得知，电力网络中任意两点之间电压的相量差，称为电压降落；任意两点之间电压的代数差，称为电压损耗。图3-12所示为简化后的配电线路等值电路及首末端电压相量图，图中$d\dot{U}_{12}$为$\dot{U}_1$、$\dot{U}_2$之间的电压降落，ΔU_{12}为U_1、U_2之间的电压损耗。电压降落在实轴上的投影ΔU，称为电压降落的纵分量；在虚轴上的投影δU，称为电压降落的横分量。在电力网中，通常将某点实际电压与额定电压的代数差，称为该点的电压偏移，并以额定电压的百分数表示。显然，首端电压相对于额定电压的电压偏移称为首端电压偏移，末端电压相对于额定电压的电压偏移称为末端电压偏移。电压偏移可用式(3-68)表示，即

$$m\%=\frac{U-U_{\mathrm{N}}}{U_{\mathrm{N}}}\times 100\% \tag{3-68}$$

在图3-12(a)所示电路中，若线路首端相电压为$\dot{U}_{1\mathrm{ph}}$，末端相电压为$\dot{U}_{2\mathrm{ph}}$，则线路首末端电压降落为

$$d\dot{U}_{12\mathrm{pd}}=\dot{U}_{1\mathrm{ph}}-\dot{U}_{2\mathrm{ph}}$$

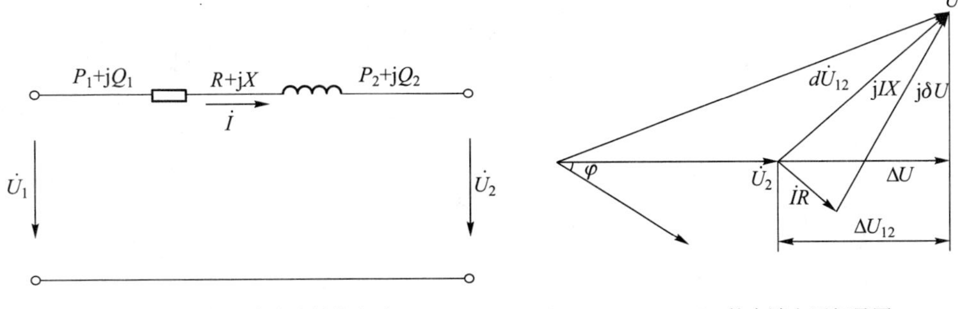

(a) 简化后的配电线路等值电路

(b) 首末端电压相量图

图3-12 简化后的配电线路等值电路及首末端电压相量图

或

$$\begin{aligned}\dot{U}_{1ph} &= \dot{U}_{2ph} + d\dot{U}_{12pd} = \dot{U}_{2ph} + \dot{I}(R + jX)\\ &= \dot{U}_{2ph} + \frac{S_{2ph}}{\dot{U}_{2ph}}(R + jX)\\ &= \dot{U}_{2ph} + \frac{P_{2ph} - jQ_{2ph}}{\dot{U}_{2ph}}(R + jX)\end{aligned}$$

式中 S_{2ph}——线路末端功率；

P_{2ph}——线路末端有功功率；

Q_{2ph}——线路末端无功功率。

若取末端电压 $\dot{U}_{2ph}$ 为参考相量，$\dot{U}_{2ph} = U_{2pd}\angle 0^{\circ}$，则由上式可得

$$\dot{U}_{1ph} = \dot{U}_{2ph} + \frac{P_{2ph}R + Q_{2ph}X}{\dot{U}_{2ph}} + j\frac{P_{2ph}X - Q_{ph}R}{\dot{U}_{2ph}} \tag{3-69}$$

式(3-69)的推导是以单相电路为基础的，在实际电网中，常用三相功率和线电压进行计算。式(3-69)两边同乘以$\sqrt{3}$，经整理可得

$$\dot{U}_1 = \dot{U}_2 + \frac{P_2R + Q_2X}{\dot{U}_2} + j\frac{P_2X - Q_2R}{\dot{U}_2} = \dot{U}_2 + \Delta U_2 + j\delta U_2 \tag{3-70}$$

式中 $\dot{U}_1, \dot{U}_2$——首端、末端线电压，kV；

P_2, Q_2——末端三相有功功率(MW)和无功功率(Mvar)；

$\Delta U_2, \delta U_2$——线电压降落纵分量和横分量，参见图3-13(a)；

R, X——每一相的等值电阻和电抗，Ω。

式(3-70)为已知末端电压求首端电压的计算公式。可以看出，在有名值计算的情况可以借用单相电路图进行三相计算。在后面的分析和计算中，只要不作特殊说明，均是以单相图进行三相计算的。在等值电路中，电压为线电压，功率为三相功率，参数仍为三相的等值参数。

根据式(3-70)绘制出的电压相量图示于图3-13(a)中。在电压计算中，往往要计算出电压的大小和相角。求式(3-70)中电压的模值，并用二项式定理展开，忽略三次及以后各高次项，得首端电压的大小和相角分别为

$$U_1 = \sqrt{(U_2 + \Delta U_2)^2 + (\delta U_2)^2} = [(U_2 + \Delta U_2)^2 + (\delta U_2)^2]^{\frac{1}{2}}$$

$$\approx (U_2 + \Delta U_2) + \frac{(\delta U_2)^2}{2(U_2 + \Delta U_2)} \approx U_2 + \Delta U_2 \tag{3-71}$$

$$\delta = \arctan \frac{\delta U_2}{U_2 + \Delta U_2} \tag{3-72}$$

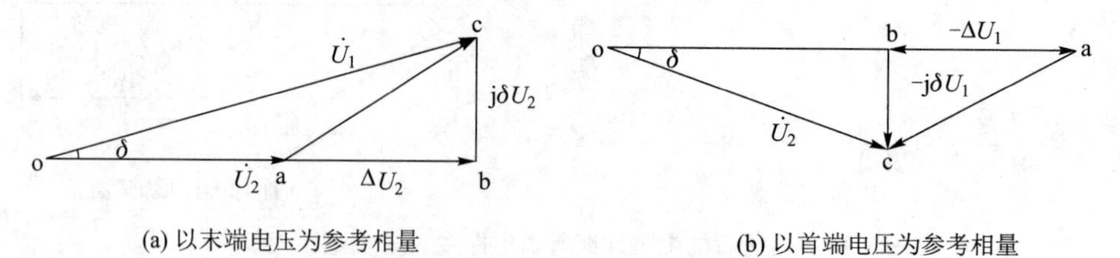

(a) 以末端电压为参考相量　　(b) 以首端电压为参考相量

图 3-13　电力网阻抗上的电压相量图

若已知线路首端电压求末端电压，参照上面的推导方法，并以$\dot{U}_1$为参考相量，则末端电压为

$$\dot{U}_2 = U_1 - \frac{P_1R + Q_1X}{U_1} - \mathrm{j}\frac{P_1X - Q_1R}{U_1} = U_1 - \Delta U_1 - \mathrm{j}\delta U_1 \tag{3-73}$$

图 3-13(b)为以首端电压为参考相量的电压相量图。由式(3-73)可得，末端电压大小以及相角分别为

$$U_2 = \sqrt{(U_1 - \Delta U_1)^2 + (\delta U_1)^2} = [(U_1 - \Delta U_1)^2 + (\delta U_1)^2]^{\frac{1}{2}}$$

$$\approx (U_1 - \Delta U_1) - \frac{(\delta U_1)^2}{2(U_1 - \Delta U_1)} \approx U_1 - \Delta U_1 \tag{3-74}$$

$$\delta = \arctan \frac{-\delta U_1}{U_1 - \Delta U_1} \tag{3-75}$$

需要指出的是，式(3-71)和式(3-74)中的电压降纵分量 ΔU_1、ΔU_2并不相等，ΔU_1是以电压U_1为参考相量的电压降纵分量，而 ΔU_2是以电压U_2为参考相量的电压降纵分量，其相量关系示于图 3-13(b)中。在不考虑电压降的横分量情况时，ΔU_1、ΔU_2近似等于首端与末端之间的电压损耗。在实用计算中，当电网额定电压在 110 kV 及以下时，可以不计电压降的横分量 δU。

5. 电力网中功率的流动方向

电力网中功率的流动方向不仅与两端的电压高低有关，而且与两端电压的相位有关。为了分析问题方便起见，对于高压电力网，考虑到 $X \gg R$，可近似取 $R=0$，由式(3-71)得

$$\dot{U}_1 = U_2 + \frac{Q_2X}{U_2} + \mathrm{j}\frac{P_2X}{U_2} \tag{3-76}$$

根据相量关系，式(3-76)可改写为

$$\dot{U}_1 = U_1\angle\delta = U_1\cos\delta + \mathrm{j}U_1\sin\delta = U_2 + \frac{Q_2X}{U_2} + \mathrm{j}\frac{P_2X}{U_2} \tag{3-77}$$

按照实部等于实部，虚部等于虚部的原则，由式(3-77)整理得

$$P_2 = \frac{U_1U_2}{X}\sin\delta, \quad Q_2 = \frac{(U_1\cos\delta - U_2)U_2}{X} \tag{3-78}$$

由式(3-78)有功功率表达式可以看出,当$\dot{U}_1$超前于$\dot{U}_2$时,$\sin\delta>0$,$P_2>0$。这说明,电力网中的有功功率总是从电压超前的一端向滞后的一端流动。

由于电力系统稳定性的要求,线路两端电压的夹角不可能很大,δ一般很小,故$\cos\delta\approx1$,所以式(3-78)中的无功功率表达式可简化为

$$Q_2=\frac{(U_1-U_2)U_2}{X} \tag{3-79}$$

由式(3-79)可以看出,若$U_1>U_2$时,$Q_2>0$。这说明,电力网中的感性无功功率总是从电压高的一端流向电压低的一端,而容性无功功率则总是从电压低的一端流向电压高的一端。

需要说明的是,上述结论是在$R=0$的情况下得出的,只适用于高压电网。因为在低压电网中的参数并不一定满足$X\gg R$,甚至有些情况下$R>X$,以上结论并不成立。

3.2.2　开式网络的潮流计算

简单电力网包括开式电网和闭式电网两大类。开式电网是指负荷只能从一个方向获得电能的电网,如一端电源供电的配电网、树形网、干线网以及闭环设计开环运行的两端供电网等。闭式电网是指负荷可以从两个或两个以上的方向(电源)获得电能的电网,如两端供电网、环形网等。

辐射网中,若已知末端功率求首端功率,其潮流计算的方法是从末端开始计算的,末端功率加上线路(变压器)功率损耗及充电功率(空载损耗),即为首端功率;若已知首端功率求末端功率,应从首端开始计算,首端功率减去线路(变压器)功率损耗及充电功率(空载损耗),即为末端功率。依此类推,可求出各段的功率分布,再根据各段的功率分布和已知电压,求得任意母线的电压及相位。下面通过例题说明潮流计算的方法、过程和步骤。

【例3-1】有一额定电压为110 kV的一端电源高压供电网,原理接线如图3-14(a)所示,各相关的已知参数均注明于图中。若系统高压母线电压$U_A=116$ kV,试求该电力网的潮流分布。

解:(1)计算参数并画等值电路。为了避免重复计算,参数的计算过程略去,计算结果及等值电路如图3-14(b)所示。

(2)计算负荷并简化等值电路。在进行等值电路图的简化时,首先要对降压变电所的负荷进行计算,即变电所的计算负荷等于变电所低压侧的负荷,加上变压器阻抗和导纳中的损耗,再加上变电所高压母线的负荷以及与高压母线所连接线路电容功率的一半。所以,变电所计算负荷,实际上是求变电所高压母线的等值负荷。

降压变电所B的计算负荷(MV·A):

低压母线负荷:$20+j15$。

变压器阻抗中的功率损耗:$\frac{20^2+15^2}{110^2}(2.04+j31.8)=0.105+j1.64$。

变压器阻抗首端功率:$20.105+j16.64$。

变压器导纳中功率损耗:$0.044+j0.32$。

与变电所B相连线路导纳之和:$-(j2.6+j0.48)=-j3.08$。

变电所B的计算负荷:$P_B+jQ_B=20.15+j13.88$。

低压母线负荷:$8+j6$。

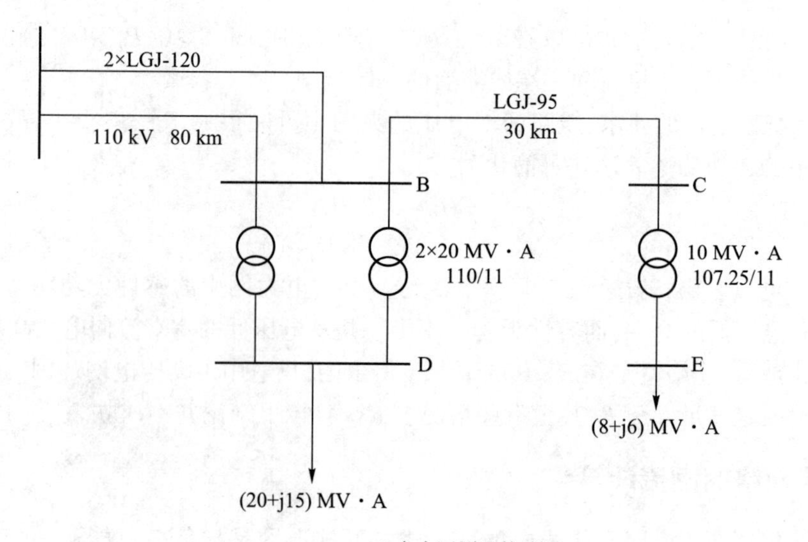

(a) 电力网原理接线图

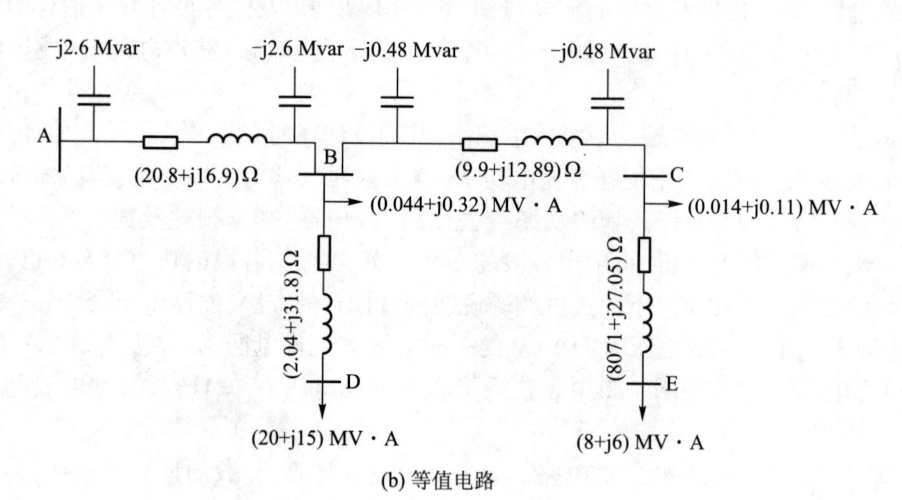

(b) 等值电路

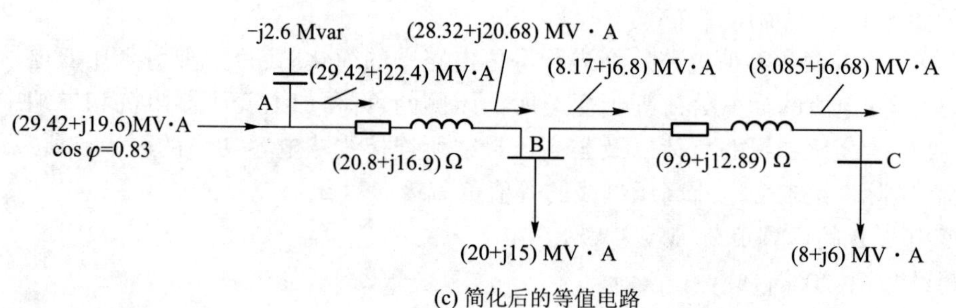

(c) 简化后的等值电路

图 3-14 例 3-1 图

变压器阻抗中的功率损耗：$\frac{8^2+6^2}{110^2}(8.71+j127.05)=0.072+j1.05$。

变压器阻抗首端功率：$8.072+j7.05$。

变压器导纳中功率损耗：$0.014+j0.11$。

与变电所 C 相连线路导纳：$-j0.48$。

变电所 C 的计算负荷：$P_C+jQ_C=8.085+j6.68$。

简化后的等值电路如图 3-12(c)所示。

(3)计算电力网的功率分布。从线路末端变电所 C 开始，逐段向电源端计算(MV·A)。

BC 线路末端功率：$8.085+j6.68$。

BC 线路功率损耗：$\dfrac{8.085^2+6.68^2}{110^2}\times(9.9+j12.89)=0.09+j0.117$。

BC 线路首端功率：$(8.085+j6.68)+(0.09+j0.117)=8.17+j6.8$。

AB 线路末端功率：$(8.17+j6.8)+(20.15+j13.88)=28.32+j20.68$。

AB 线路功率损耗：$\dfrac{28.32^2+20.68^2}{110^2}\times(10.8+j16.9)=1.097+j1.72$。

AB 线路首端功率：$(28.32+j20.68)+(1.097+j1.72)=29.42+j22.4$。

注入母线 A 的功率：$(29.42+j22.4)-j2.6=29.42+j19.6$。

母线 A 的功率因数：$\cos\varphi=\dfrac{P_A}{S_A}=\dfrac{29.42}{\sqrt{29.42^2+19.6^2}}=0.83$

(4)计算电力网各母线电压(忽略电压降的横分量，电压单位取 kV)。

变电所 B 高压母线电压：

$$U_B=116-\frac{29.42\times20.8+22.4\times16.9}{116}=110$$

变电所 B 低压母线电压折算到高压侧的值：

$$U'_D=110-\frac{20.105\times2.04+16.64\times31.8}{110}=104.82$$

变电所 B 低压侧母线实际电压：

$$U_D=104.82\times\frac{11}{110}=10.48$$

变电所 C 高压侧母线电压：

$$U_C=110-\frac{8.17\times9.9+6.8\times12.89}{110}=108.47$$

变电所 C 低压侧母线电压折算到高压侧的值：

$$U'_E=108.47-\frac{8.072\times8.71+7.05\times127.05}{108.47}=99.57$$

变电所 C 低压侧母线实际电压：

$$U_E=99.57\times\frac{11}{107.25}=10.21$$

在上述潮流计算中，因为已知线路首端电压和末端功率，因此，在计算功率损耗时，用额定电压代替了末端的实际电压，这样计算产生的误差一般能满足工程要求的准确度。在计算变电所 B 和变电所 C 低压侧的实际电压时，要利用变压器变比进行折算，其中 110/11 和 107.25/11 分别为变电所 b、c 的变压器实际变比。

3.2.3 闭式网络的潮流计算

闭式电力网系统有两个或两个以上的独立电源给用户或变电所供电，这样的电网中，负荷都可以同时从两个不同的方向(电源)获得电能,因此,这种结构的电网供电可靠性比较高,应用也比较广泛。环网可以看作是两端电源电压相量相等的两端供电网。

1. 闭式网络的初步潮流计算

不计电力网阻抗和导纳中功率损耗的潮流分布,称为初步潮流分布。与此对应,计及了功率损耗的潮流分布称为最终潮流分布。对于两端电源供电的中低压配电网,由于可以忽略阻抗和导纳中的功率损耗,初步潮流分布也就是最终潮流分布;对于两端电源供电的高压电力网,需要在计算出初步潮流分布的基础上,再计及阻抗和导纳中的功率损耗,最后求得配电网的最终潮流分布。

图 3-15 所示为具有三个集中负荷的两端供电网的潮流分布,取 AB 方向为正方向,根据基尔霍夫定律,可以写出回路电压方程和节点电流方程。

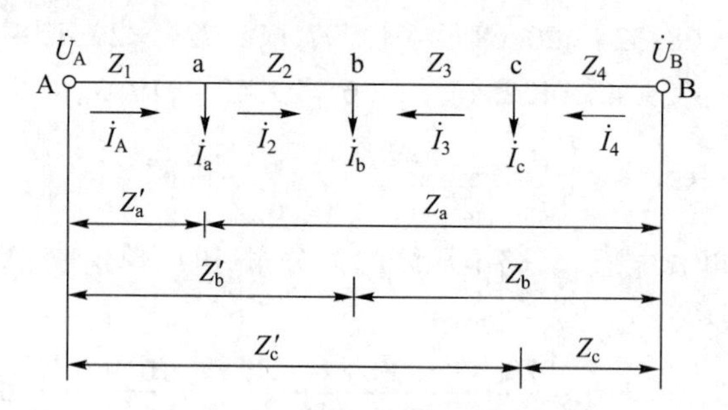

图 3-15　两端供电网的潮流分布

回路电压方程为

$$\frac{\dot U_A - \dot U_B}{\sqrt{3}} = \dot I_A Z_1 + \dot I_2 Z_2 - \dot I_3 Z_3 - \dot I_B Z_4 \tag{3-80}$$

$$\begin{cases} 节点\ a: \dot I_A - \dot I_2 - \dot I_a = 0 \\ 节点\ b: \dot I_2 + \dot I_3 - \dot I_b = 0 \\ 节点\ c: \dot I_4 - \dot I_3 - \dot I_c = 0 \end{cases} \tag{3-81}$$

将式(3-81)代入式(3-80),整理得

$$\begin{aligned}\frac{\dot U_A - \dot U_B}{\sqrt{3}} &= \dot I_A(Z_1 + Z_2 + Z_3 + Z_4) - \dot I_a(Z_2 + Z_3 + Z_4) - \dot I_b(Z_3 + Z_4) - \dot I_c Z_4 \\ &= \dot I_A Z_{AB} - \dot I_a Z_a - \dot I_b Z_b - \dot I_c Z_c = \dot I_A Z_{AB} - \sum \dot I_i Z_i\end{aligned}$$

式中,$\dot I_i$取$\dot I_a$、$\dot I_b$、$\dot I_c$;Z_i取Z_a、Z_b、Z_c。

所以

$$\dot I_A = \frac{\dot U_A - \dot U_B}{\sqrt{3} Z_{AB}} + \frac{\sum \dot I_i Z_i}{Z_{AB}} \tag{3-82}$$

同理

$$\dot I_B = \frac{\dot U_B - \dot U_A}{\sqrt{3} Z_{AB}} + \frac{\sum \dot I_i Z'_i}{Z_{AB}} \tag{3-83}$$

式中,Z'_i取Z'_a、Z'_b、Z'_c。

将式(3-82)及式(3-83)改写成以功率表示的计算式并以U_N为参考相量,则

$$\dot{S}_A = \left[\frac{(\dot{U}_A - \dot{U}_B)}{Z_{AB}}\right]^* \dot{U}_N + \frac{\sum \dot{S}_i \dot{Z}_i}{\dot{Z}_{AB}} \tag{3-84}$$

$$\dot{S}_B = \left[\frac{(\dot{U}_B - \dot{U}_A)}{Z_{AB}}\right]^* \dot{U}_N + \frac{\sum \dot{S}_i \dot{Z}'_i}{\dot{Z}_{AB}} \tag{3-85}$$

式(3-84)和式(3-85)中,S 以 MV·A 为单位;U 以 kV 为单位;Z 以 Ω 为单位。

由式(3-84)可见,电源 A 输出的功率包括两部分,第一部分与电源两端电压的相量差有关而与负荷大小无关,称为循环功率(或称平衡功率);第二部分与各点负荷及负荷到另一电源间的阻抗有关,为电源供给负载的功率,称为供载功率。

利用式(3-84)或式(3-85)计算初步功率分布时,可以利用叠加原理将循环功率与供载功率分开来计算,即先设两端电源电压相量相等,求出供载功率;再设负荷功率为零,求出循环功率,最后将两者叠加得出初步潮流分布。但在计算供载功率时,由于公式中的功率、电压、阻抗均为复数,故这种计算方法又称复功率法。

通常将各段线路材料、截面、几何均距相同的两端供电网称为均一网。对于均一网,各段线路单位长度的阻抗相等,因而有

$$\dot{S}_A = \frac{\sum \dot{S}_i Z_i}{\dot{Z}_{AB}} = \frac{(r_1 - jx_1)\sum \dot{S}_i L_i}{(r_1 - jx_1) L_{AB}} = \frac{\sum \dot{S}_i L_i}{L_{AB}} \tag{3-86}$$

若将实部和虚部分开来写,式(3-86)又可以进一步简化为

$$\begin{cases} P_A = \dfrac{\sum P_i L_i}{L_{AB}} \\ Q_A = \dfrac{\sum Q_i L_i}{L_{AB}} \end{cases} \tag{3-87}$$

式(3-87)即为简化后的均一网供载功率的计算公式,利用其计算初步功率分布时,可以避免烦琐的复数运算。实际工程计算中,对于导线截面相差不超过两个规格的电网,可以近似按均一网进行计算。

2. 闭式网络的最终潮流分布

在求出两端供电网的初步功率分布后,从功率分点处可以将两端供电网看作两个独立的辐射网,按照辐射网的功率分布计算方法,考虑功率损耗后,逐段向电源侧推算,得出全网的最终潮流分布。若两端供电网的有功功率分点与无功功率分点不重合时,一般从无功功率分点处将网络分开,再向两端电源侧推算。

若电力系统中有带恒定负荷的发电厂时,这种电厂一般称为基荷电厂,计算时可以将这类电厂当作负的负荷处理,然后按照前述计算负荷的方法进行计算即可。下面通过例题说明最终潮流计算的方法。

【例3-2】有一额定电压为 110 kV 的闭式网络,如图 3-16 所示。已知发电厂 A 高压母线电压为 118 kV。发电厂 B 装有一台 25 MW、6.3 kV、$\cos\varphi = 0.8$ 满负荷运行的机组,厂用电占该厂发电负荷的 10%。变电所 C 装有两台容量为 31.5 MV·A、电压为 110 kV/1 kV 的降压变压器。全网导线截面、线路长度及负荷大小均标注在图中,试计算电力网的最终潮流分布。

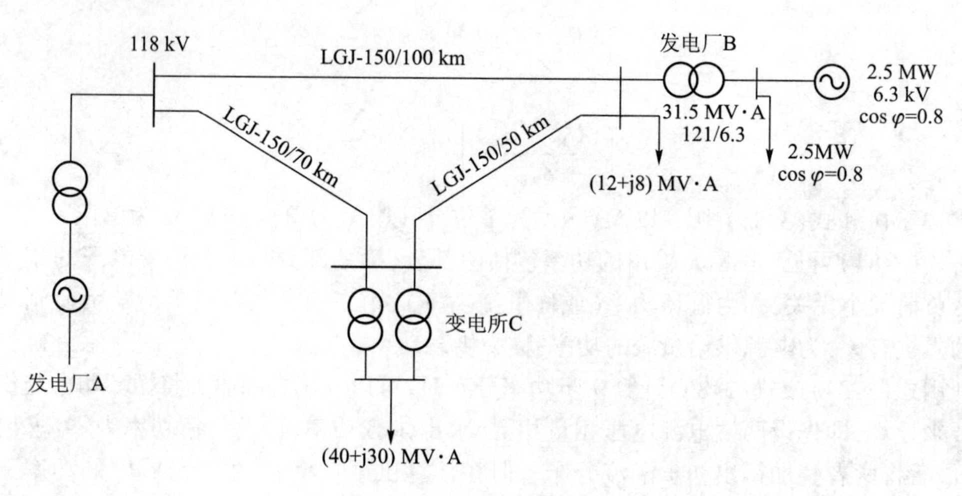

图 3-16 环形电力网络图

解:(1)计算参数并画等值电路图。略去参数计算过程,参数计算结果及等值电路如图 3-17所示。

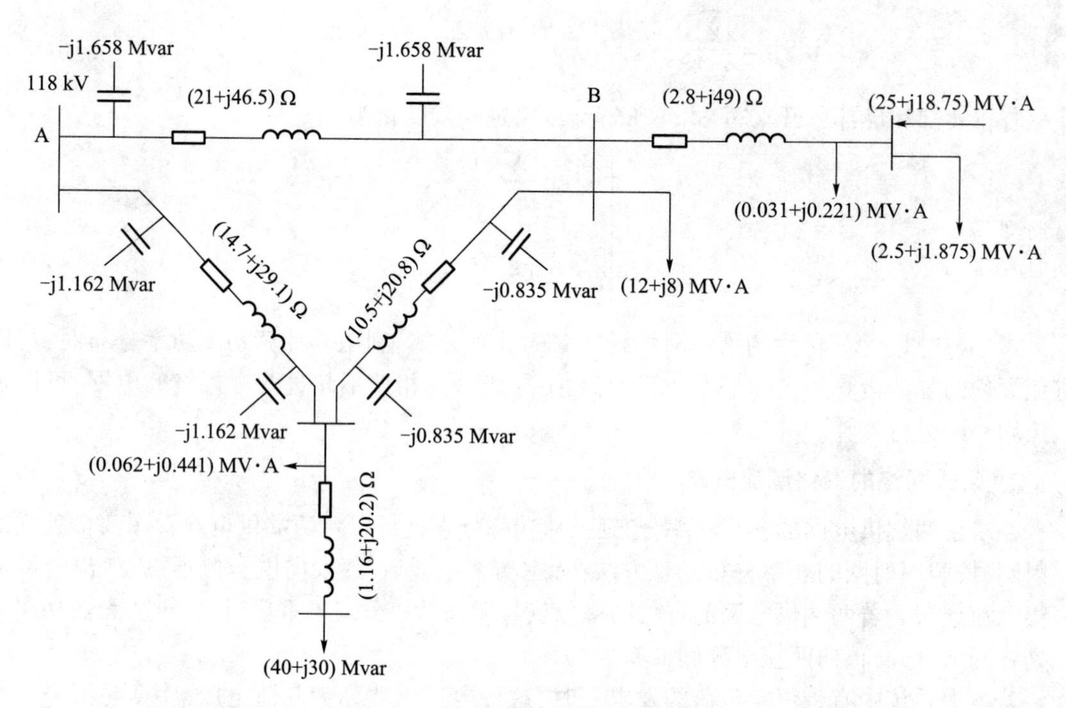

图 3-17 参数计算结果及等值电路

(2)计算负荷简化等值电路。具体计算步骤略去,给出参数计算结果和简化后的等值电路如图 3-18(a)所示。

发电厂 B 的计算负荷:

$$\dot{S}_B = (-10.29 - j7.98)\ MV \cdot A$$

变电所 C 的计算负荷:

$$\dot{S}_C = (43.1 + j34.46)\ \text{MV} \cdot \text{A}$$

(3)计算初步潮流分布。由于主环网为均一网,可用均一网潮流计算公式进行计算。

$$\dot{S}_{AB} = \frac{\sum \dot{S}_i L_i}{L_\Sigma} = \frac{(-10.29 - j7.98)120 + (43.1 + j34.46)70}{220}\ \text{MV} \cdot \text{A}$$

$$= (8.1 + j6.61)\ \text{MV} \cdot \text{A}$$

$$\dot{S}_{BC} = [(8.1 + j6.61) - (-10.29 - j7.98)]\ \text{MV} \cdot \text{A} = (18.39 + j14.59)\ \text{MV} \cdot \text{A}$$

$$\dot{S}_{AC} = [(43.1 + j34.46) - (18.39 + j14.59)]\ \text{MV} \cdot \text{A} = (24.51 + j19.87)\ \text{MV} \cdot \text{A}$$

初步潮流分布结果如图 3-18(b)所示,由计算结果可以看出,C 点为功率分点。

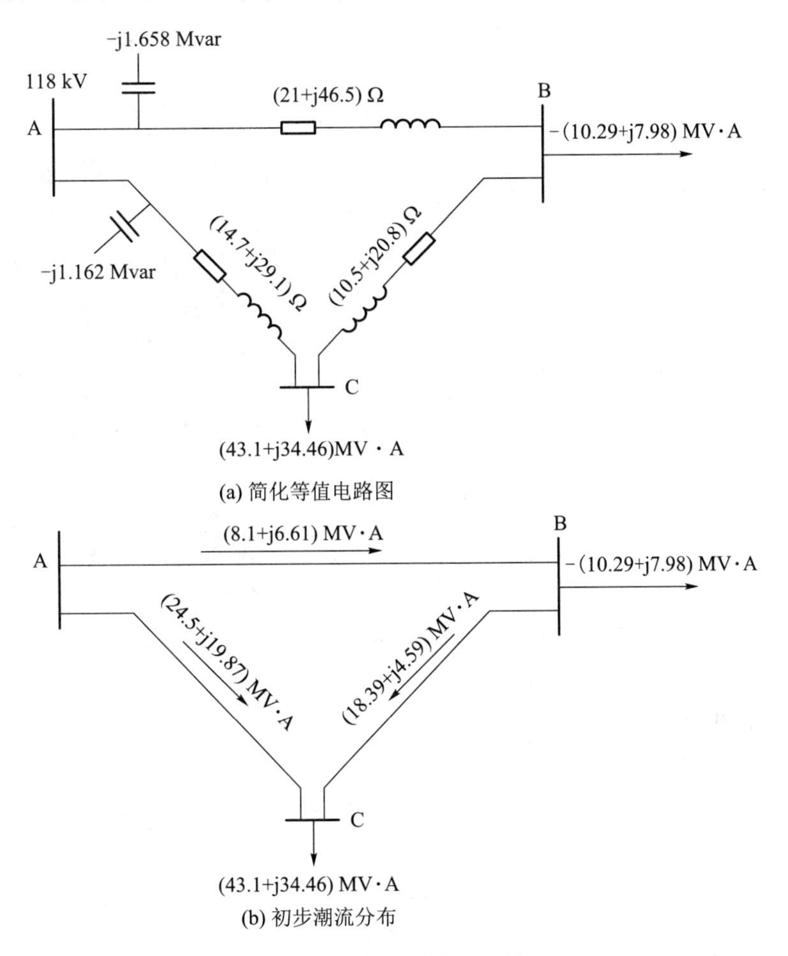

图 3-18　简化等值电路图

(4)计算最终潮流分布。从功率分点处可以将网络看作两个独立的辐射网,其一是 AC;另个是 AB - BC,如图 3-19 所示。然后从功率分点向两端分别进行计算。

线路 AC 功率损耗:

$$\Delta \dot{S}_{AC} = \frac{24.51^2 + 19.87^2}{110^2}(14.7 + j29.1)\ \text{MV} \cdot \text{A} = (1.21 + j2.46)\ \text{MV} \cdot \text{A}$$

线路 AC 首端功率:

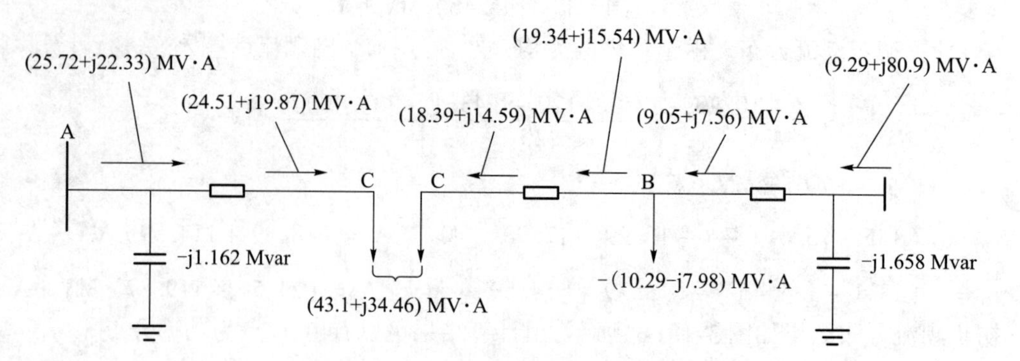

图 3-19　两个辐射网

$$\dot{S}'_{AC} = [(24.51 + j19.87) + (1.21 + j2.46) - j1.162]\ MV\cdot A$$
$$= (25.72 + j21.168)\ MV\cdot A$$

线路 BC 功率损耗：

$$\Delta\dot{S}_{BC} = \frac{18.39^2 + 14.59^2}{110^2}(10.5 + j20.8)\ MV\cdot A = (0.48 + j0.95)\ MV\cdot A$$

线路 BC 首端功率：

$$\dot{S}'_{BC} = [(18.39 + j14.59) + (0.48 + j0.95)]\ MV\cdot A = (19.34 + j15.54)\ MV\cdot A$$

线路 AB 功率损耗(其值应采用 AB 线路末端功率分布进行计算)：

$$\Delta\dot{S}_{AB} = \frac{(19.34 - 10.29)^2 + (15.54 - 7.98)^2}{110^2}(21 + j46.5)\ MV\cdot A$$
$$= (0.24 + j0.53)\ MV\cdot A$$

线路 AB 首端功率：

$$\dot{S}'_{AB} = [(19.34 + j15.54) - (10.29 + j7.98) + (0.24 + j0.53) - j1.658]\ MV\cdot A$$
$$= (9.29 + j6.432)\ MV\cdot A$$

(5)计算各母线电压：

变电所 C 高压母线电压为

$$U_C = \left(118 - \frac{25.72 \times 14.7 + 22.33 \times 29.1}{118}\right) kV = 109.3\ kV$$

变电所 C 低压母线电压归算到高压侧的值为

$$U_{C1} = \left(109.3 - \frac{43.038 \times 1.16 + 36.016 \times 20.2}{109.3}\right) kV = 102.187\ kV$$

变电所 C 低压母线实际电压为

$$U_{C2} = 102.187 \times \frac{11}{110}\ kV = 10.22\ kV$$

发电厂 B 高压母线电压为

$$U_B = \left(118 - \frac{9.29 \times 21 + 8.09 \times 41.6}{118}\right) kV = 113.5\ kV$$

发电厂 B 低压母线电压归算到高压侧的值为

发电厂 B 低压母线实际电压为

$$U_2 = 116.12 \times \frac{6.3}{121}\ \text{kV} = 6.046\ \text{kV}$$

需要说明的是,在计算功率损耗时,由于各点实际电压未知,故采用额定电压代替各点电压进行计算。在计算电压时,计算式中所用的功率应为通过阻抗的实际功率,若线路首端电压已知求末端电压时,应采用线路阻抗首端的实际功率,而并非线路首端的功率分布,这点在计算中应特别引起注意。

3.3 复杂电力系统的潮流计算机算法

随着计算机技术的发展,复杂电力系统潮流计算几乎均采用计算机来进行计算。这种方法具有精度高、运行速度快等优点。运用计算机来计算的主要步骤如下:

(1)建立描述电力系统运行状态的数学模型;

(2)确定解算数学模型的方法;

(3)制定程序框图,编写计算机计算程序并进行计算;

(4)对计算结果进行分析。

3.3.1 电力系统潮流计算的数学模型

潮流计算数学模型是将网络有关参数和变量及其相互关系归纳起来所组成的、可以反映网络性能的数学方程组,也可以说是对电力系统的运行状态、变量和网络参数之间相互关系的一种数学描述。电力网络的数学模型有节点电压方程和回路电流方程等。在电力系统潮流分布的计算中,广泛采用的是节点电压方程。

1. 电力网络方程

电力网络方程(electric network equation)是指将网络的有关参数和变量及其相互关系归纳起来组成的、可反映网络性能的数学方程组。符合这种要求的方程组有节点电压方程、回路电流方程、割集电压方程等,这里仅介绍最常用的节点电压方程。

在电路理论课程中,已导出运用节点导纳矩阵的节点电压方程:

$$\boldsymbol{I}_{\mathrm{B}} = \boldsymbol{Y}_{\mathrm{B}} \boldsymbol{U}_{\mathrm{B}}$$

它可展开为

$$\begin{bmatrix} \dot{I}_1 \\ \dot{I}_2 \\ \vdots \\ \dot{I}_n \end{bmatrix} = \begin{bmatrix} Y_{11} & Y_{12} & \cdots & Y_{1n} \\ Y_{21} & Y_{22} & \cdots & Y_{2n} \\ \vdots & \vdots & \vdots & \vdots \\ Y_{n1} & Y_{n2} & \cdots & Y_{nn} \end{bmatrix} \begin{bmatrix} \dot{U}_1 \\ \dot{U}_2 \\ \vdots \\ \dot{U}_n \end{bmatrix} \tag{3-88}$$

结合电力系统的等值网络(见图 3-20),则

$$\begin{bmatrix} \dot{I}_1 \\ \dot{I}_2 \\ 0 \end{bmatrix} = \begin{bmatrix} Y_{11} & Y_{12} & Y_{13} \\ Y_{21} & Y_{22} & Y_{23} \\ Y_{31} & Y_{32} & Y_{33} \end{bmatrix} \begin{bmatrix} \dot{U}_1 \\ \dot{U}_2 \\ \dot{U}_3 \end{bmatrix}$$

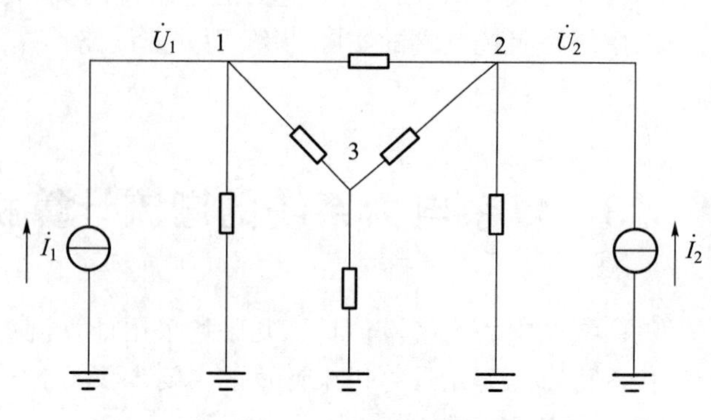

图 3-20 电力系统的等值网络

这些方程式中，$\boldsymbol{I}_B$是节点注入电流的列向量。在电力系统计算中，节点注入电流可理解为各节点的电源电流与负荷电流之和，并规定电源流向网络的注入电流为正。因此，仅有负荷的节点注入电流取为负值。某些仅起联络作用的联络节点，如图 3-19 中节点 3，注入电流就为零。$\boldsymbol{U}_B$是节点电压的列向量。通常以大地作为参考节点，网络中有接地支路时，节点电压通常就指各节点的对地电压；网络中没有接地支路时，各节点电压可指各节点与某一个被选定作为参考节点之间的电压差。本书中一般都以大地作为参考节点，并规定其编号为零。$\boldsymbol{Y}_B$是一个 $n \times n$ 阶节点导纳矩阵，其阶数 n 等于网络中除参考节点外的节点数。

例如，图 3-20 中，$n = 3$。节点导纳矩阵的对角元Y_{ii}($i = 1, 2, \cdots, n$)称为自导纳(self-admittance)。由式(3-88)可见，自导纳Y_{ii}数值上等于在节点 i 施加单位电压，其他节点全部接地时，经节点 i 注入网络的电流。它可定义为

$$Y_{ii} = \left(\frac{\dot{I}_i}{\dot{U}_i}\right)_{(U_j=0,\ j\neq i)} \tag{3-89}$$

以图 3-21 所示网络为例，取 $i = 2$，在节点 2 接电压源$\dot{U}_2$，节点 1、3 全部接地，按以上定义可得$Y_{22} = y_{20} + y_{12} + y_{23}$。由此可见，节点 i 的自导纳Y_{ii}就等于与该节点直接连接的所有支路导纳的总和。

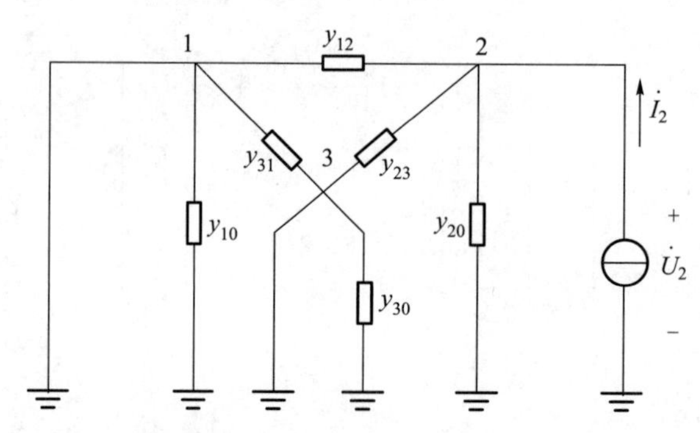

图 3-21 节点导纳矩阵中自导纳与互导纳的确定

节点导纳矩阵的非对角元$Y_{ji}(j=1,2,\cdots,n;i=1,2,\cdots,n;j\neq i)$称为互导纳(transadmittance)。由式(3-88)可见,互导纳Y_{ji}数值上就等于在节点i施加单位电压,其他节点全部接地时,经节点j注入网络的电流。它可定义为

$$Y_{ji}=\left(\frac{\dot{I}_j}{\dot{U}_i}\right)_{(U_j=0,\,j\neq i)} \tag{3-90}$$

仍以图3-20所示网络为例,取$i=2$,在节点2接电压源,节点1、3全部接地,按以上定义可得$Y_{12}=-y_{12}=-y_{21}$,$Y_{32}=-y_{32}=-y_{23}$。由此可见,节点j、i之间的互导纳Y_{ji}就等于连接节点j、i支路导纳的负值。显然,Y_{ij}恒等于Y_{ji}而且,如节点j、i之间没有直接联系,也不计两支路间的互感时,$Y_{ij}=Y_{ji}=0$。

根据以上分析,可以归纳出导纳矩阵的特点如下:

(1)导纳矩阵的阶数等于网络中的节点数,为$n\times n$。

(2)导纳矩阵是稀疏矩阵,导纳矩阵中各行非对角元素中非零元素的个数等于对应该节点所连的不接地支路数。一般系统中,平均每个节点上仅连有3~4个支路,所以每行的互导纳平均只有3~4个,其余的元素均为0。电力网络规模愈大时,稀疏现象愈显著。

(3)导纳矩阵是对称矩阵,有$Y_{ij}=Y_{ji}$。利用导纳矩阵的对称性质,在计算机中只需存放导纳矩阵的上三角或下三角元素,从而可以大大节约计算机内存。

(4)导纳矩阵与节点编号有关,节点编号不同,得出的导纳矩阵也不同。

2. 功率方程及其迭代解法

建立了节点导纳矩阵$\boldsymbol{Y}_B$,若已知节点电流I_B或节点电压U_B,那么直接求解线性的节点电压方程$I_B=\boldsymbol{Y}_B U_B$,就可得到潮流分布。但由于工程实践中通常已知的既不是节点电压U_B,也不是节点电流I_B,而是各节点的注入功率S_B,实际计算中,几乎无不例外地要迭代求解非线性的节点电压方程$Y_B U_B=(S_B/U_B)^*$。因此,下面将介绍常用的牛顿－拉夫逊法以及P－Q法来求解非线性节点电压方程。

1)功率方程式的一般形式

设系统中有n个节点,根据式(3-88)节点电压方程可得

$$\dot{I}_i=\frac{\dot{S}_i}{\dot{U}_i}=\sum_{j=1}^{n}Y_{ij}\dot{U}_j$$

即

$$\dot{S}_i=P_i-\mathrm{j}Q_i=\dot{U}_i\sum_{j=1}^{n}Y_{ij}\dot{U}_j\quad(i=1,2,\cdots,n) \tag{3-91}$$

在电力系统潮流计算中,节点电压有两种表示形式,即极坐标形式和直角坐标形式,由此可得出两种不同形式的功率方程式,下面分别加以推导。若令导纳矩阵各元素为$Y_{ij}=G_{ij}+\mathrm{j}B_{ij}$,节点电压为$\dot{U}_i=e_i+\mathrm{j}f_i$,代入式(3-91)有:

$$P_i-\mathrm{j}Q_i=(e_i-\mathrm{j}f_i)\sum_{j=1}^{n}(G_{ij}+\mathrm{j}B_{ij})(e_j+\mathrm{j}f_j)\quad(i=1,2,\cdots,n)$$

将上式的实部与虚部分开可得

$$\begin{cases}P_i=e_i\sum\limits_{j=1}^{n}(G_{ij}e_j-B_{ij}f_j)+f_i\sum\limits_{j=1}^{n}(G_{ij}f_j+B_{ij}e_j)\\Q_i=f_i\sum\limits_{j=1}^{n}(G_{ij}e_j-B_{ij}f_j)-e_i\sum\limits_{j=1}^{n}(G_{ij}f_j+B_{ij}e_j)\end{cases} \tag{3-92}$$

式(3-92)为直角坐标形式表示的功率方程。

若令$Y_{ij}=G_{ij}+\mathrm{j}B_{ij}$,$U_i=U_i\mathrm{e}^{i\delta_i}$,$U_j=U_j\mathrm{e}^{i\delta_i}$,并代入式(3-91)中可得

$$P_i-\mathrm{j}Q_i=U_i\,\mathrm{e}^{i\delta_i}\sum_{j=1}^{n}(G_{ij}+\mathrm{j}B_{ij})\,U_i\,\mathrm{e}^{\sigma_i}=U_i\sum_{j=1}^{n}(G_{ij}+\mathrm{j}B_{ij})\,U_j\,\mathrm{e}^{-\mathrm{j}(\delta-\delta_j)}$$

用δ_{ij}表示$\delta_i-\delta_j$,并考虑到$\mathrm{e}^{-\mathrm{j}(\delta-\delta_j)}=\cos\delta_{ij}-\mathrm{j}\sin\delta_{ij}$,可得

$$P_i-\mathrm{j}Q_i=U_i\sum_{j=1}^{n}U_j(G_{ij}+\mathrm{j}B_{ij})(\cos\delta_{ij}-\mathrm{j}\sin\delta_{ij})$$

将上式的实部与虚部分开可得

$$\begin{cases}P_i=U_i\sum\limits_{j=1}^{n}U_j(G_{ij}\cos\delta_{ij}+B_{ij}\sin\delta_{ij})\\Q_i=U_i\sum\limits_{j=1}^{n}U_j(G_{ij}\sin\delta_{ij}+B_{ij}\cos\delta_{ij})\end{cases}\tag{3-93}$$

式(3-93)即为极坐标表示的功率方程。

2)变量与节点的分类

电力系统稳态运行时,根据系统变量的性质,可以将系统中的变量分为三类:

第一类是不受运行人员控制的变量,称为不可控变量或扰动变量,如各母线上的负荷P_{LD}、Q_{LD}。不可控变量是由用户的用电情况决定的随机变量,根据运行经验或负荷预测的方法,事先对负荷进行估计,因此潮流计算中这些变量可作为已知量来处理。

第二类是受运行人员控制的变量,称为可控变量,如各母线上发电机的出力P_{G}、Q_{G}。

第三类是各母线上的电压U和相角δ,这些变量是随着系统运行情况的变化而变化的。系统中的电压U和相角δ一经确定,系统的运行状态即被确定,故这些变量又称状态变量。

通过上述分析可见,电力系统运行中每条母线上有六个变量,即U、δ、P_{G}、Q_{G}、P_{LD}和Q_{LD}。在P_{LD}和Q_{LD}已知的情况下,可以将母线上的发电机功率P_{G}、Q_{G}和负荷功率P_{LD}、Q_{LD}合并,得到各母线上的净注入功率$P(P=P_{\mathrm{G}}-P_{\mathrm{LD}})$和$Q(Q=Q_{\mathrm{G}}-Q_{\mathrm{LD}})$,这样每个节点就只有四个变量。显然,在含有$n$个节点的系统中应有$4n$个变量。

在已知电力系统的网络参数后,可以利用式(3-92)或式(3-93)得到$2n$个实数方程式。当在$4n$个变量中确定$2n$个变量作为已知量后,则可以由$2n$个方程式求出其余$2n$个未知量。一般地,每个节点给定两个已知量。按给出的已知量不同,电力系统中的节点可以分为以下三类。

(1)PQ节点。已知节点的有功功率P及无功功率Q,待求量是节点的电压幅值U和相角δ。电力系统中的大多数发电厂母线和绝大多数变电所母线属于此类节点。

(2)PV节点。已知节点的有功功率P和电压幅值U,待求量是节点无功功率Q和电压相角δ。这类节点是电力系统中的电压控制节点,不管系统的运行方式如何变化,总是要求这些节点的电压维持某一数值。因此,这类节点必须有足够的无功调节容量来保证电压值。PV节点在系统中为数不多,一般选择有一定无功储备的发电厂和具有可调无功电源设备的变电所。

(3)Vδ节点。这类节点又称平衡节点。由于平衡节点的电压幅值U和相角δ(δ通常取为零)已知,因此这类节点作为潮流计算时其他电压的参考点,亦即基准点或基准母线。为了

满足系统功率平衡,必须选择一个发电厂的有功功率P_G和无功功率Q_G作为未知量,这个节点就是平衡节点。潮流计算中,一般只设一个平衡节点,且选择担负调整系统频率任务的发电厂母线作为平衡节点。

在进行潮流计算时,平衡节点是不可少的;PQ 节点是大量的;PV 节点较少甚至可能没有。经过这样的节点分类后,每个节点都是已知两个变量,求另外两个变量,可根据 $2n$ 个方程式解出 $2n$ 个变量。

3.3.2 潮流计算的牛顿-拉夫逊法

由式(3-92)和式(3-93)可以看出,功率方程是节点电压的非线性代数方程。目前,牛顿-拉夫逊法是常用的求解非线性方程组的方法,也是被广泛采用的计算潮流的方法,它是将非线性方程的求解过程转化为线性方程的求解过程,即线性化。它的主要优点是收敛性较好,在一般网络中,只需迭代 5 ~8 次即可达到所需要的精度,其标准模式如下:

设有非线性方程组

$$\begin{cases} f_1(x_1, x_2, \cdots, x_n) = y_1 \\ f_2(x_1, x_2, \cdots, x_n) = y_2 \\ \qquad \vdots \\ f_n(x_1, x_2, \cdots, x_n) = y_n \end{cases} \tag{3-94}$$

其近似解为$x_1^{(0)}, x_2^{(0)}, \cdots, x_n^{(0)}$。设近似解与精确解分别相差 $\Delta x_1, \Delta x_2, \cdots, \Delta x_n$,则有如下关系式成立:

$$\begin{cases} f_1(x_1^{(0)} + \Delta x_1, x_2^{(0)} + \Delta x_2, \cdots, x_n^{(0)} + \Delta x_n) = y_1 \\ f_2(x_1^{(0)} + \Delta x_1, x_2^{(0)} + \Delta x_2, \cdots, x_n^{(0)} + \Delta x_n) = y_2 \\ \qquad \vdots \\ f_n(x_1^{(0)} + \Delta x_1, x_2^{(0)} + \Delta x_2, \cdots, x_n^{(0)} + \Delta x_n) = y_n \end{cases} \tag{3-95}$$

上式中任何一式都可按泰勒级数展开。以第一式为例:

$$f_1(x_1^{(0)} + \Delta x_1, x_2^{(0)} + \Delta x_2, \cdots, x_n^{(0)} + \Delta x_n) = f_1(x_1^{(0)}, x_2^{(0)}, \cdots, x_n^{(0)}) +$$

$$\left.\frac{\partial f_1}{\partial x_n}\right| \Delta x_1 + \cdots + \left.\frac{\partial f_1}{\partial x_2}\right| \Delta x_n + \phi_1 = y_1$$

式中,$\left.\frac{\partial f_1}{\partial x_1}\right|_0, \left.\frac{\partial f_1}{\partial x_2}\right|_0, \cdots, \left.\frac{\partial f_1}{\partial x_n}\right|_0$分别表示以$x_1^{(0)}, x_2^{(0)}, \cdots, x_n^{(0)}$代入这些偏导计算得到的结果;$\phi_1$表示包含 $\Delta x_1, \Delta x_2, \cdots, \Delta x_n$的高次方与$f_1$的高阶偏导乘积的函数。如果近似解$x_i^{(0)}$与精确解相差不大,则 Δx_i的高次方可略去,从而ϕ_1也可略去。

由此可得

$$\begin{cases} f_1(x_1^{(0)},x_2^{(0)},\cdots,x_n^{(0)}) + \left.\dfrac{\partial f_1}{\partial x_1}\right|_0 \Delta x_1 + \left.\dfrac{\partial f_1}{\partial x_2}\right|_0 \Delta x_2 + \cdots + \left.\dfrac{\partial f_1}{\partial x_n}\right|_0 \Delta x_n = y_1 \\ f_2(x_1^{(0)},x_2^{(0)},\cdots,x_n^{(0)}) + \left.\dfrac{\partial f_2}{\partial x_1}\right|_0 \Delta x_2 + \left.\dfrac{\partial f_2}{\partial x_2}\right|_0 \Delta x_2 + \cdots + \left.\dfrac{\partial f_2}{\partial x_n}\right|_0 \Delta x_n = y_2 \\ \vdots \\ f_n(x_1^{(0)},x_2^{(0)},\cdots,x_n^{(0)}) + \left.\dfrac{\partial f_n}{\partial x_1}\right|_0 \Delta x_1 + \dfrac{\partial f_n}{\partial x_2}\Delta x_2 + \cdots + \left.\dfrac{\partial f_n}{\partial x_n}\right|_0 \Delta x_n = y_n \end{cases} \tag{3-96}$$

这是一组线性化处理后的方程组,常称为修正方程组,它可改写为如下的矩阵形式,即

$$\begin{bmatrix} y_1 - f_1(x_1^{(0)},x_2^{(0)},\cdots,x_n^{(0)}) \\ y_2 - f_2(x_1^{(0)},x_2^{(0)},\cdots,x_n^{(0)}) \\ \vdots \\ y_n - f_1(x_1^{(0)},x_2^{(0)},\cdots,x_n^{(0)}) \end{bmatrix} = \begin{bmatrix} \dfrac{\partial f_1}{\partial x_2} & \cdots & \dfrac{\partial f_1}{\partial x_n} & \dfrac{\partial f_1}{\partial x_n} \\ \dfrac{\partial f_2}{\partial x_1} & \dfrac{\partial f_2}{\partial x_2} & \cdots & \dfrac{\partial f_2}{\partial x_n} \\ \vdots & \vdots & \vdots & \vdots \\ \dfrac{\partial f_n}{\partial x_1} & \dfrac{\partial f_n}{\partial x_2} & \cdots & \dfrac{\partial f_n}{\partial x_n} \end{bmatrix} \begin{bmatrix} \Delta x_1 \\ \Delta x_2 \\ \vdots \\ \Delta x_n \end{bmatrix} \tag{3-97}$$

或者简写为

$$\Delta \boldsymbol{f} = \boldsymbol{J}\Delta \boldsymbol{x} \tag{3-98}$$

式中,$\boldsymbol{J}$ 称为雅可比矩阵;$\Delta \boldsymbol{x}$ 表示 Δx_i 组成的列向量;$\Delta \boldsymbol{f}$ 为不平衡量的列向量。

将$x_i^{(0)}$代入,可得 $\Delta \boldsymbol{f}$、$\boldsymbol{J}$ 中的各元素;然后运用任何一种解线性代数方程的方法,如高斯消元法、三角分解法等,可求得 $\Delta x_i^{(0)}$,从而求得经第一次迭代后x_i的新值$x_i^{(1)} = x_i^{(0)} + \Delta x_i^{(0)}$。再将求得的$x_i^{(1)}$代入,又求得 $\Delta \boldsymbol{f}$、$\boldsymbol{J}$ 中各元素的新值,从而解得 $\Delta x_i^{(i)}$ 和$x_i^{(2)} + \Delta x_i^{(1)}$。如此循环,最后可获得式(3-98)的精确解。

但是,运用这种方法计算时,x 初值的选择要接近它们的精确值,否则迭代可能不收敛。因此,某些运用牛顿-拉夫逊法计算潮流的程序中,第一、二次迭代先采用对x_i的初值选择没有要求的算法,如高斯-赛德尔法等。另外,运用这种方法计算时,如果每次迭代所得的 x 变化不大,也可经若干次迭代后才重新计算一次雅可比矩阵各元素,节省了计算时间。

1. 牛顿-拉夫逊法潮流计算

计算复杂系统的潮流只需把功率方程式改成修正方程式的形式,而牛顿-拉夫逊法潮流计算的核心问题就是修正方程式的建立和求解。由于功率方程式电压有直角坐标和极坐标两种形式,故用牛顿-拉夫逊法计算潮流时也分为两种。本书只对直角坐标形式进行介绍。

为了说明修正方程式的建立过程,先对网络中各类节点的编号进行如下约定:

(1)网络中共有 n 个节点,编号为 $1,2,3,\cdots,n$,其中包含一个平衡节点,编号为 s;

(2)网络中有$(m-1)$个 PQ 节点,编号为 $1,2,3,\cdots,m$,其中包含编号为 s 的平衡节点;

(3)网络中有$(n-m)$个 PV 节点,编号为 $m+1,m+2,\cdots,n$,据此,由式(3-92)组成的方程组共有$(n+m-2)$个独立方程式。其中,包含除平衡节点外$(n-1)$个节点的有功功率P_i表达式,$(m-1)$个 PQ 节点无功功率Q_i的表达式。此外,由于系统中还有电压大小给定的 PV 节点,还应补充一个方程,即

$$e_i^2 + f_i^2 = U_i^2 \tag{3-99}$$

式(3-99)组成了$(n-m)$个独立的节点电压方程,即 $i = m+1, m+2, \cdots, n$。所以,

式(3-92)和式(3-99)所组成的独立方程共有$2(n-1)$个，正好求解$2(n-1)$个电压未知数。平衡节点s的电压作为参考电压不用求取，其功率事先也未知，不可能列出相应的表达式，所以不包括在方程组内。

至此，就可建立类似式(3-97)的修正方程组，即

$$\begin{bmatrix} \Delta P_1 \\ \Delta P_2 \\ \vdots \\ \Delta P_n \\ \Delta Q_1 \\ \Delta Q_2 \\ \vdots \\ \Delta Q_m \\ \Delta U_{m+1}^2 \\ \vdots \\ \Delta U_n^2 \end{bmatrix} = \begin{bmatrix} & & & \\ H & \vdots & N & \\ & & & \\ \cdots & \cdots & \cdots & \cdots \\ \cdots & \cdots & \cdots & \cdots \\ J & \vdots & L & \\ J & \vdots & L & \cdots \\ \cdots & \cdots & \cdots & \cdots \\ R & \vdots & S & \\ & \vdots & & \end{bmatrix} \begin{bmatrix} \Delta f_1 \\ \Delta f_2 \\ \vdots \\ \Delta f_n \\ \vdots \\ \Delta e_1 \\ \Delta e_2 \\ \vdots \\ \Delta e_n \end{bmatrix} \tag{3-100}$$

式中，ΔP_i、ΔQ_i、ΔU_i^2分别为注入功率和节点电压二次方的不平衡量。由式(3-92)和式(3-100)可见，它们分别为

$$\Delta P_i = P_i - \sum_{j=1}^{n} [e_i(G_{ij}e_j - B_{ij}f_j) + f_i(G_{ij}f_j + B_{ij}e_j)] \tag{3-101(a)}$$

$$\Delta Q_i = Q_i - \sum_{j=1}^{n} [f_i(G_i e_j - B_{ij}f_j) - e_i(G_{ij}f_j + B_{ij}e_j)] \tag{3-101(b)}$$

$$\Delta U_i^2 = U_i^2 - (e_i^2 + f_i^2) \tag{3-101(c)}$$

式(3-100)中雅可比矩阵的各元素分别为

$$\begin{cases} H_{ij} = \dfrac{\partial P_i}{\partial f_j}; N_{ij} = \dfrac{\partial P_i}{\partial e_j} \\ J_{ij} = \dfrac{\partial Q_i}{\partial f_j}; L_{ij} = \dfrac{\partial Q_i}{\partial e_j} \\ R_{ij} = \dfrac{\partial U_i^2}{\partial f_i}; S_{ij} = \dfrac{\partial U_i^2}{\partial e_i} \end{cases} \tag{3-102}$$

$j \neq i$时，由于对特定的j，只有该特定的节点f_j和e_j是变量，由式(3-101)和式(3-102)可得

$$\begin{cases} H_{ij} = \dfrac{\partial P_i}{\partial f_j} = -B_{ij}e_i + G_{ij}f_i; N_{ij} = \dfrac{\partial P_i}{\partial e_j} = G_{ij}e_i + B_{ij}f_i \\ J_{ij} = \dfrac{\partial Q_i}{\partial f_j} = -N_{ij}; L_{ij} = \dfrac{\partial Q_i}{\partial e_j} = H_{ij} \\ R_{ij} = \dfrac{\partial U_i^2}{\partial f_j} = 0; S_{ij} = \dfrac{\partial U_i^2}{\partial e_j} = 0 \end{cases} \tag{3-103(a)}$$

$j = i$时，由式(3-101)和式(3-102)可得

$$
\begin{cases}
H_{ii} = \dfrac{\partial P_i}{\partial f_i} = 2G_{ij} f_i + \sum\limits_{\substack{j=1 \\ j\neq i}}^{n} (G_{ij} f_j + B_{ij} e_j) \\
N_{ii} = \dfrac{\partial P_i}{\partial e_i} = 2G_{ii} e_i + \sum\limits_{\substack{j=1 \\ j\neq i}}^{n} (G_{ij} e_j - B_{ij} f_j) \\
J_{ii} = \dfrac{\partial Q_i}{\partial f_i} = -2B_{ii} f_i + \sum\limits_{\substack{j=1 \\ j\neq i}}^{n} (G_{ij} e_j - B_{ij} f_j) \\
L_{ii} = \dfrac{\partial Q_i}{\partial e_i} = -2B_{ii} f_i + \sum\limits_{\substack{j=1 \\ j\neq i}}^{n} (G_{ij} f_j + B_{ij} e_j) \\
R_{ii} = \dfrac{\partial U_i^2}{\partial f_i} = 2f_i ; S_{ii} = \dfrac{\partial U_i^2}{\partial e_i} = 2e_i
\end{cases}
\qquad [3\text{-}103(\mathrm{b})]
$$

由式[3－103(a)]可知，若$Y_{ij} = G_{ij} + \mathrm{j}B_{ij} = 0$，即节点$i$、$j$之间无直接联系，这些元素都等于零。可见，雅可比矩阵也是稀疏矩阵，且是不对称矩阵，但是每个分块矩阵如$[\boldsymbol{H}]_{ij}$、$[\boldsymbol{N}]_{ij}$等却是对称矩阵。另外，由于其元素都是节点电压的函数，因此，在迭代过程中不断变化，每次迭代都要重新形成雅可比矩阵。

在潮流计算中还必须根据实际情况对某些控制变量和状态变量进行限制，否则最终结果无法满足工程需要。换句话说，若不加约束条件，得出的结果有可能没有意义。因此，潮流计算的解除了满足功率方程外，还必须满足如下约束条件。

对控制变量的约束条件为

$$
\begin{cases}
P_{\mathrm{G}_{i\min}} < P_{\mathrm{G}_i} < P_{\mathrm{G}_{i\max}} \\
Q_{\mathrm{C}_{i\min}} < Q_{\mathrm{C}_i} < Q_{\mathrm{C}_{i\max}}
\end{cases}
\qquad (3\text{-}104)
$$

式中，$P_{\mathrm{G}_{i\min}}$，$P_{\mathrm{G}_{i\max}}$，$Q_{\mathrm{C}_{i\min}}$，$Q_{\mathrm{C}_{i\max}}$分别是发电机和无功补偿设备的功率极限值。

对状态变量的约束条件为

$$
U_{i\min} < U_i < U_{i\max} \quad (i = 1,2,\cdots,n) \qquad (3\text{-}105)
$$

这个条件表示系统中各节点电压的大小不得越出上下限的范围，这是保证电压质量的必需条件。此外，为了保证系统的稳定性，对角度也设置约束条件$|\delta_i - \delta_j| < |\delta_i - \delta_j|_{\max}$，即线路两端电压相角不超过某一数值。

牛顿－拉夫逊法潮流计算的基本步骤如下：

(1)形成节点导纳矩阵$\boldsymbol{Y}_{\mathrm{B}}$。

(2)设各节点电压的初值$e_i^{(0)}$、$f_i^{(0)}$。

(3)将各节点电压的初值代入式[3-101(a)]～式[3-101(c)]，求修正方程组中的不平衡量$\Delta P_i^{(0)}$、$\Delta Q_i^{(0)}$、$\Delta U_i^{2(0)}$。

(4)将各节点电压的初值代入式[3-101(a)]、式[3-101(b)]，求雅可比矩阵的各元素$H_{ij}^{(0)}$、$N_{ij}^{(0)}$、$J_{ij}^{(0)}$、$L_{ij}^{(0)}$、$R_{ij}^{(0)}$以及$S_{ij}^{(0)}$。

(5)解修正方程组，求各节点电压的变化量，即修正量$\Delta e_i^{(0)}$、$\Delta f_i^{(0)}$。

(6)计算各节点电压的新值，即修正后值：

$$e_i^{(1)} = e_i^{(0)} + \Delta e_i^{(0)}; f_i^{(1)} = f_i^{(0)} + \Delta f_i^{(0)}$$

(7)判断电压修正量中的最大值 $\Delta e_{\max}^{(k)}$、$\Delta f_{\max}^{(k)}$ 是否小于给定的允许误差 ε,若不满足,则运用各节点电压的新值自第(3)步开始进入下一次迭代,否则迭代收敛。

(8)计算平衡节点功率和线路功率。平衡节点功率为

$$\tilde{S}_s = \dot{U}_s \sum_{i=1}^{n} \dot{Y}_{si} \dot{U}_i = P_s + jQ_s \tag{3-106}$$

线路功率为

$$\tilde{S}_{ij} = \dot{U}_i \dot{I}_{ij} = \dot{U}_i [\dot{U}_i y_{i0} + (\dot{U}_i - \dot{U}_j) y_{ij}] = P_{ij} + jQ_{ij} \quad [3\text{-}107(a)]$$

$$\tilde{S}_{ji} = \dot{U}_j \dot{I}_{ji} = \dot{U}_j [\dot{U}_j y_{j0} + (\dot{U}_j - \dot{U}_i) y_{ij}] = P_{ji} + jQ_{ji} \quad [3\text{-}107(b)]$$

从而,线路上损耗的功率为

$$\Delta\tilde{S}_{ij} = \tilde{S}_{ij} + \tilde{S}_{ji} = \Delta P_{ij} + j\Delta Q_{ij} \tag{3-108}$$

式(3-107)中各符号的含义如图3-22所示。

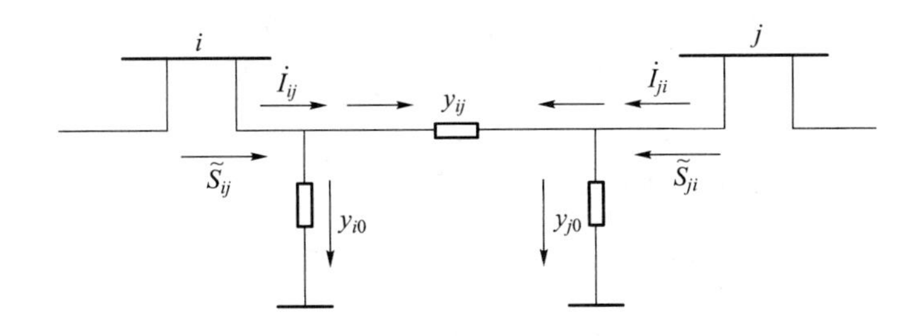

图3-22 线路上流通的电流和功率

2. 牛顿-拉夫逊法方程的极坐标表示

牛顿-拉夫逊法的极坐标潮流方程为

$$\begin{cases} \Delta P_i = P_i - U_i \sum_{j \in i} U_j (G_{ij}\cos\delta_{ij} + B_{ij}\sin\delta_{ij}) \\ \Delta Q_i = Q_i - U_i \sum_{j \in i} U_j (G_{ij}\sin\delta_{ij} - B_{ij}\cos\delta_{ij}) \end{cases} \tag{3-109}$$

对式(3-109)进行泰勒展开,仅取一次项,即可得到牛顿-拉夫逊法的修正方程组如下:

$$\begin{cases} \begin{bmatrix} \Delta P \\ \Delta Q \end{bmatrix} = -\boldsymbol{J} \begin{bmatrix} \Delta\delta \\ \Delta U \end{bmatrix} \\ \boldsymbol{J} = \begin{bmatrix} \dfrac{\partial \Delta P}{\partial \delta} & \dfrac{\partial \Delta P}{\partial U} \\ \dfrac{\partial \Delta Q}{\partial \delta} & \dfrac{\partial \Delta Q}{\partial U} \end{bmatrix} \end{cases} \tag{3-110}$$

3.3.3 潮流计算的P-Q分解法

P-Q分解法潮流计算派生于以极坐标表示时的牛顿-拉夫逊法。二者的主要区别在修正方程式和计算步骤。P-Q分解法潮流计算时的修正方程组是计及电力系统的特点后对牛顿-拉夫逊法修正方程式的简化。对修正方程组的第一个简化是计及电力网络中各元件的电抗

一般远大于电阻,以致各节点电压相位角的改变主要影响各元件中的有功功率潮流从而影响各节点的注入有功功率;各节点电压大小的改变主要影响各元件中的无功功率潮流从而影响各节点的注入无功功率。对修正方程组的第二个简化是基于对状态变量δ_i的约束条件不宜过大。

当有功修正方程的系数矩阵用$\boldsymbol{B}'$代替,无功电压修正方程的系数矩阵用$\boldsymbol{B}''$代替,有功、无功功率偏差都用电压幅值去除。这种方式的算法收敛性最好。$\boldsymbol{B}'$是用 $-1/x$ 为支路电纳建立的节点电纳矩阵,$\boldsymbol{B}'$是节点导纳矩阵的虚部,故称这种方法为 P-Q 分解法。P-Q 分解法潮流迭代公式可以写为

$$\begin{cases} \Delta U^k = -\boldsymbol{B}'' - \Delta Q(\delta^k, U^k) \\ U^{k+1} = U^k + \Delta U^k \\ \Delta\delta^k = -\boldsymbol{B}'^{-1}\Delta P(\delta^k, U^{k+1}) \\ \delta^{k+1} = \delta^k + \Delta\delta^k \end{cases} \tag{3-111}$$

P-Q 分解潮流计算的主要步骤如下:

(1)形成系数矩阵 $\boldsymbol{B}'$、$\boldsymbol{B}''$,并求其逆矩阵;

(2)设各节点电压的初值;

(3)计算有功功率的不平衡量;

(4)解修正方程组,求各节点电压相位角的变量;

(5)求各节点电压相位角的新值;

(6)计算无功功率不平衡量;

(7)解修正方程组,求各节点电压大小的变量;

(8)求各节点电压大小的新值;

(9)运用各节点电压的新值自第(3)步开始进入下一次迭代;

(10)计算平衡节点功率和线路功率。

一般情况下,采用 P-Q 分解法计算时较采用牛顿-拉夫逊法要求的迭代次数多,但每次迭代所需时间则较牛顿-拉夫逊法少,以致总的计算速度仍是 P-Q 分解法快。

第 4 章
电力系统短路和三相短路

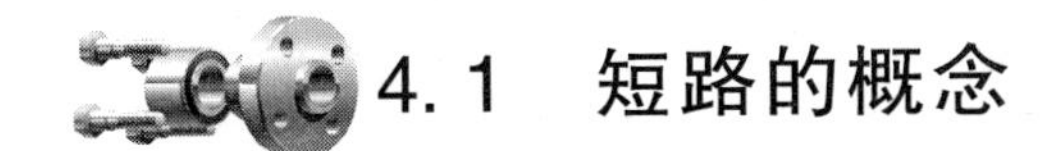

4.1 短路的概念

4.1.1 短路的原因、类型及后果

1. 短路的原因

所谓短路，是指电力系统正常运行情况以外的相与相之间或相与地(或中性线)之间的非正常连接。在电力系统正常运行时，除中性点外，相与相以及相与地之间是绝缘的。如果由于某些原因使其绝缘破坏而构成了通路，就称为电力系统发生了短路故障。电力系统可能发生的各种故障中，最严重的就是短路故障。造成短路的原因很多，归纳起来主要有以下几点：

(1)绝缘破坏。例如：设备绝缘的自然老化，机械外力造成的直接损伤，设计制造、安装及维护不良所造成的设备缺陷等发展成短路。

(2)气象条件。例如：雷击过电压或操作过电压所引起的绝缘子、绝缘套管表面闪络放电，雷击造成的断线、大风引起的断线以及导线覆冰引起的倒杆等。

(3)误操作。例如：带负荷拉、合线路开关，检修完线路及设备后未拆除接地线就带地线合闸送电等。

(4)其他外物。例如：鸟兽、风筝、金属丝或其他导电丝带等跨接在裸露的载流导体上造成的短路。

2. 短路的类型

短路的类型见表4-1。

表4-1 短路的类型

名称	图示	符号
三相短路	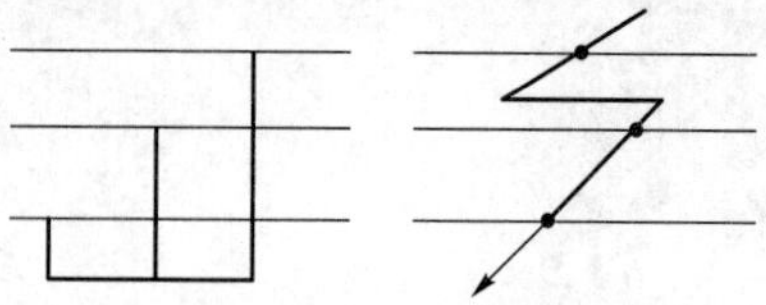	$f^{(3)}$或$k^{(3)}$
两相短路	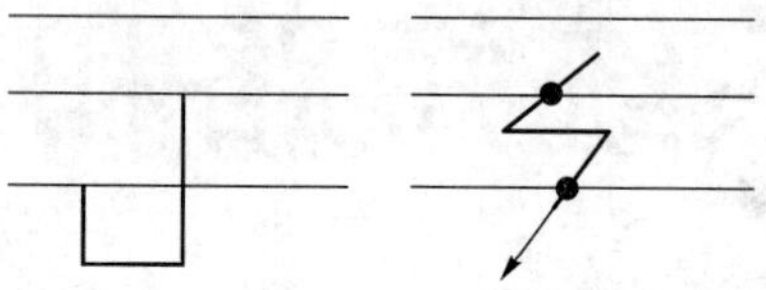	$f^{(2)}$或$k^{(2)}$
单相短路接地	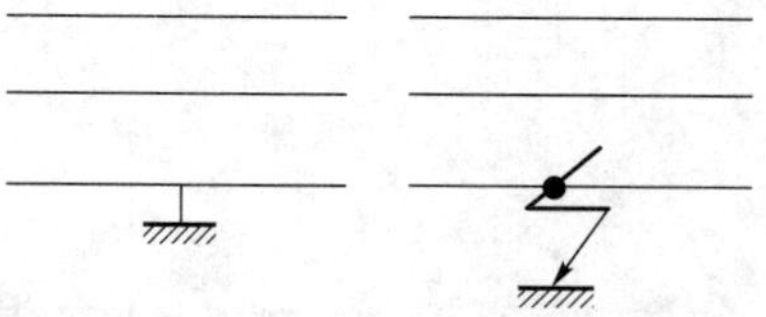	$f^{(2)}$或$k^{(2)}$
两相短路接地	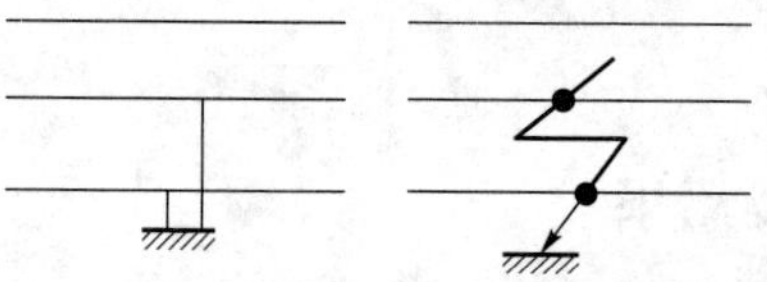	$f^{(1,1)}$或$k^{(2,1)}$

各种短路类型中,单相短路接地约占65%,两相短路接地约占20%,两相短路约占10%,三相短路约占5%。三相短路虽然发生的概率很低,但对系统的危害最为严重,因此,对三相短路的研究就显得非常重要。

3. 短路危害

在发生短路时,由于电源供电回路的阻抗减小以及短路瞬间的暂态过程,使短路回路电流剧烈增加,可达额定电流的数十乃至数百倍。短路的后果随着短路类型、发生地点和持续时间的不同而变化,可能破坏局部地区的正常供电,也可能威胁整个系统的安全运行。短路的危险后果归纳起来有以下几点:

(1)短路故障会使短路点附近支路的电流迅速增大。强大的短路电流流过载流导体和设备本身,使导体和设备严重发热,甚至导致设备损坏。同时,短路电流强大的电动力效应会使导体间产生很大的机械应力,严重时可引起导体变形甚至损坏,使短路故障进一步扩大。

(2)短路故障会使系统电压大幅度下降。短路电流流过系统各元件时,使元件的电压增大,使整个网络的电压降低,从而影响电动机等负荷的正常用电。当电压低到一定程度时,可能使电动机停转,待启动的电动机可能无法启动。

(3)短路故障会破坏系统的稳定运行。由于短路会使系统的潮流分布突然发生变化,可能破坏并列运行同步发电机的稳定性,使发电机与系统解列,从而导致大面积停电。短路故障切除后,已失步发电机再重新拉入同步过程中,可能发生较长时间的振荡,以至于引起保护误动作而大量甩负荷。这是短路故障的最严重后果。

(4)不对称短路会影响高压线路附近的通信。不对称接地短路时,产生的不平衡电流和不平衡磁通,会在临近平行的通信线路或铁路信号线上感应很大的电动势,对通信产生严重的影响。

为了减少短路电流对电力系统的危害,一方面可在电力系统的运行和设计中采取措施,来限制短路电流的大小,例如采用合理的主接线形式和运行方式来限制短路电流,必要时加装限流电抗器限制短路电流;另一方面就是尽可能地缩短短路电流的作用时间,例如采用合理的继电保护设备,使之能迅速和正确地切断故障,从而减轻短路电流强大的热效应和电动力效应对设备的危害。

4.1.2　短路计算的目的

短路电流的计算主要是为了解决以下几方面的问题。

(1)选择电气设备。电力系统中的设备在短路电流的作用下,会发热和受到电动力的冲击,为此必须计算短路电流,以校验设备的动、热稳定性。保证所选择的设备在短路电流热效应和力效应作用下,不受到损坏。

(2)继电保护的设计和整定。电力系统中应配置什么样的保护,以及这些保护装置应如何整定,都需要对电力网中发生的各种短路进行分析和计算。在这些计算中要知道故障支路的短路电流值,还要知道短路电流在网络中的分布情况。有时还要知道系统中某些节点的电压值。

(3)接线方案的比较和选择。在设计电力网的接线图和发电厂以及变电所的电气主接线时,为了比较各种不同方案的接线图,确定是否增加限制短路电流的设备等,必须进行短路电流的计算。

此外,在分析输电线路对通信线路的干扰时,也必须进行短路电流计算。

4.1.3　短路计算的简化假设条件

实际工作中,对短路电流进行极准确的计算是相当复杂的。同时在解决大部分实际问题时,并不要求十分精确的计算结果。为了简化计算,通常多采用近似计算方法,并要对计算条件做一些必要的简化,使得短路电流计算能更方便和迅速。为此,还要进行以下几点假设。

(1)在短路过程中,所有发电机转速和电动势的相位均相同,即发电机无摇摆现象。

(2)不计系统的磁饱和,即认为短路回路各元件的感抗为常数,可应用叠加原理计算。

(3)不计变压器励磁支路和线路电容的影响,不计高压电网电阻的影响。仅在低压配电网计算中由于电阻值相对电抗较大,才予以考虑。

(4)假设发电机转子是对称的,所以可以用次暂态电抗X''_d和次暂态电动势E''_q(或用暂态电抗X'_d和暂态电动势E'_q)来代表。

(5)不计负荷电流的影响。

4.2 无限大容量电源与有限大电源的三相短路

4.2.1 无限大容量电源的概念

所谓无限大容量系统是指电力系统中无论发生什么扰动(短路、断路器跳闸、投切负荷等),电源的电压幅值和频率均为恒定。也就是说电源的容量为无限大、内阻抗为零,因而外电路发生短路引起的功率变化对电源来说是微不足道的;同时由于没有内部电压降,所以电源的频率和端电压都保持不变。实际电力系统中,无限大容量电源是不存在的,它只是一个相对的概念,往往是以供电电源的内阻抗与短路回路总阻抗的相对大小来判断电源能否作为无限大容量电源。若电源的内阻抗小于短路回路总阻抗的10%时,则可认为供电电源为无限大容量电源。在这种情况下,外电路短路对电源影响很小,近似地认为电源端电压和频率保持恒定。实际系统中哪些发电机可以看作无限大容量电源,需要根据具体的条件而定。一般发电机的暂态电抗的标幺值小于0.3,则当电源到短路点之间的电气距离足够大时,即可认为电源是无限大容量电源。总之,无限大容量电源的端电压在短路后的暂态过程中保持不变,可以不考虑电源内部的暂态过程,使短路电流的分析、计算变得简单。

4.2.2 无限大容量电源供电的三相短路电流计算

图4-1所示为无限大容量系统供电的三相对称短路电路。短路发生以前,电路处于稳定状态,由于三相电流对称,可以写出a相的电压和电流的表达式如下:

$$u_a = U_m \sin(\omega t + \alpha) \tag{4-1}$$

$$i_a = I_{m|0|} \sin(\omega t + \alpha - \varphi_{|0|}) \tag{4-2}$$

其中,

$$I_{m|0|} = \frac{U_m}{\sqrt{(R+R')^2 + \omega^2 (L+L')^2}}$$

$$\varphi_{|0|} = \arctan \frac{\omega(L+L')}{R+R'}$$

式中 $R+R'$和$L+L'$——短路前每相电路的电阻和电感;

$|0|$——下标,表示短路前的状态;

α——电源电动势初始相角,即$t=0$时的相位角。

当电路在$f^{(3)}$点发生三相短路后,原电路被分成了两个独立的回路,左侧回路仍与电源相连,但每相阻抗由$(R+R')+j\omega(L+L')$减小到$R+j\omega L$。短路后电源供给的电流从原来的稳态值逐渐过渡到由电源和新阻抗$R+j\omega L$所决定的短路稳态值。右侧回路中没有电源,该回路电流则逐渐衰减到零。

设短路发生在$t=0$时刻,由于左侧电路仍为三相对称电路,仍可只研究其中一相,其他两相由对称关系得出。

对于a相,其微分方程如下:

$$L\frac{di_a}{dt} + Ri_a = U_m \sin(\omega t + \alpha) \tag{4-3}$$

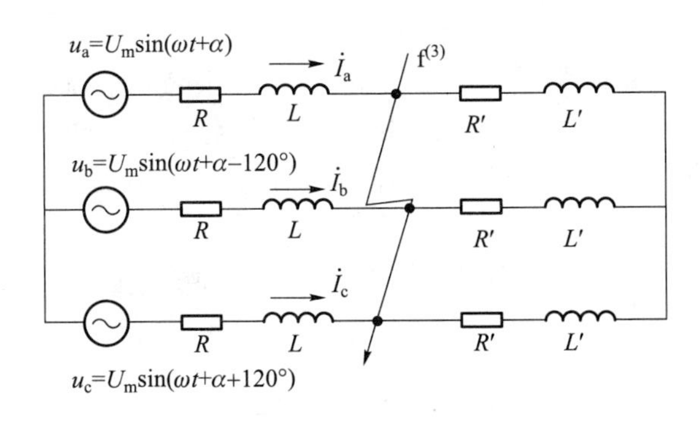

图 4-1 无限大容量系统供电的三相对称短路电路

式(4-3)是一个一阶常系数线性非齐次微分方程,它的解就是短路时的全电流。

求解式(4-3)得 a 相短路电流瞬时值的表达式为

$$i_a = I_m\sin(\omega t+\alpha-\varphi)+[I_{m|0|}\sin(\alpha-\varphi_{|0|})-I_{pm}\sin(\alpha-\varphi)]\,e^{-\frac{t}{T_a}} \tag{4-4}$$

式中 I_{pm}——短路电流交流分量的幅值,$I_m=\dfrac{U_m}{\sqrt{R^2+(\omega L)^2}}$;

φ——短路回路的阻抗角,$\varphi=\arctan\dfrac{\omega L}{R}$;

T_a——短路电流直流分量衰减的时间常数,$T_a=\dfrac{L}{R}$。

式(4-4)即为 a 相短路电流的表达式。如果用 $\alpha-120^\circ$ 或 $\alpha+120^\circ$ 代替公式中的 α,就可以得到 b 相和 c 相短路电流的表达式。

由式(4-4)可见,短路电流中包含两个分量。其一是随时间做周期性变化的分量,称为交流分量或称为周期分量,其幅值大小取决于电源电压幅值和短路回路的总阻抗;其二是幅值随时间而衰减的分量,称为直流分量或称非周期分量。产生直流分量的原因是,电感中电流在突然短路瞬时的前后不能发生突变。

根据式(4-4)所画的无限大系统短路电流变化曲线如图 4-2 所示。

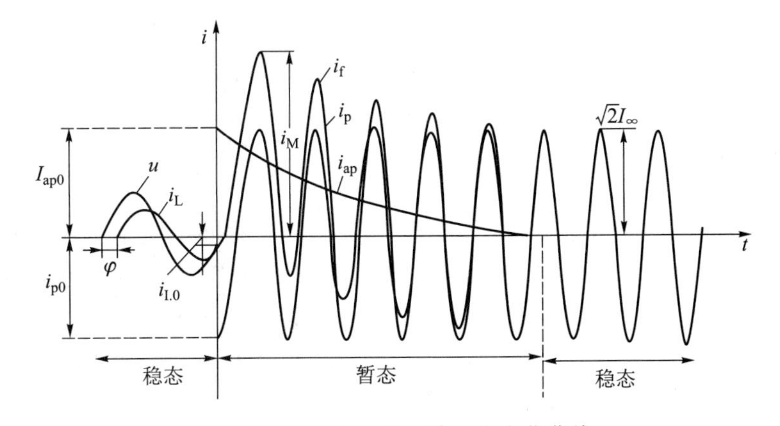

图 4-2 无限大系统短路电流变化曲线

由图 4-2 可见,由于存在直流分量,短路电流曲线不与时间轴对称,而直流分量本身就是短路电流的对称轴。因此,当已有短路电流曲线时,可以利用这个性质把直流分量从短路电流曲线中分离出来。

在电源电压幅值和短路回路阻抗恒定的情况下，短路电流交流分量的幅值是一定的，因而短路电流的非周期分量起始值的大小，决定了短路电流瞬时值的大小。直流分量起始值越大，短路电流的最大瞬时值也越大。短路电流起始值的大小与电源电动势的初始相角 α 及短路前回路中的电流值$I_{m|0|}$有关。

若不考虑负荷电流对短路电流的影响，即认为短路前为空载($I_{m|0|}$)，则式(4-4)可进一步简化为

$$\begin{aligned} i_a &= I_{pm}\sin(\omega t+\alpha-\varphi)-I_{pm}\sin(\alpha-\varphi)\,e^{\frac{R}{L}} \\ &= i_p+i_{ap} \end{aligned} \tag{4-5}$$

式中　i_p——短路电流周期分量；

i_{ap}——短路电流非周期分量。

4.2.3 有限容量系统供电网络三相短路电源的实用计算

1. 短路冲击电流

短路电流最大的瞬时值，称为短路冲击电流。通过上面的分析可知，直流分量起始值越大，短路电流最大瞬时值也越大。一般在短路回路中，感抗值要比电阻值大得多，即 $\omega L \gg R$，因此可以近似认为阻抗角 $\varphi \approx 90°$。若短路前为空载，短路正好发生在电源电压过零(即 $\alpha=0$)时，则可得最大短路电流瞬时值表达式为

$$\begin{aligned} i_f &= I_{pm}\sin(\omega t-90°)-I_{pm}\sin(-90°)\,e^{\frac{R}{L}t} \\ &= -I_{pm}\cos\omega t+I_{mn}\,e^{\frac{R}{L}t} \end{aligned} \tag{4-6}$$

式(4-6)表示的电流波形如图4-2所示。由图可见，短路电流的最大瞬时值，将在短路发生后约经过半个周期出现。当$f=50$ Hz时，此时间为0.01 s(即 $\omega t=\pi$)。由此可得冲击电流值i_M为

$$i_M = I_{pm}+I_{pm}\,e^{-\frac{0.01}{T_a}} = (1+e^{-\frac{0.01}{T_a}})\,I_{pm} = K_M I_{pm} = \sqrt{2}\,K_M I_P \tag{4-7}$$

式中　I_P——短路电流周期分量有效值，$I_P=\dfrac{U_m}{\sqrt{2}Z}=\dfrac{U}{Z}$；

K_M——短路电流的冲击系数，$K_M=1+e^{-0.01/T}$，它表示冲击电流为短路电流周期分量的倍数。当时间常数 T 由零变到无穷大时，冲击系数的变化范围为 $1\leqslant K_M\leqslant 2$。

在实用计算中，当短路发生在12 MW及以上的发电机出口母线上时，取$K_M=1.9$；当短路发生在发电厂高压侧母线上时，取$K_M=1.85$；当短路发生在网络其他地方时，取$K_M=1\sim1.3$。

短路冲击电流一般用来校验设备的动稳定。

2. 短路电流全电流的最大有效值

在短路过程中，任一时刻 t 的短路电流的有效值I_M，是以时刻 t 为中心的一个周期内瞬时电流的均方根值，即

$$I_t=\sqrt{\frac{1}{T}\int_{t-\frac{T}{2}}^{t+\frac{T}{2}}i_t^2\,dt}=\sqrt{\frac{1}{T}\int_{t-\frac{T}{2}}^{t+\frac{T}{2}}(i_p+i_{ap})^2dt} \tag{4-8}$$

式中　i_t——t 时刻短路电流瞬时值；

i_p,i_{ap}——t 时刻短路电流周期分量和非周期分量的瞬时值；

T——交流电的周期，$T=0.02$ s。

由图4-2可知，最大有效值电流也是发生在短路后半个周期时，假设在该时刻前后一个周期内直流分量近似不变，则最大有效值电流为

$$I_M=\sqrt{I_p^2+(i_M-I_m)^2}=\sqrt{I_p^2+2I_p^2(K_M-1)^2}=I_p\sqrt{1+2(K_M-1)^2} \tag{4-9}$$

当$K_M=1.9$时，$I_M=1.62\,I_p$；当$K_M=1.8$时，$I_M=1.51\,I_p$。

短路电流的最大有效值电流常用来校验某些设备（如熔断器）的断流能力。

3. 短路容量

在无限大系统供电的三相电路计算中，经常要用到短路容量这个概念。所谓短路容量是指某点的三相短路电流与该点短路前的平均额定电压的乘积。根据其定义，故有式(4-10)和式(4-11)：

短路容量有名值：
$$S_f=\sqrt{3}U_{av}I_f \tag{4-10}$$

短路容量标幺值：
$$S_{f*}=\frac{S_f}{S_B}=\frac{\sqrt{3}U_{av}I_f}{\sqrt{3}U_{av}I_B}=I_{i*}=\frac{1}{X_{\Sigma*}} \tag{4-11}$$

式中　S_f——有名值；

S_B——基准值。

由式(4-10)可见，短路容量的大小实际上反映了该点短路时短路电流的大小，同时也反映了该点输入阻抗的大小。短路容量是一个很重要的概念，它反映了该点与系统联系的紧密程度。如果系统的容量越大，网络联系越紧密，则等值电抗越小，短路容量就越大。

另外，利用式(4-11)可以容易地求得某一点到无限大电源之间的未知电抗值。当系统的电抗值未知时，若已知母线的短路容量S，则系统的电抗值为$1/S$。如果不知短路容量，工程近似计算中可以将接在该点的断路器QF的额定断流容量作为该点的短路容量。因为在选择断路器时，要保证断路器能切断流过它的短路电流，也就是断路器的额定断流容量应大于或等于在断路器后发生三相短路时的短路容量。因此，若已知断路器QF的断流容量，则其标幺值的倒数即为系统的电抗标幺值$\left(X_{\Sigma*}=\frac{1}{S_{f*}}\right)$。

4. 无限大系统供电的三相短路电流计算步骤

(1)选取基准功率S_B、基准电压$U_B=U_{av}$，计算各元件参数的标幺值。

(2)绘制等值电路图，并标注各元件参数。

(3)利用网络变换原理化简网络，求出电源到短路点之间的总等值电抗标幺值$X_{\Sigma*}$。

(4)计算短路电流标幺值和有名值。由于无限大系统供电的网络，短路时电源电压保持不变，故有$U_*=1$，所以短路电流周期分量标幺值计算式为$I_f=\frac{U_*}{X_{\Sigma*}}=\frac{1}{X_\Sigma}$，再按式$I_f=I_{f*}\frac{S_B}{\sqrt{3}U_B}$换算成短路电流有名值。

(5)按式$i_M=\sqrt{2}K_MI_f$计算冲击短路电流，再按式$S_f=\sqrt{3}U_{av}I_f$计算短路容量。

4.2.4 应用运算曲线求任意时刻短路点的短路电流

1. 运算曲线的概念

在工程计算中,常采用运算曲线来求短路后任意时刻的短路电流的交流分量。短路电流是许多参数的函数,它与发电机的各种电抗、时间常数、发电机电动势、励磁系统的参数、短路点离电源的电气距离及时间 t 等因素有关。在发电机的参数和运行初始状态给定后,短路电流只是短路点离电源的电气距离(用外界电抗X_c表示)和时间 t 的函数。通常把归算到发电机容量的外接电抗的标幺值与发电机次暂态电抗X''_d之和定义为计算电抗,记为X_{js},即

$$X_{js} = X_c + X''_d \tag{4-12}$$

这样,短路电流交流分量的标幺值可表示为计算电抗和时间的函数,即

$$I_{f*} = f(X_{js}, t) \tag{4-13}$$

反映这一函数关系的曲线就称为运算曲线,如图 4-3 所示。

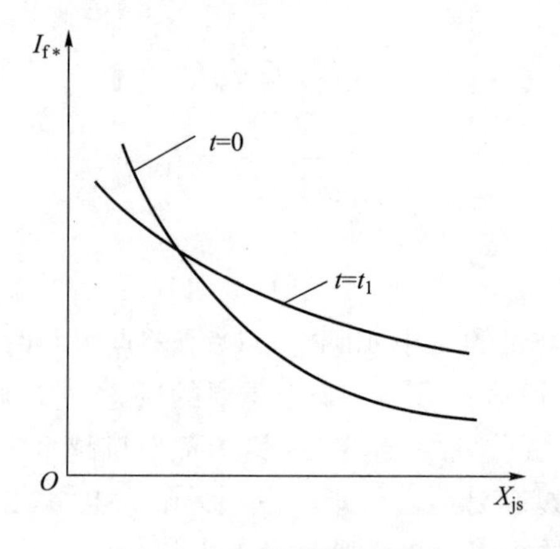

图 4-3 运算曲线示意图

2. 运算曲线的绘制

运算曲线是以图 4-4 所示的接线图绘制的。短路前发电机满载运行,50% 的负荷接于发电厂高压母线上,其余负荷经输电线路送出。根据短路前的运行方式,可以方便地算出发电机的各种电动势。图 4-4(b)为短路后的网络,负荷用恒定阻抗模拟,即

$$Z_{LD} = \frac{U^2}{S_{LD}}(\cos\varphi + \mathrm{j}\sin\varphi) \tag{4-14}$$

式中,U 为负荷点的电压,取 $U=1$;S_{LD}为接于发电厂高压母线的负荷,其大小为发电机额定容量的 50% ;$\cos\varphi$ 取 0.9。

图 4-4 中X_T、X_L均为以发电机额定值为基准值的标幺值。改变 X_L 的大小可改变短路点的远近。

根据图 4-4(b)可以求出发电机的外部网络对发电机的等值电抗,也就是外部电抗。再将外部电抗与发电机的有关电抗相加,即可用发电机短路电流交流分量的表达式计算出不同时刻的周期电流值。

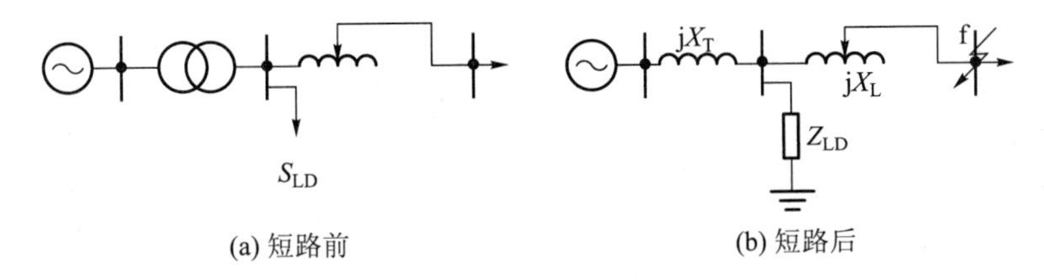

图4-4 绘制运算曲线的接线图

不同发电机的参数不同,运算曲线也不同。我国根据自己的实际情况,选取了容量从12 MW到200 MW的18种不同型号的汽轮发电机作为样机。对给定的X_{js}和时间t,分别算出各种机组的交流分量电流值,取其算术平均值作为汽轮发电机的短路电流交流分量值,然后绘制成曲线。

运算曲线只做到$X_{js*}=3.45$为止。当$X_{js*}\geqslant 3.45$时,可以近似地认为短路电流交流分量的幅值已不随时间而变,可直接按式(4-15)计算,即

$$I_{f*}=\frac{1}{X_{js*}} \tag{4-15}$$

3. 运算曲线的应用

应用运算曲线计算短路电流的步骤如下:

(1)网络化简,求各电源对短路点的转移电抗。在运用运算曲线之前,首先要略去负荷支路(曲线绘制时已近似地计及了负荷的影响),把原系统等值电路通过网络变换,求得每个电源到短路点之间的转移电抗。

(2)求各电源的计算电抗。由于求得的转移电抗为按事先选定的S_B基准值的标幺值,必须把转移电抗归算到以各发电机容量为基准的标幺值,才能得到发电机对短路点的计算电抗,即

$$X_{js*i}=X_{if*}\frac{S_{iN}}{S_B}\qquad (i=1,2,\cdots,n) \tag{4-16}$$

式中 S_{iN}——第i台发电机的额定容量;

n——发电机台数。

(3)查运算曲线。由$X_{js1},X_{js2},\cdots,X_{jsn}$分别查适当的运算曲线,找出指定的时刻各发电机提供的以发电机额定容量为基准的交流分量标幺值$I_{t1*},I_{t2*},\cdots,I_{tn*}$。网络中如有无限大容量系统时,其供给的短路电流周期分量是不衰减的。其计算式为

$$I_{s*}=\frac{1}{X_{sf}} \tag{4-17}$$

(4)求各周期分量有名值之和,得短路点的短路电流。

第i台发电机提供的短路电流为

$$I_{ti}=I_{ti*}\frac{S_{iN}}{\sqrt{3}U_{av}} \tag{4-18}$$

式中 U_{av}——平均额定电压。

无限大容量系统提供的短路电流为

$$I_s=I_{s*}I_B=I_{s*}\frac{S_B}{\sqrt{3}\ U_{av}} \tag{4-19}$$

短路点总的短路电流有名值为

$$I_t = I_s + \sum_{i=1}^{n} I_{ti} \tag{4-20}$$

实际电力系统中,发电机数目很多,如果每一台发电机都用一个电源表示,则计算工作量很大。因此,在实际计算中,为了简化计算,通常可以将类型相同或电源到短路点之间电气距离相近的电源合并为一个等效电源,如参数接近的汽轮发电机或水轮发电机可以合并、距短路点较远的不同类型发电机可以合并等。发电厂合并变成一个等效电源后,进而求出等效电源到短路点之间的转移电抗,相应的转移电抗应归算到等效电源总容量为基准的计算电抗。这时式(4-16)和式(4-18)中的S_{iN}应为被合并的所有发电机额定容量之和 $\sum S_{iN}$。

4.3 电力系统不对称短路的计算

1. 单相短路接地

图 4-5 所示系统在 a 相发生单相直接接地故障,由于 a 相的状态不同于 b、c 两相,故称 a 相为特殊相。在短路点 f 处可以列出短路的边界条件为

$$\dot{U}_a = 0, \quad \dot{I}_b = 0, \quad \dot{I}_c = 0 \tag{4-21}$$

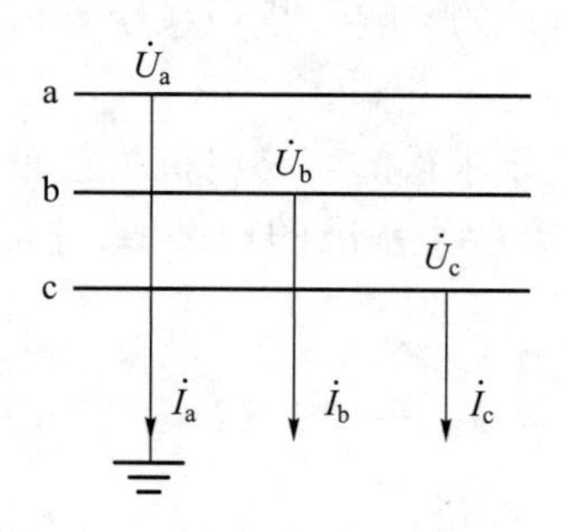

图 4-5 单相接地故障示意图

应用对称分量法,上述故障点的边界条件可改用序电压和序电流表示,即

$$\dot{U}_a = \dot{U}_{a1} + \dot{U}_{a2} + \dot{U}_{a0} = 0 \tag{4-22}$$

$$\dot{I}_{a1} = \dot{I}_{a2} = \dot{I}_{a3} = \dot{I}_a/3 \tag{4-23}$$

联立求解式(4-22)和式(4-23),即可得到单相短路后的三序电流分量$\dot{I}_{a1}$,$\dot{I}_{a2}$,$\dot{I}_{a3}$和三序电压分量$\dot{U}_{a1}$,$\dot{U}_{a2}$,$\dot{U}_{a0}$,再根据对称分量的合成方法求出短路后故障相的短路电流和非故障相的电压,此方法称为解析法。也可以利用式(4-22)和式(4-23)构成图 4-6 所示的复合序网进行求解,这称为复合序网法。由于复合序网法简单直观,以下均采用复合序网法。

根据图 4-6 所示的复合序网,可得各序电流分量为

$$\dot{I}_{a1} = \dot{I}_{a2} = \dot{I}_{a0} = \frac{\dot{E}_{\Sigma}}{j(X_{1\Sigma} + X_{2\Sigma} + X_{0\Sigma})} \tag{4-24}$$

a 相(短路相)的短路电流为

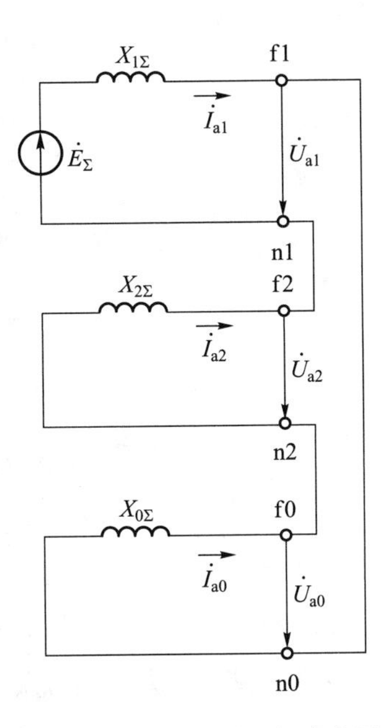

图4-6　单相接地时的复合序网

$$\dot{I}_a = \dot{I}_{a1} + \dot{I}_{a2} + \dot{I}_{a0} = \frac{3\dot{E}_{\Sigma}}{j(X_{1\Sigma} + X_{2\Sigma} + X_{0\Sigma})} \tag{4-25}$$

单相短路电流为

$$I_f^{(1)} = 3I_{a1} = \frac{3E_{\Sigma}}{X_{1\Sigma} + X_{2\Sigma} + X_{0\Sigma}} \tag{4-26}$$

故障处b、c相的电流为零。

在一般网络中，$X_{2\Sigma}$近似等于$X_{1\Sigma}$，若$X_{0\Sigma}$大于$X_{1\Sigma}$，则单相短路电流小于同一点的三相短路电流；若$X_{0\Sigma}$小于$X_{1\Sigma}$，则单相短路电流大于三相短路电流。

式(4-25)为计算单相短路电流的基本关系式。当三序电流分量计算出来后，根据复合序网可得故障处三序电压分量为

$$\begin{cases} \dot{U}_1 = \dot{E}_{\Sigma} - j\dot{I}_{a1}X_{1\Sigma} = j\dot{I}_A(X_{2\Sigma} + X_{0\Sigma}) \\ \dot{U}_2 = -j\dot{I}_{a2}X_{2\Sigma} \\ \dot{U}_0 = -j\dot{I}_{a0}X_{0\Sigma} \end{cases} \tag{4-27}$$

由各序电压合成，可得故障处的三相电压为

$$\begin{cases} \dot{U}_a = \dot{U}_{a1} + \dot{U}_{a2} + \dot{U}_{a0} = 0 \\ \dot{U}_b = a^2\dot{U}_{a1} + a\dot{U}_{a2} + \dot{U}_{a0} \\ \dot{U}_c = a\dot{U}_{a1} + a^2\dot{U}_{a2} + \dot{U}_{a0} \end{cases} \tag{4-28}$$

根据a相接地短路时的边界条件，由式(4-22)和式(4-23)可画出短路点电流、电相的相量图，如图4-7所示。相量图电路为纯电感性，而且设$X_{0\Sigma} > X_{1\Sigma}$，所有相量均是以$\dot{E}_{\Sigma}$为参考相量而绘制的。

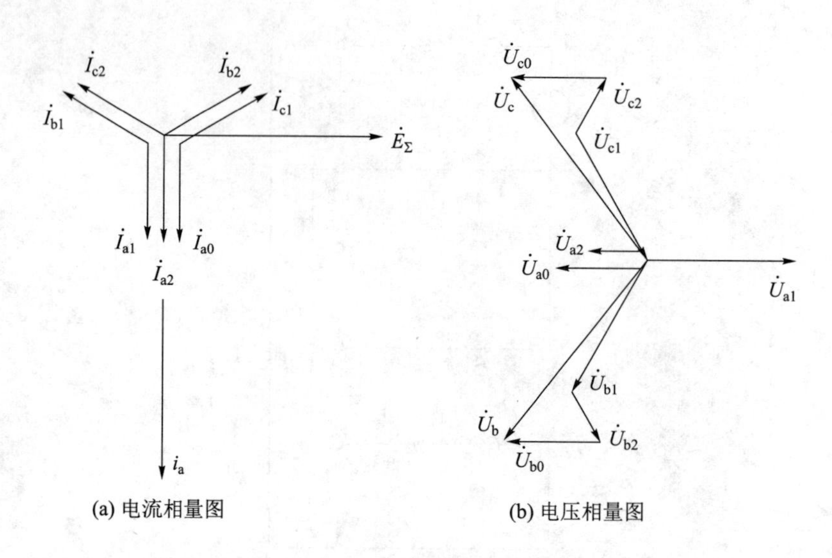

图 4-7　a 相接地故障处的相量图

2. 两相短路

两相短路故障示意图如图 4-8 所示，设 b、c 相短路，故障处的边界条件为

$$\dot{I}_a = 0,\quad \dot{I}_b = -\dot{I}_c,\quad \dot{U}_b = \dot{U}_c \tag{4-29}$$

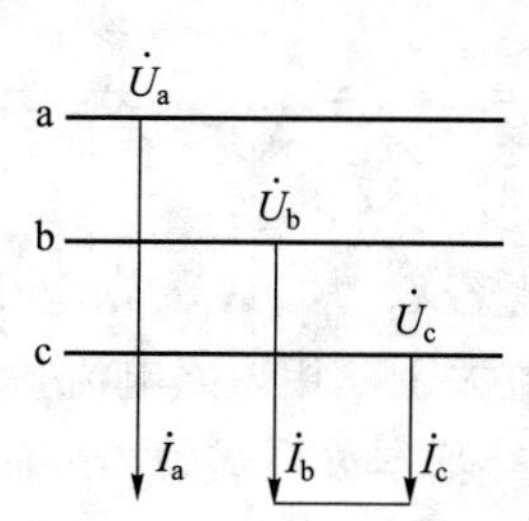

图 4-8　两相短路故障示意图

将不对称电流转化为对称分量，即

$$\begin{cases} \dot{I}_{a1} = \dfrac{1}{3}(\dot{I}_a + a\dot{I}_b + a^2\dot{I}_c) = \dfrac{\mathrm{j}\dot{I}_b}{\sqrt{3}} \\ \dot{I}_{a2} = \dfrac{1}{3}(\dot{I}_a + a^2\dot{I}_b + a\dot{I}_c) = -\dfrac{\mathrm{j}\dot{I}_b}{\sqrt{3}} \\ \dot{I}_{a0} = \dfrac{1}{3}(\dot{I}_a + \dot{I}_b + \dot{I}_c) = 0 \end{cases} \tag{4-30}$$

即
$$\dot{I}_{a1} = -\dot{I}_{a2},\quad \dot{I}_{a0} = 0 \tag{4-31}$$

由式(4-29)电压关系可得

$$\dot{U}_b = a^2\dot{U}_{a1} + a\dot{U}_{a2} + \dot{U}_{a0} = a\dot{U}_{a1} + a^2\dot{U}_{a2} + \dot{U}_{a0} = \dot{U}_c \tag{4-32}$$

即
$$\dot{U}_{a1}=\dot{U}_{a2}$$

由式(4-31)可见,两相短路时没有零序电流分量。这是因为故障点不接地,零序电流无通路。由式(4-31)、式(4-32)可得两相短路时的复合序网图如图4-9所示,正序网络与负序网络相并联,零序网络开路。

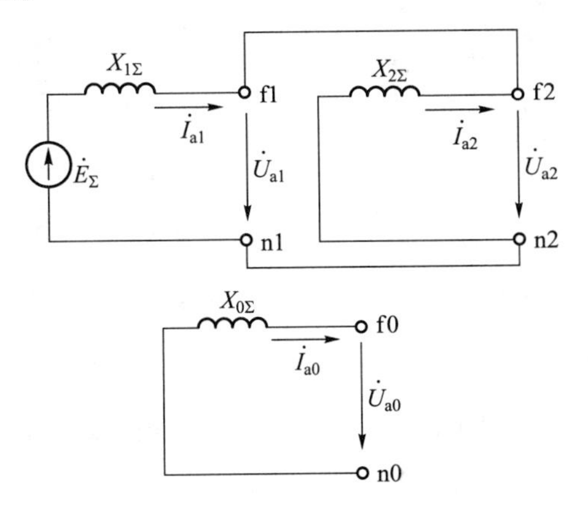

图4-9 两相短路时的复合序网图

由复合序网可直接解得

$$\begin{cases}\dot{I}_{a1}=-\dot{I}_{a2}=\dfrac{\dot{E}_{\Sigma}}{j(X_{1\Sigma}+X_{2\Sigma})}\\ \dot{U}_{a1}=\dot{U}_{a2}=j\dot{I}_{a1}X_{2\Sigma}\end{cases}\tag{4-33}$$

故障处的各相电流为

$$\begin{cases}\dot{I}_{b}=a^{2}\dot{I}_{a1}+a\dot{I}_{a2}=(a^{2}-a)\dot{I}_{a1}=-j\sqrt{3}\dot{I}_{a1}=-j\sqrt{3}\dfrac{\dot{E}_{L}}{j(X_{1\Sigma}+X_{2\Sigma})}\\ \dot{I}_{c}=a\dot{I}_{a1}+a^{2}\dot{I}_{a2}=(a-a^{2})\dot{I}_{a1}=j\sqrt{3}\dot{I}_{a1}=j\sqrt{3}\dfrac{\dot{E}_{L}}{j(X_{1\Sigma}+X_{2\Sigma})}\end{cases}\tag{4-34}$$

$X_{1\Sigma}=X_{2\Sigma}$时,则有

$$\dot{I}_{b}=-\dot{I}_{c}=-\frac{\sqrt{3}}{2}\times\frac{\dot{E}_{\Sigma}}{jX_{1\Sigma}}=-\frac{\sqrt{3}}{2}\dot{I}_{f}^{(3)}\tag{4-35}$$

式中,$\dot{I}_{f}^{(3)}$为同一f点发生三相短路时的短路电流。

当短路点远离电源时,一般满足$X_{1\Sigma}=X_{2\Sigma}$,由式(4-35)可见,两相短路电流是同地点三相短路电流的$\sqrt{3}/2$倍。所以,一般来说,电力系统中的两相短路电流总是小于三相短路电流。

故障处的各相电压(设$X_{1\Sigma}=X_{2\Sigma}$)为

$$\begin{cases}\dot{U}_{a}=\dot{U}_{a1}+\dot{U}_{a2}=2\dot{U}_{a1}=j2\dot{I}_{a1}X_{2\Sigma}=j2\dfrac{\dot{E}_{\Sigma}}{j2X_{2\Sigma}}X_{2\Sigma}=\dot{E}_{\Sigma}\\ \dot{U}_{b}=a^{2}\dot{U}_{a1}+a\dot{U}_{a2}=-\dot{U}_{a1}=-\dfrac{\dot{U}_{a}}{2}\\ \dot{U}_{c}=a\dot{U}_{a1}+a^{2}\dot{U}_{a2}=-\dot{U}_{a1}=-\dfrac{\dot{U}_{a}}{2}\end{cases}\tag{4-36}$$

式(4-36)表明,当发生两相短路时,非故障相电压不变,故障相电压幅值降低一半。图4-10给出了b、c相短路时,故障点处的电压、电流相量图。

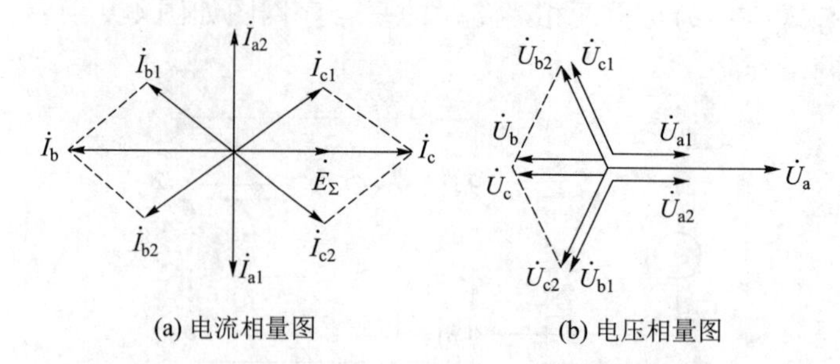

(a) 电流相量图　　(b) 电压相量图

图4-10　两相短路故障处的电压、电流相量图

3. 两相短路接地

两相短路接地故障示意图如图4-11所示,设b、c两相短路接地,其边界条件为

$$\dot{I}_{a}=0,\quad \dot{U}_{b}=\dot{U}_{c}=0 \tag{4-37}$$

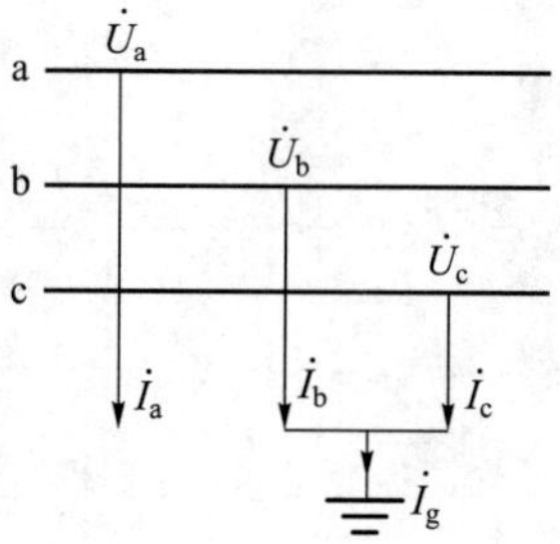

a　$\dot{U}_{a}$
b　$\dot{U}_{b}$
c　$\dot{U}_{c}$
$\dot{I}_{a}$　$\dot{I}_{b}$　$\dot{I}_{c}$　$\dot{I}_{g}$

图4-11　两相短路接地故障示意图

将上述边界条件转化为对称分量,即

$$\begin{cases}\dot{I}_{a}=\dot{I}_{a1}+\dot{I}_{a2}+\dot{I}_{a0}=0\\ \dot{U}_{a1}=\dot{U}_{a2}=\dot{U}_{a0}=\dfrac{1}{3}\dot{U}_{a}\end{cases} \tag{4-38}$$

实际上,式(4-37)与单相短路接地的边界条件很相似,只是电压和电流互换。显然,满足式(4-38)条件的复合序网为三序网络在故障处相并联,如图4-12所示。

$$\dot{I}_{a1}=\frac{E_{\Sigma}}{\mathrm{j}X_{1\Sigma}+\mathrm{j}\dfrac{X_{2\Sigma}X_{0\Sigma}}{X_{2\Sigma}+X_{0\Sigma}}} \tag{4-39}$$

$$\begin{cases}\dot{I}_{a2}=-\dot{I}_{a1}\dfrac{X_{0\Sigma}}{X_{0\Sigma}+X_{2\Sigma}}\\ \dot{I}_{a0}=-\dot{I}_{a1}\dfrac{X_{2\Sigma}}{X_{0\Sigma}+X_{2\Sigma}}\end{cases} \tag{4-40}$$

故障相的短路电流为

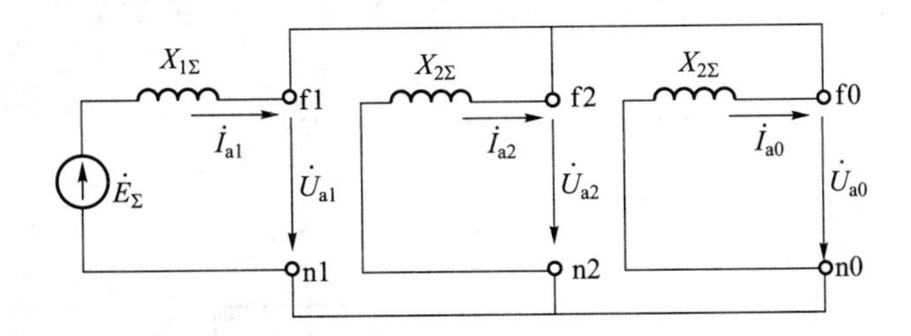

图 4-12　两相短路接地时的复合序网故障示意图

$$
\begin{cases}
\dot{I}_{b}=a^{2}\dot{I}_{a1}+a\dot{I}_{a2}+\dot{I}_{a0}=a^{2}\dot{I}_{a1}-a\dot{I}_{a1}\dfrac{X_{0\Sigma}}{X_{2\Sigma}+X_{0\Sigma}}-\dot{I}_{a1}\dfrac{X_{2\Sigma}}{X_{2\Sigma}+X_{0\Sigma}}=\dot{I}_{a}\left(a^{2}-\dfrac{X_{2\Sigma}+aX_{0\Sigma}}{X_{2\Sigma}+X_{0\Sigma}}\right)\\
\dot{I}_{c}=a\dot{I}_{a1}+a^{2}\dot{I}_{a2}+\dot{I}_{a0}=a\dot{I}_{a1}-a^{2}\dot{I}_{a1}\dfrac{X_{2\Sigma}}{X_{2\Sigma}+X_{0\Sigma}}-\dot{I}_{a1}\dfrac{X_{0\Sigma}}{X_{2\Sigma}+X_{0\Sigma}}=\dot{I}_{a}\left(a-\dfrac{X_{2\Sigma}+a^{2}X_{0\Sigma}}{X_{2\Sigma}+X_{0\Sigma}}\right)
\end{cases}
\tag{4-41}
$$

将 $a=-\dfrac{1}{2}+\mathrm{j}\dfrac{\sqrt{3}}{2}$，$a^{2}=-\dfrac{1}{2}-\mathrm{j}\dfrac{\sqrt{3}}{2}$代入式(4-41)中，并将等式两端取模，整理后可得短路处故障相短路电流有效值为

$$I_{f}^{(1,1)}=I_{b}=I_{c}=\sqrt{3}\sqrt{1-\frac{X_{2\Sigma}X_{0\Sigma}}{(X_{2\Sigma}+X_{0\Sigma})^{2}}}I_{a1} \tag{4-42}$$

两相短路接地时，流入地中的电流为

$$\dot{I}_{g}=\dot{I}_{b}+\dot{I}_{c}=3\dot{I}_{0}=-3\dot{I}_{a1}\frac{X_{0\Sigma}}{X_{2\Sigma}+X_{0\Sigma}} \tag{4-43}$$

由复合序网可求得短路处电压的各序分量为

$$\dot{U}_{a1}=\dot{U}_{a2}=\dot{U}_{a0}=\mathrm{j}\frac{X_{2\Sigma}X_{0\Sigma}}{X_{2\Sigma}+X_{0\Sigma}}\dot{I}_{a1} \tag{4-44}$$

短路点非故障相电压为

$$\dot{U}_{a}=3\dot{U}_{a1}=\mathrm{j}\frac{3X_{2\Sigma}X_{0\Sigma}}{X_{2\Sigma}+X_{0\Sigma}}\dot{I}_{a1}=\dot{E}_{\Sigma}\frac{3X_{2\Sigma}X_{0\Sigma}}{X_{1\Sigma}X_{2\Sigma}+X_{1\Sigma}X_{0\Sigma}+X_{2\Sigma}X_{0\Sigma}} \tag{4-45}$$

图 4-13 所示为两相短路接地时故障处的电压、电流相量图。由于单相接地短路与两相接地短路的电压、电流存在对偶关系，若将单相接地短路时的电压和电流相量图对调，即为两相接地短路时的电压、电流相量图。

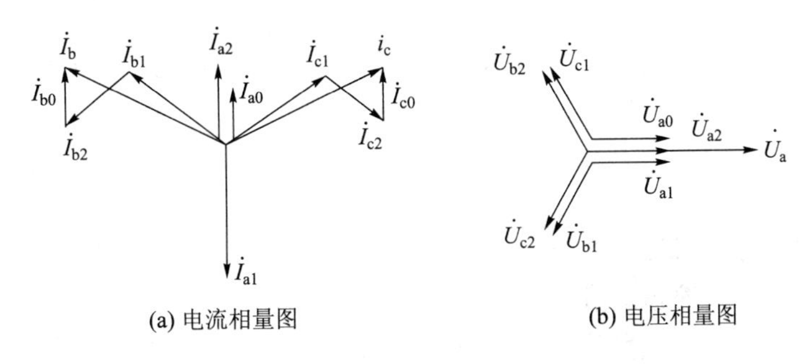

图 4-13　两相短路接地时故障处的电压、电流相量图

【例 4-1】在图 4-14 所示的电力系统中,已知各元件的接线和参数的标幺值如下:

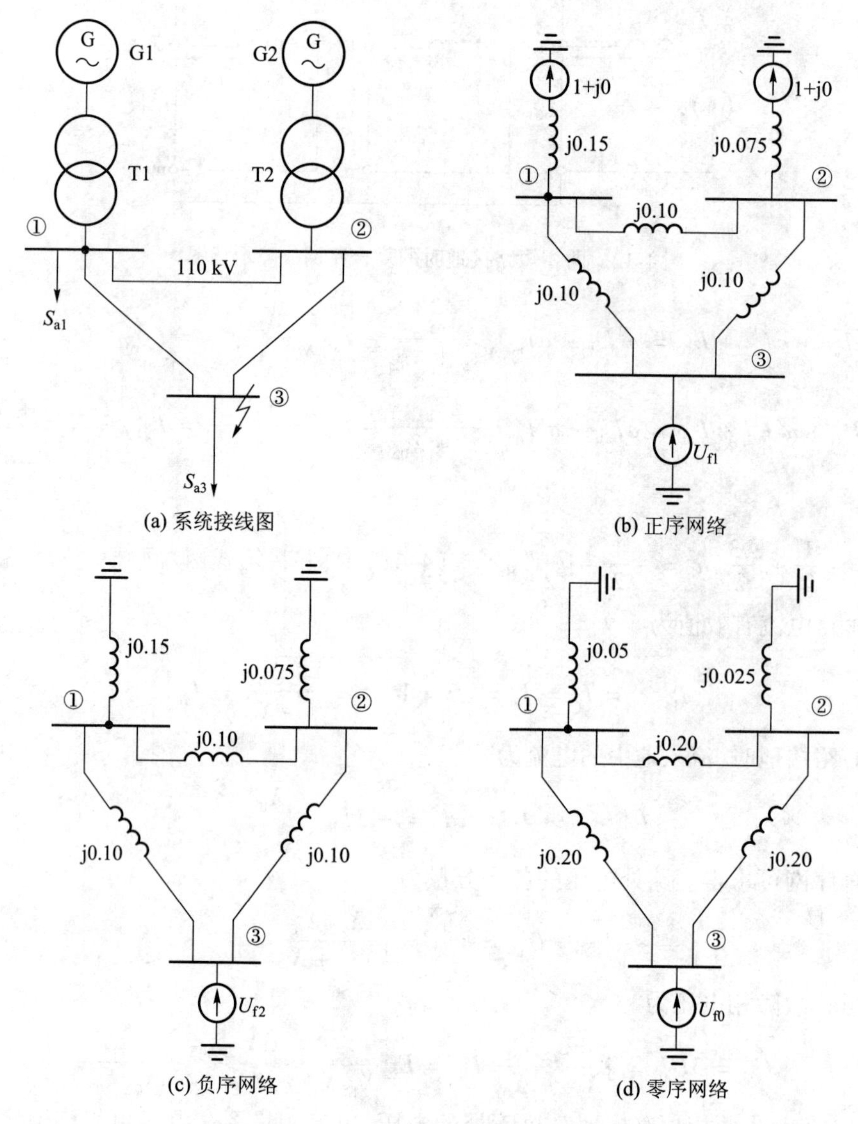

(a) 系统接线图 (b) 正序网络 (c) 负序网络 (d) 零序网络

图 4-14 系统的接线图及各序网络

(1)发电机 G1 和 G2 中性点均不接地,它们的次暂态电抗分别为 0. 1 Ω 和 0. 05 Ω,负序电抗近似等于次暂态电抗;

(2)变压器 T1 和 T2 均为 YNd11 接线(发电机侧为三角形),它们的电抗分别为 0. 05 Ω 和 0. 025 Ω;

(3)三条线路完全相同,其正序电抗为 0. 1 Ω,零序电抗为 0. 2 Ω,忽略线路的电阻和电容。

假定短路前系统为空载,计算当节点 3 分别发生单相短路接地、两相短路和两相短路接地时,短路点电流和电压的起始值。

解:(1)形成系统的正序、负序和零序网络,如图 4-14(b)、(c)、(d)所示。注意,由于发电机的中性点不接地,且变压器在发电机侧为三角形接线,因此,在零序网络中,变压器的等值阻抗在发电机侧接地。

(2)短路前的系统运行状态。由于假定短路前为空载,因此,在短路前所有节点的电压都相等(假定电压标幺值为 1),电流均为 0,即$\dot{E}''_{G1}=\dot{E}''_{G2}=1+\mathrm{j}0$ 而且$\dot{U}_{f0}=1+\mathrm{j}0$。

(3)计算三个序网对故障端口的等值阻抗。将正序网络中各电源短路,并逐步消去除短路点以外的所有其他节点,其过程如图 4-15(a)所示,从而得到正序网络等值阻抗$Z_{1\Sigma}=\mathrm{j}0.1015$,负序等值阻抗与正序相等,零序等值阻抗如图 4-15(b)所示,$Z_{0\Sigma}=\mathrm{j}0.1179$。

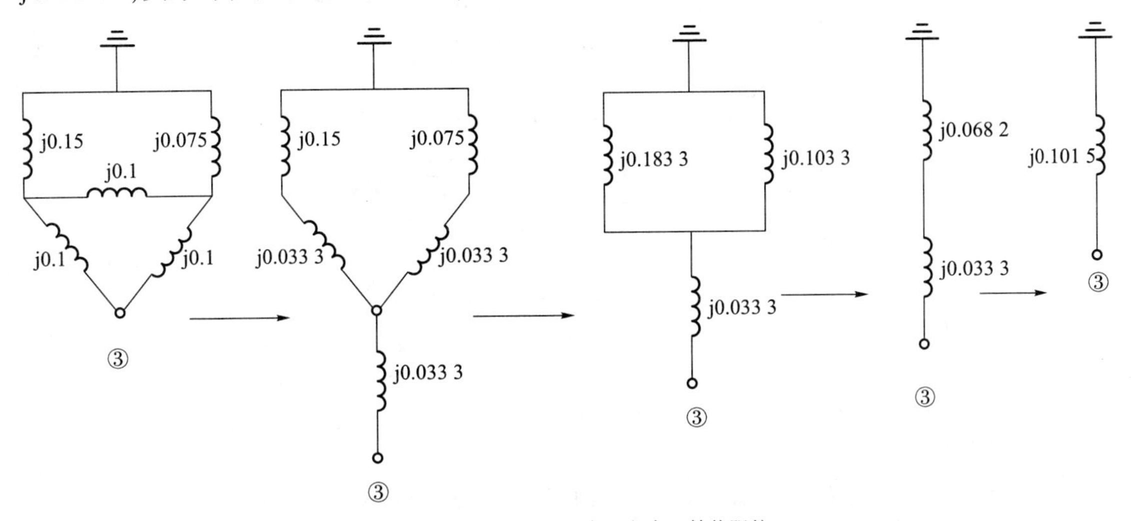

(a) 正序（负序）等值阻抗

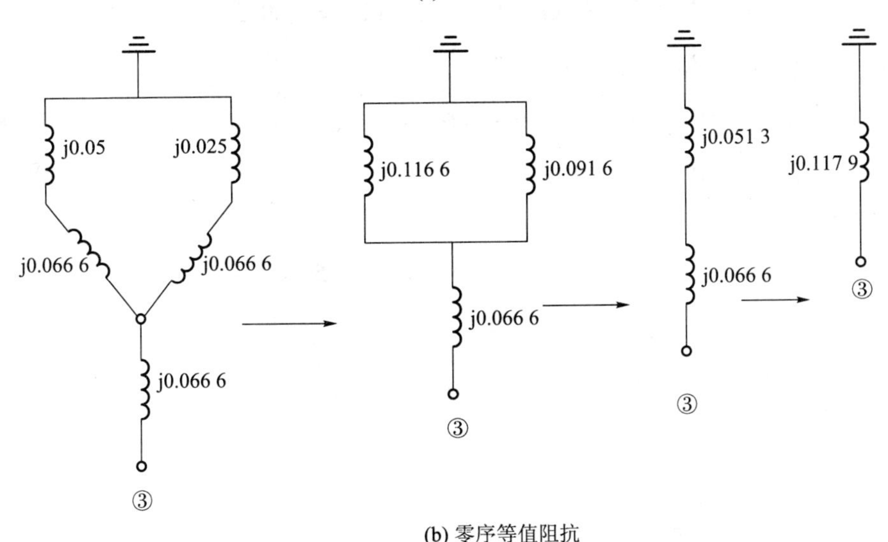

(b) 零序等值阻抗

图 4-15　正序(负序)零序等值阻抗计算示意图

(4)计算短路点各序和各相电流:

①a 相短路接地:

$$\dot{I}_{f1}=\dot{I}_{f2}=\dot{I}_{f0}=\frac{1}{\mathrm{j}(0.1015+0.1015+0.1179)}=-\mathrm{j}3.12$$

$$\dot{I}_{fa}=3\dot{I}_{f1}=3\times(-\mathrm{j}3.12)=-\mathrm{j}9.36;\ \dot{I}_{fb}=\dot{I}_{fc}=0$$

②b、c 两相短路时,各序电流:

$$\dot{I}_{f1} = -\dot{I}_{f2} = \frac{1}{j(0.1015 + 0.1015)} = -j4.93;\dot{I}_{f0} = 0$$

$$\dot{I}_{fa} = 0;\dot{I}_{fb} = -j\sqrt{3}\,\dot{I}_{f1} = -8.54;\dot{I}_{fc} = 8.54$$

③b、c 两相短路接地时,各序电流:

$$\dot{I}_{f1} = \frac{1}{j0.1015 + \dfrac{j(0.1015 + 0.1179)}{j(0.1015 + 0.1179)}} = -j6.41$$

$$\dot{I}_{f2} = j6.41 \times \frac{j0.1179}{j(0.1015 + 0.1179)} = j3.44$$

$$\dot{I}_{f0} = j6.41 \times j0.1015 + \frac{j0.1015}{j(0.1015 + 0.1179)} = j2.97$$

$$\dot{I}_{fa} = 0$$

$$\dot{I}_{fb} = a^2\dot{I}_{f1} + a\dot{I}_{f2} + \dot{I}_{f0} = -8.53 + j4.45$$

$$\dot{I}_{fc} = a\dot{I}_{f1} + a^2\dot{I}_{f2} + \dot{I}_{f0} = 8.53 + j4.45$$

(5)计算短路点处非故障相的相电压。

①a 相短路接地:

$$\dot{U}_{f1} = \dot{U}_{f} - j\dot{I}_{f1}Z_{1\Sigma} = 1 - j0.1015(-j3.12) = 1 - j0.684$$

$$\dot{U}_{f2} = -j\dot{I}_{f2}Z_{2\Sigma} = -j0.1015(-j3.12) = -j0.316$$

$$\dot{U}_{f0} = -j\dot{I}_{f0}Z_{0\Sigma} = -j0.1179(-j3.12) = -j0.866$$

$$\dot{U}_{fb} = a^2\dot{U}_{f1} + a\dot{U}_{f2} + \dot{U}_{f0} = -0.551 - j0.866$$

$$\dot{U}_{fc} = -0.551 + j0.866$$

②b、c 两相短路:

$$\dot{U}_{f1} = \dot{U}_{f2} = -j4.93 \times j0.1015 = 0.5$$

$$\dot{U}_{fa} = \dot{U}_{f1} + \dot{U}_{f2} = 1$$

$$\dot{U}_{fb} = (a^2 + a)\,\dot{U}_{f1} = -0.5$$

$$\dot{U}_{fc} = -0.5$$

③b、c 两相短路接地:

$$\dot{U}_{f1} = \dot{U}_{f2} = \dot{U}_{f0} = -j3.44 \times j0.1015 = 0.35$$

$$\dot{U}_{fa} = 3\dot{U}_{f1} = 3 \times 0.35 = 1.05$$

第5章 继电保护基础

5.1 电力系统继电保护基本概念与要求

5.1.1 电力系统继电保护的任务和作用

电力系统运行中的各种电气设备可能会出现不正常工作和故障状态。不正常工作状态是指电气设备超出其额定工况参数运行,在一段时间内,设备还可以继续运行的一种工作状态。例如,过负荷、过电压、系统振荡等。故障状态主要是指各种类型的短路,例如,三相短路、两相短路、单相接地短路、两相接地短路。其中,最常见的故障是单相接地短路。电力系统发生短路时,不仅使电力系统电流增加、电压降低,而且会造成人身伤亡及设备损坏后果,使电能质量降低,影响电力系统运行的稳定性。

5.1.2 继电保护的基本原理及组成

电力系统发生短路故障时,许多参量与正常时相比有了变化,只要找出正常运行与故障时系统中电气量(非电气量)的变化特征或差异,组成某种判据,就可实现某种保护。

例如,根据短路电流较正常电流升高的特点,可构成过电流保护;利用短路时母线电压降低的特点,可构成低电压保护;利用电压与电流之间的相位差的改变,可构成方向保护。除此之外,根据线路内部短路时,两侧电流相位差变化,可构成差动原理的保护;根据故障时变压器油内产生的气体,可构成气体保护。

继电保护装置一般由测量元件、逻辑元件和执行元件三部分组成,如图5-1所示。

(1)测量元件。测量从被保护对象输入的有关参数量(如电流、电压、功率方向等),并与设定的整定值进行比较,将比较结果输出至逻辑元件。一般由电流、电压、功率、阻抗或差动继电器等组成。

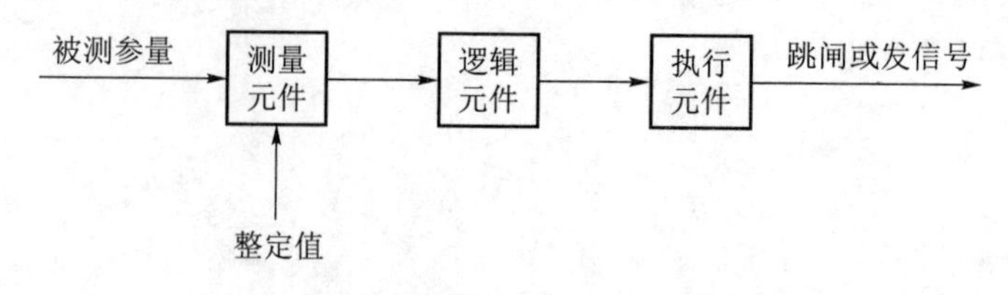

图5-1 继电保护装置基本组成框图

(2)逻辑元件。根据测量元件输出判别是否发生故障或不正常工作状态,最后确定是否应跳闸或发信号,并将有关命令输出至执行元件。一般由时间继电器、各种数字门电路和比较电路等组成。

(3)执行元件。根据逻辑元件输出的信号,最后完成保护装置所担负的任务。故障时跳闸、不正常工作时发信号、正常运行时不动作,一般由中间继电器、信号继电器组成。

①电磁式继电器的结构及工作原理。电磁式继电器基本结构如图5-2所示,分别为螺管线圈式、吸引衔铁式、转动舌片式。其主要构成元件有电磁铁1、可动衔铁2、线圈3、触点4、弹簧5和止挡6。其中,触点分为动合触点和动断触点。动合触点是指继电器线圈未带电时打开的一对触点;动断触点是指继电器线圈未带电时闭合的一对触点。

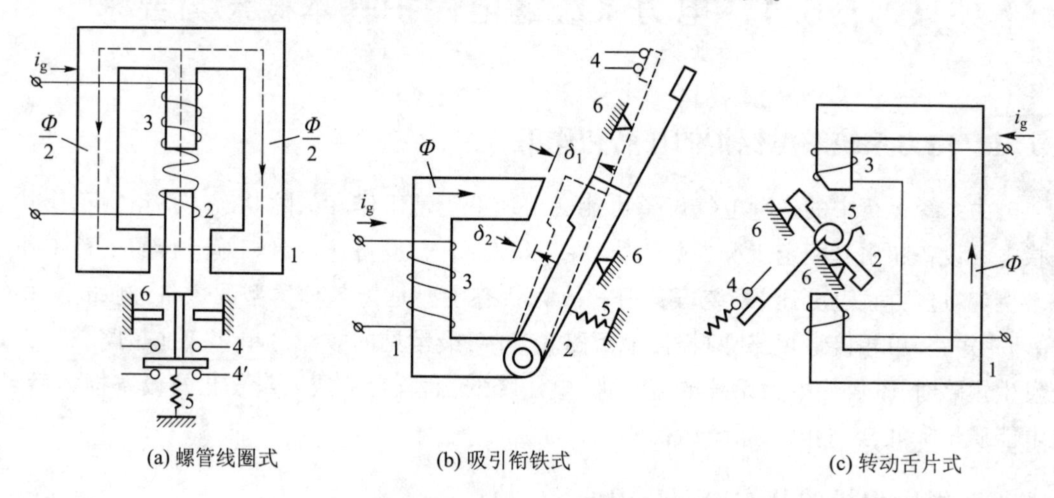

(a) 螺管线圈式
(b) 吸引衔铁式
(c) 转动舌片式

图5-2 电磁型继电器基本结构

1—电磁铁;2—可动衔铁;3—线圈;4—触点;5—弹簧;6—止挡

以吸引衔铁式为例,说明其工作原理。当继电器线圈3通入交流电流i_g时,产生磁通Φ。Φ经电磁铁1、可动衔铁2和气体形成回路,衔铁被磁化产生电磁转矩M_e。当$M_e \geqslant M_s + M_f$(M_s是弹簧反作用力矩,M_f是摩擦力矩)时,可动衔铁被吸引,带动其上面的可动触点动作,则继电器动作;当电磁转矩$M_e \leqslant M_s - M_f$时,可动衔铁在弹簧的反作用力作用下,被拉回原位,则继电器返回。

②电磁式过电流继电器。它是反映被保护元件电流升高而动作的一种继电器,基本结构如图5-2(c)所示。当其线圈通以交流电流i_g时,产生电磁转矩为

$$M_e = K_1 \Phi^2 = K_1 \left(\frac{N}{R_m} I_g \right)^2 = K_2 I_g^2 \tag{5-1}$$

式中 R_m——磁路的磁阻；

N——线圈的匝数；

K_1——电磁转矩与磁通的比例系数；

K_2——系数，当磁阻一定时，K_2 为常数。

当电磁转矩$M_e \geqslant M_s + M_f$时，使电磁式过电流继电器动合触点闭合的最小电流称为电流继电器的动作电流（$I_{g.oper}$）；当电磁转矩$M_e \leqslant M_s - M_f$时，使电流继电器动合触点打开的最大电流称为电流继电器的返回电流（$I_{g.re}$）；电流继电器的返回电流与动作电流的比值，称为电流继电器的返回系数（K_{re}）。

要注意由于摩擦力矩和剩余力矩的作用，使电流继电器的返回系数小于1。

③电磁式电压继电器。它分为低电压继电器和过电压继电器，过电压继电器的工作原理与过电流继电器类似，不进行具体介绍，这里着重介绍低电压继电器。电磁式低电压继电器是反映被保护元件电压降低而动作的一种继电器。低电压继电器基本结构如图5-2(c)所示。当其线圈通以电压U_g时，产生电磁转矩为

$$M_e = K_3\left(\frac{U_g}{Z_g}\right)^2 = K_4 U_g^2 \tag{5-2}$$

式中，Z_g为低电压继电器线圈阻抗 K_3 为比例系数；K_4 为系数，当磁阻一定时，K_4 为常数。

使低电压继电器动断触点闭合的最大电压称为低电压继电器的动作电压（$U_{g.oper}$）；使低电压继电器动断触点打开的最小电压称为低电压继电器的返回电压（$U_{g.re}$）。低电压继电器的返回电压与动作电压的比值，称为低电压继电器的返回系数（K_{re}）。电磁式低电压继电器的返回系数大于1。

④电磁式时间继电器。它用于建立保护所需要的动作时间。按线圈通入的电压性质不同分为：直流型时间继电器和交流型时间继电器。时间继电器由一个电磁启动机构带动钟表机构构成，电磁启动机构采用螺杆线圈式结构。它一般具有一对瞬时动作的动合触点（瞬动触点）、一对延时闭合的动合触点（延时动合触点）。根据不同的要求，有的时间继电器还带有一对滑动延时动合触点。通过改变动、静触点间的距离，可以改变时间继电器的整定时限。

当螺管线圈通上规定值的电压时，电磁力克服弹簧力将衔铁吸入线圈，连杆被释放，同时上紧钟表机构的发条，钟表机构带动可动触点，逆时针匀速转动，经整定延时，动、静触点接触，继电器动作；当降低或去掉电压时，弹簧将衔铁与连杆顶回原位，继电器返回。

为了缩小时间继电器的尺寸，继电器的线圈一般按短期通电设计。当需要长期（大于30 s）加入电压时，将外接附加电阻串入继电器线圈回路，以保证继电器的热稳定。

⑤信号继电器。它的作用是反映并记忆继电保护装置的工作状态。当继电保护装置动作后，信号继电器动作，其触点启动灯光及音响信号装置。

按线圈通入量性质的不同，信号继电器分为直流型信号继电器和交流型信号继电器；按线圈通入电压或电流的不同，信号继电器分为电压型信号继电器和电流型信号继电器。

⑥中间继电器。它一般作为保护出口回路的继电器，用来启动断路器操作机构分、合闸回路，或扩展前级继电器触点对数或触点容量。该继电器触点一般既有动合触点，也有动断触点，触点的数目多、容量大。

按线圈通入电压量性质的不同,中间继电器分为直流型中间继电器和交流型中间继电器;按中间继电器触点闭合(断开)的时间快慢,中间继电器分为瞬时动作、瞬时返回、延时动作和延时返回的中间继电器。

5.1.3 对电力系统继电保护装置的基本要求

为了实现继电保护的基本任务,对动作于跳闸的继电保护,在技术上一般应满足四个基本要求,即选择性、速动性、灵敏性、可靠性。

(1)选择性:是指电力系统发生故障时,保护装置仅将故障元件切除,使非故障元件仍能继续运行,尽量缩小停电范围。下面以图5-3为例来说明保护的选择性。当k1短路时,应该由距故障点最近的保护1、2动作,使1QF、2QF跳闸,切除故障线路,使停电范围最小。因此,保护1、2是有选择性的动作,它满足了选择性的要求。当k2短路时,保护2、4、7同时动作,使2QF、4QF、7QF跳闸,切除故障线路,但停电范围扩大了,此时保护2、4、7的动作称为无选择性的动作。当k3短路时,保护7、8动作跳开7QF、8QF,都是有选择性的动作;若k3短路,保护7或7QF拒动,由保护5、8动作跳开5QF、8QF,切除故障线路,即使停电范围扩大了,但保护5的动作也是有选择性的动作,此时保护5做了保护7的远后备保护。

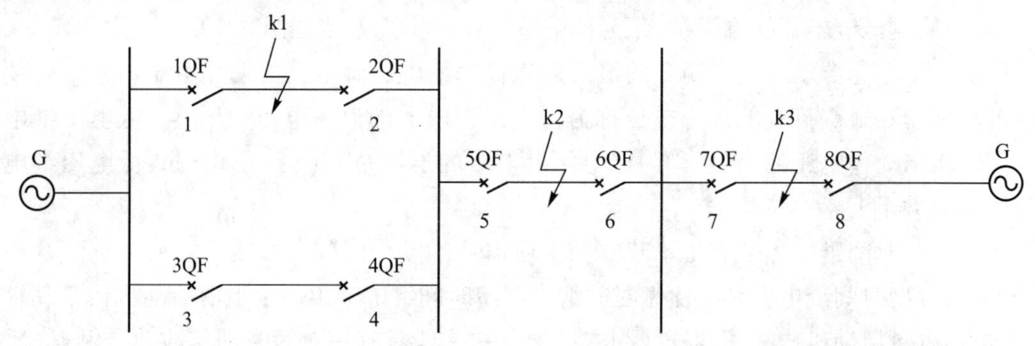

图5-3 保护选择性说明图

(2)速动性:是指保护快速切除故障的性能。当系统发生故障时,保护切除故障时间缩短,可以提高系统并列运行的稳定性;减少用户在低电压下的工作时间,减少故障件的损坏程度,避免故障进一步扩大。故障切除时间包括继电保护动作时间和断路器的全跳闸时间。而断路器的全跳闸时间包括其固有分闸时间和燃弧时间。一般的快速保护动作时间为0.06~0.123 s,最快的可达0.01~0.04 s;断路器的全跳闸时间为0.06~0.15 s,最快的可达0.02~0.06 s。

(3)灵敏性:是指在规定的保护范围内,保护对故障情况的反应能力。只要短路点在保护装置规定的范围内,不论其位置与短路的类型如何,都能正确地反映出来。通常,灵敏性用灵敏系数(灵敏度)K_m来衡量。在计算保护的灵敏系数时,可按如下原则考虑:

①在可能的运行方式下,选择最不利于保护动作的运行方式。

②在所有短路类型中,选择最不利于保护动作的短路类型。

③在保护区内,选择最不利于保护动作的那点作为灵敏度校验点。

在《继电保护和安全自动装置技术规程》(GB/T 14285—2006)中,对各类保护的灵敏系数都进行了具体规定，在具体装置的灵敏度校验时可按照规程规定的灵敏系数来校验。

(4)可靠性：是要求继电保护在规定的保护范围内发生了应该动作的故障时，它能可靠动作，即不发生拒绝动作(拒动)；而在不该动作时，它能可靠不动，即不发生错误动作(简称误动)。影响保护可靠性的因素有内在和外在两种。内在的因素主要是装置本身的质量，例如：保护原理是否成熟、所用元件好坏、结构设计是否合理、制造工艺水平高低等；外在的因素主要由保护的整定值、运行维护水平、调试和安装是否正确等确定。

从保护设计与运行的角度上看，很难同时满足上述四项基本要求。因此，对继电保护的设计和评价往往是结合具体情况，协调各项性能之间的关系，达到保证电力系统安全运行的目的。

5.1.4　继电保护技术的发展概况

继电保护技术的发展不但伴随电力系统发展而发展，而且与电子技术、计算机技术、通信技术的发展有着密切关系。从继电保护原理方面来看，发展过程可分为过电流保护、方向性电流保护、距离保护、差动保护、高频保护、微波保护和行波保护；从继电保护装置结构方面来看，其发展过程可分为五个阶段：机电型保护阶段、整流型保护阶段、晶体管型保护阶段、集成电路型保护阶段、微机型保护阶段。

微机型保护与以往的各种类型的继电保护相比，保护功能是依赖软件算法实现的，硬件电路一般由芯片组成。微机型保护具有灵活性大、可靠性高、数字通信、自检测、越限报警、易于功能拓展和维护调试方便等优点，在高压及超高压电网中得到广泛应用。

5.2　输电线路的继电保护

5.2.1　输电线路的电流保护

相间短路的电流保护一般适用于单电源辐射网的电力线路接线，是反映电力线路相间短路的一种电流保护。根据保护的动作时间不同分为无时限电流速断保护(电流保护Ⅰ段)、限时电流速断保护(电流保护Ⅱ段)和定时限过电流保护(电流保护Ⅲ段)。三种电流保护组合在一起构成了三段式电流保护。其中，限时电流速断保护作为无时限电流速断保护的后备保护，而定时限过电流保护作为无时限电流速断保护、限时电流速断保护的后备保护。

1. 无时限电流速断保护

它是反映电流升高而不带时间动作的一种电流保护。图 5-4 为无时限电流速断保护单相原理接线图。其中，KA 为电流继电器，KM 为中间继电器，KS 为信号继电器，YT 为线路断路器操作机构的跳闸线圈，QF 为断路器一对动合辅助触点，TA 为保护用电流互感器。

以图 5-5 为例说明无时限电流速断保护工作原理。当线路上发生三相短路时，流过保护 1 的短路电流为

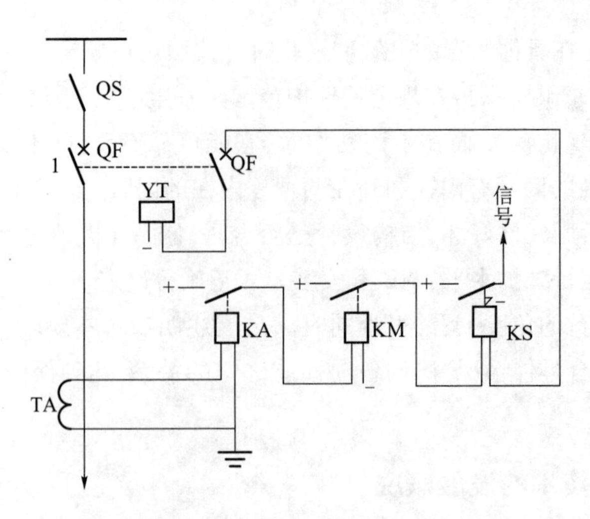

图 5-4 无时限电流速断保护单相原理接线图

$$I_{\mathrm{k}}^{(3)}=\frac{E_{\mathrm{M}}}{Z_{\Sigma}}=\frac{E_{\mathrm{M}}}{Z_{\mathrm{M}}+Z_{\mathrm{k}}} \tag{5-3}$$

式中 E_{M}——等效电源的相电动势；

Z_{M}——等效电源正序阻抗；

Z_{k}——线路正序阻抗，与保护安装处至短路点之间的距离 L 成正比。

由式(5-3)可见，当系统运行方式一定时，三相短路电流是短路点至保护安装处间距离 L 的函数。曲线 1 表示系统在最大运行方式下，流过保护的三相短路电流$I_{\mathrm{k}}^{(3)}$随 L 的变化曲线；曲线 2 是系统在最小运行方式下，流过保护的两相短路电流$I_{\mathrm{k}}^{(3)}$随 L 的变化曲线。

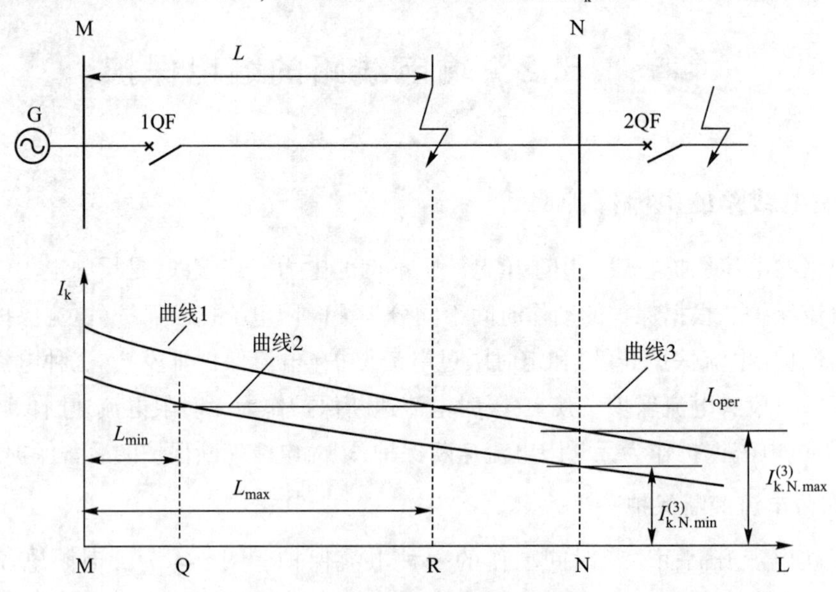

图 5-5 无时限电流保护工作原理

线路 MN 末端发生短路故障时，M 处无时限电流速断保护按照选择性要求，短路电流$I_{\mathrm{k}}^{(3)}$超过保护动作电流I_{oper}，KA 动合触点闭合，启动中间继电器 KM，KM 动合触点闭合将正电源接入 KS 线圈，通过断路器的动合辅助触点 QF 与线圈 YT 构成通路，断路器将正电源接入 KS

线圈切除故障;当相邻线路首端(出口处)发生短路故障时,M 处保护不应动作,由 N 处保护动作切除故障。由于本线路末端和相邻线路首端距离较近,所以流经 M 处保护的短路电流近似相等,M 处保护无法区分这两处的短路故障。为了保证选择性,电流速断保护的动作电流应躲过下一线路首端短路时流过 M 处保护的短路电流。

取$I_{oper} > I_{k.N.max}^{(3)}$,把它写成等式关系,如下:

$$I_{oper} = K_{rel}^{1} I_{k.N.max}^{(3)} \tag{5-4}$$

式中 $I_{k.N.max}^{(3)}$——最大运行方式下,被保护线路末端 N 发生金属性三相短路时,流过保护装置的最大短路电流;

K_{rel}^{1}——可靠系数,一般取 1.2~1.3。

由式(5-4)可知,无时限电流速断保护的选择性是靠保护的动作电流来保证的,它不能保护本线路全长。在图 5-5 中的动作电流I_{oper}为直线 3,此直线 3 与曲线 1 和曲线 2 各有一个交点,对应这两点,保护有最大L_{max}和最小L_{min}保护范围。无时限电流速断保护的灵敏性是用最小保护范围来衡量的,最小保护范围不应小于线路全长的 15%~20%。无时限电流速断保护的保护范围,受系统运行方式的影响而发生变化。

2. 限时电流速断保护

由于无时限电流速断保护不能保护本线路全长,所以必须增设第二套电流速断保护。它不但能保护无时限电流速断保护范围的死区部分,也能保护本线路全长,并作为无时限电流速断保护的后备保护。当短路点在本线路无时限电流速断保护范围内时,为防止先于无时限电流速断保护动作,第二套电流速断保护必须带有时限。另外,为了满足速动性的要求,所带时限必为较小的时限。因此,把第二套电流速断保护称为限时电流速断保护。

限时电流速断保护的原理接线图如图 5-6 所示。其中,KA 为电流继电器、KT 为时间继电器、KS 为信号继电器、YT 为线路断路器操作机构的跳闸线圈、QF 为断路器一对动合辅助触点、TA 为保护用电流互感器。

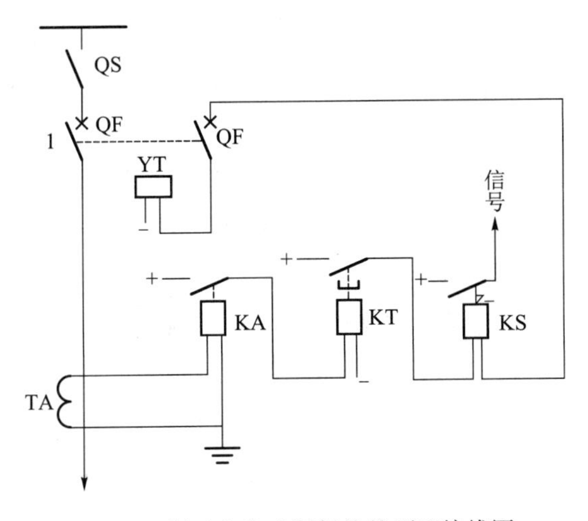

图 5-6 限时电流速断保护的原理接线图

限时电流速断保护的工作原理如图 5-7 所示。线路 MN、NO 上无时限电流速断保护的动作电流分别为$I_{\text{oper.1}}^{\text{I}}$和$I_{\text{oper.2}}^{\text{I}}$，它们与短路电流曲线$I_{\text{k}}=f(L)$分别交于$k$、$n$两点，其保护范围分别为$L_1^{\text{I}}$，$L_2^{\text{I}}$。为使MN线路限时电流速断保护能保护本线路全长，其保护范围L_1^{II}必然延伸到相邻线路NO上去。为了满足选择性的要求，MN线路限时电流速断保护动作电流$I_{\text{oper.1}}^{\text{II}}$，应同相邻线路NO上的无时限电流速断保护动作电流$I_{\text{oper}}^{\text{I}}$配合整定，即

$$I_{\text{oper.1}}^{\text{II}} = K_{\text{rel}}^{\text{II}} I_{\text{oper.2}}^{\text{I}} \tag{5-5}$$

式中　$K_{\text{rel}}^{\text{II}}$——可靠系数，一般取1.1～1.2。

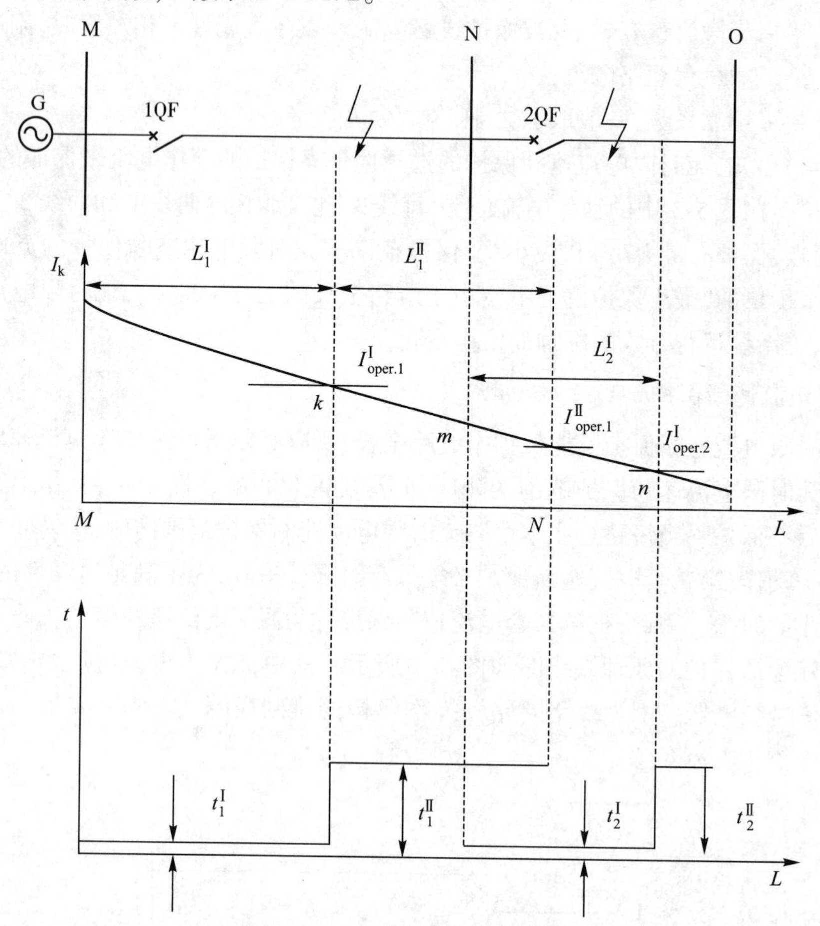

图5-7　限时电流保护的工作原理

线路MN限时电流速断保护I与短路电流曲线$I=f(L)$交于m点，其保护范围延伸到相邻线路NO上。当线路NO出口处发生短路故障时，线路MN限时电流速断保护与线路NO无时限电流速断保护同时启动。为满足选择性要求，线路MN限时电流速断保护动作时限t_1^{II}，应比相邻线路NO无时限电流速断保护动作时限t_2^{I}大一个时限级差Δt，即

$$t_1^{\text{II}} = \Delta t + t_2^{\text{I}} \tag{5-6}$$

式中，Δt与线路断路器及其操动机构、故障线路保护有关，一般Δt在0.35～0.6 s范围内，通常取0.5 s。

限时电流速断保护在任何情况下能否保护线路的全长，还需进行灵敏度校验。为了保护线路全长，限时电流速断保护必须在最小运行方式下，被保护线路MN末端发生两相短路时，

具有足够的反应能力，通常用灵敏系数K_{sen1}^{II}来衡量，即

$$K_{sen1}^{\mathrm{II}} = \frac{I_{k.N.min}^{(2)}}{I_{oper.1}^{\mathrm{II}}} \geqslant 1.3 \sim 1.5 \tag{5-7}$$

式中　$I_{k.N.min}^{(2)}$——系统最小运行方式下，被保护线路 MN 末端发生两相金属性短路故障时流经保护的电流。

当灵敏系数小于规定值时，线路 MN 的限时电流速断保护可与相邻线路 NO 的限时电流速断保护配合，即保护动作电流、动作时限均与相邻线路 NO 的限时电流速断保护配合整定，即

$$\begin{cases} I_{oper}^{\mathrm{II}} = K_{rel}^{\mathrm{II}} I_{oper}^{\mathrm{II}} \\ t_1^{\mathrm{II}} = \Delta t + t_2^{\mathrm{II}} \end{cases} \tag{5-8}$$

分析可见，限时电流速断保护的选择性是靠动作电流和时限特性的配合来保证的。

3. 定时限过电流保护

虽然限时电流速断保护能保护本线路的全长，但它不能作为相邻线路保护的后备。所以必须增设第三套电流保护，即定时限过电流保护。它不仅能保护本线路全长（近后备保护），还能保护相邻线路的全长（远后备保护）。定时限过电流保护的组成与限时电流速断保护相同，如图 5-8 所示。

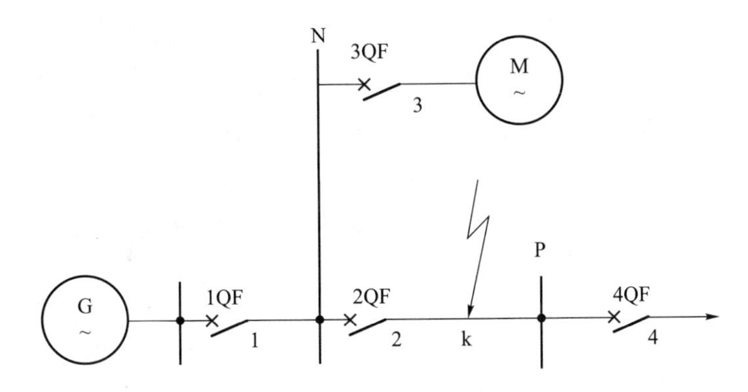

图 5-8　定时限过电流保护动作电流整定说明图

定时限过电流保护 1 的动作电流$I_{oper.1}$整定原则要考虑以下两个条件。

（1）为确保过电流保护在正常运行时不动作，其动作电流应大于本线路上的最大负荷电流$I_{1.max}$，即

$$I_{oper.1} > I_{1.max} \tag{5-9}$$

（2）相邻线路短路故障切除后，已动作的定时限过电流保护应能可靠返回。如图 5-8 所示，当 k 点短路故障时，保护 1、2 都要启动，变电所 N 母线上所接电动机被制动。按选择性要求保护 2 动作切除故障，保护 1 由于线路电流减小而返回。由于故障切除，电压恢复时，电动机存在自启动过程，流经保护 1 的电动机自启动电流可能大于本线路上的最大负荷电流，即

$$I_{ss.max} = K_{ss} I_{l.max} \tag{5-10}$$

式中 $I_{ss.max}$——最大自启动电流；

K_{ss}——自启动系数，它由网络接线和负荷性质确定，一般取1.5～3。

使保护1在$I_{ss.max}$作用下能可靠返回，保护的返回电流I_{re}应大于$I_{ss.max}$，即

$$I_{re} = K_{rel} K_{ss} I_{l.max} \tag{5-11}$$

定时限过电流保护的返回系数为

$$K_{re} = \frac{I_{re}}{I_{oper.1}} \tag{5-12}$$

定时限过电流保护1的动作电流为

$$I_{oper.1} = \frac{K_{rel} K_{ss}}{K_{re}} I_{l.max} \tag{5-13}$$

式中 K_{rel}——可靠系数，一般取1.15－1.25；

K_{re}——返回系数，一般取0.85。

以图5-9为例，对定时限过电流保护动作时限进行整定。线路上均装设定时限过电流保护。当k点短路故障时，保护1、2在短路电流作用下都启动，按选择性要求，保护1和2的动作时限要满足$t_1 = t_2 + \Delta t$。依此类推，上一级保护的动作时限与下一级保护的动作时限的关系如下

$$t_h = t_{b.max} + \Delta t \tag{5-14}$$

式中 $t_{b.max}$——下一级线路定时限过电流保护最大动作时限。

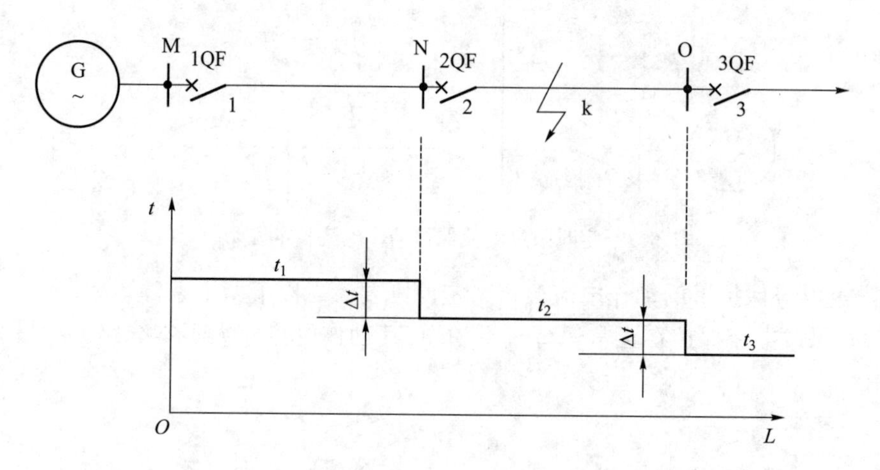

图5-9 定时限过电流保护的动作时限特性

从线路的最末一级开始，保护的动作时限向电源方向逐级增加一个Δt，越靠近电源时限越长，此特性称为阶梯时限特性。由于此电流保护的动作时限与短路电流的大小无关，故称为定时限过电流保护。

以图5-9为例，对定时限过电流保护1进行灵敏度校验。校验时要考虑以下两种情况：

（1）定时限过电流保护作为本线路的近后备保护时，其校验点应选在本线路末端。其灵敏度系数为

$$K_{sen.1}=\frac{I_{k.N.min}^{(2)}}{I_{oper.1}}\geqslant 1.3\sim 1.5 \tag{5-15}$$

式中　$I_{k.N.min}^{(2)}$——系统最小运行方式下，被保护线路 MN 末端发生两相金属性短路故障时流经保护的电流。

（2）定时限过电流保护作为相邻元件的远后备保护时，其校验点应选在相邻线路（元件）末端。其灵敏度系数为

$$K_{sen.1}=\frac{I_{k.P.min}^{(2)}}{I_{oper.1}}\geqslant 1.2 \tag{5-16}$$

式中　$I_{k.P.min}^{(2)}$——系统最小运行方式下，被保护线路 NP 末端发生两相金属性短路故障时流经保护的电流。

定时限过电流保护的选择性是依靠保护的动作电流和动作时限来共同满足。

4. 电流保护的接线方式

电流保护的接线方式，是指电流保护中电流继电器线圈与电流互感器二次绕组之间的连接方式。一般主要有以下 3 种接线方式：

（1）三相三继电器完全星形接线，如图 5-10（a）所示。将 3 台电流互感器二次绕组和 3 个电流继电器的电流线圈分别按相连接在一起，接成星形。此种接线方式不仅能反映各种相间短路故障，也能反映各种接地短路故障。因此，在大接地电流系统中被广泛采用。其接线系数$K_{con}=1$（流入电流继电器中的电流与电流互感器二次绕组中的电流比值）。引入接线系数后，电流保护的一次动作电流I_{oper}与电流继电器的动作电流$I_{g.oper}$之间的关系如下：

$$I_{g.oper}=K_{con}\cdot\frac{I_{oper}}{n_{TA}} \tag{5-17}$$

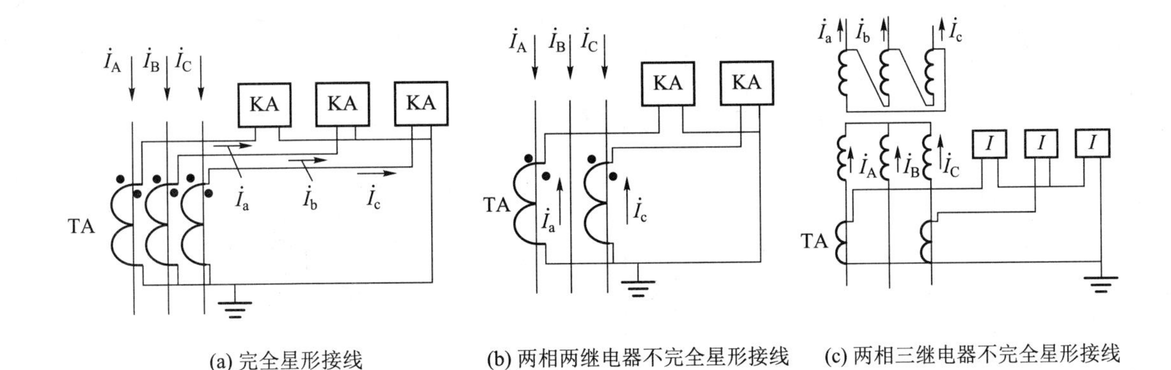

(a) 完全星形接线　(b) 两相两继电器不完全星形接线　(c) 两相三继电器不完全星形接线

图 5-10　电流保护三种基本接线方式

（2）两相两继电器不完全星形接线，如图 5-10（b）所示。装设在 A、C 相上的两台电流互感器二次绕组和两个电流继电器分别按相连在一起，接成星形。能反映各种相间短路故障，不能反映无电流互感器哪一相的单相接地短路故障。因此，在小接地电流系统中被广泛采

用。其接线系数K_{con}、电流保护的一次动作电流I_{oper}与电流继电器的动作电流$I_{g.oper}$之间的关系同式(5-17)。

(3)两相三继电器不完全星形接线,如图5-10(c)所示。在两相两继电器不完全星形接线的中性线上接入一个电流继电器形成的接线,此电流继电器反映B相电流的大小。此种接线方式常用于Yd11接线变压器高压侧(Y侧)的过电流保护中,为了提高变压器d侧两相短路故障时,电流保护的灵敏度。其接线系数K_{con}、电流保护的一次动作电流I_{oper}与电流继电器的动作电流$I_{g.oper}$之间的关系同式(5-17)。

5. 阶段式电流保护

无时限电流速断保护虽然能迅速切除短路故障,但不能保护线路全长;限时电流速断保护虽能保护线路全长,却不能作为相邻线路的后备,而过电流保护能保护本线路及相邻线路全长,但保护的动作时间较长。实际应用时,将无时限、限时电流速断及定时限过电流保护组合在一起,构成三段式电流保护。无时限电流速断保护称为Ⅰ段,限时电流速断保护称为Ⅱ段,定时限过电流保护称为Ⅲ段。Ⅰ段和Ⅱ段保护共同组成线路的主保护,Ⅲ段保护作为后备保护,在35 kV及以下电网中得到广泛应用。图5-11所示为电磁型三段式电流保护展开接线图。保护采用不完全星形接线,第Ⅰ段保护由电流继电器1KA、2KA和信号继电器1KS组成;第Ⅱ段保护由电流继电器3KA、4KA,时间继电器1KT及信号继电器2KS组成;第Ⅲ段由电流继电器5KA、6KA、7KA,时间继电器2KT及信号继电器3KS组成。图5-12所示为三段式电流保护的保护区和时限特性配合图。

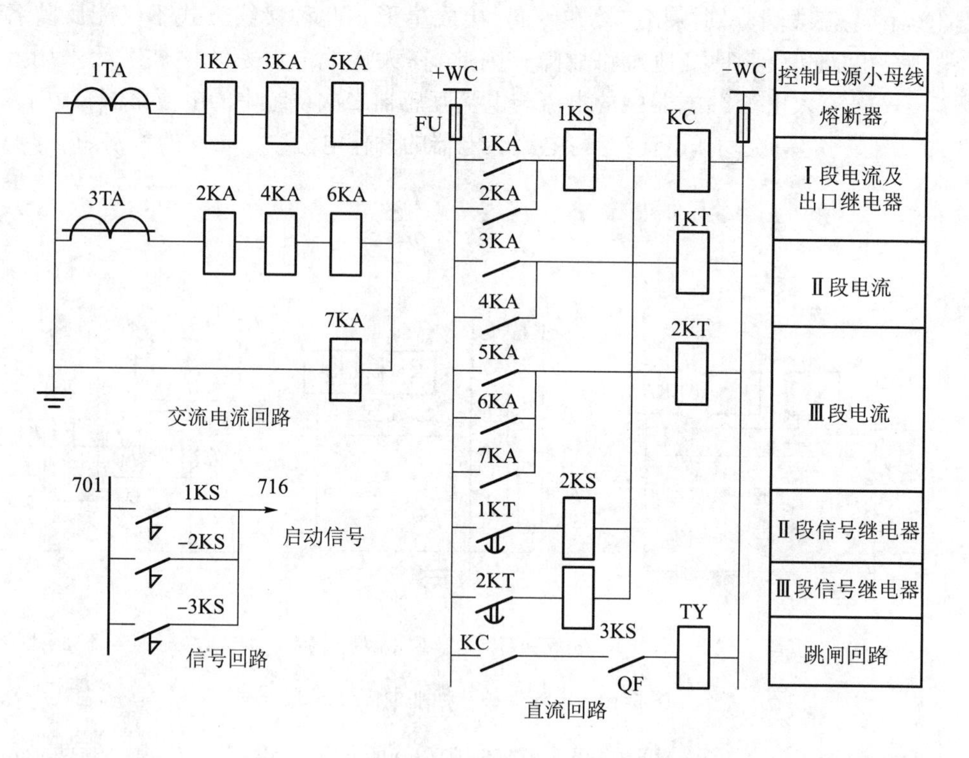

图5-11　电磁型三段式电流保护展开接线图

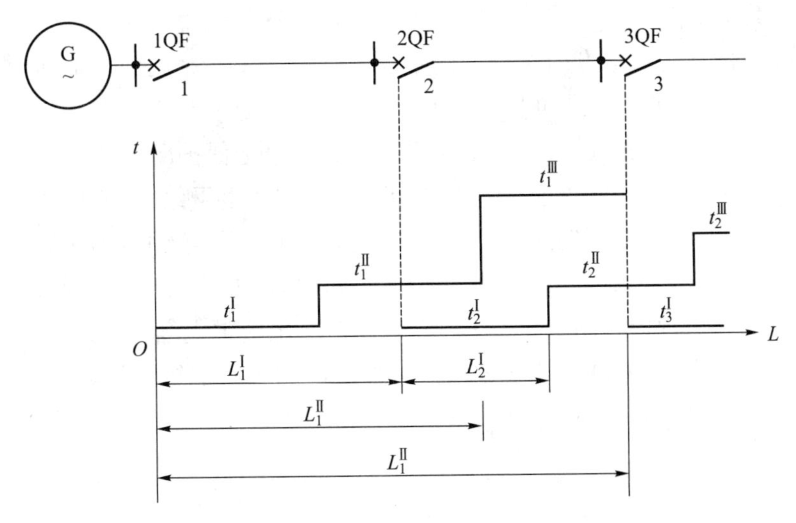

图 5-12 三段式电流保护的保护区和时限特性配合图

5.2.2 输电线路相间短路的方向电流保护

1. 电流保护方向性的提出

两端供电的辐射形电网如图 5-13 所示。每段线路两侧都装设断路器和相间短路的定时限过电流保护，当线路故障时，两侧断路器跳闸切除故障。k1 点短路故障时，为保证选择性，要求保护 5 的时限大于保护 4 的时限，即$t_5 > t_4$；当 k2 点短路故障时，又要求$t_4 > t_5$，显然这是矛盾的，保护的动作时限无法整定。因此，在这种电网中，作为相间短路的电流保护，往往满足不了选择性要求。

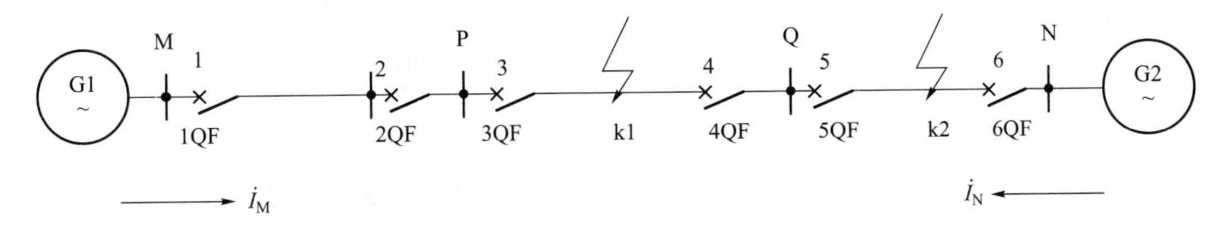

图 5-13 两端供电的辐射形电网

2. 方向电流保护原理及构成

如图 5-10 所示，k1 点短路故障时，按选择性要求，保护 3、4 应该动作切除故障，此时流经保护 3、4 的短路功率由母线流向被保护线路；而保护 2、5 不应该动作，此时流经保护 2、5 的短路功率由被保护线路流向母线。同样，k2 点短路故障时，流经保护 4 的短路功率由被保护线路流向母线，保护不应该动作；而流经保护 5 的短路功率由母线流向被保护线路，保护应该动作切除故障。因此，只要在电流保护 2、3、4、5 上各装设方向元件，即功率方向继电器，当短路功率方向由母线指向线路时（保护正方向短路），才允许保护动作；反之（保护反方向短路），保护不动作。这种在电流保护基础上，装设方向元件的保护称为方向电流保护。

当双侧电源网络上的电流保护装设方向元件以后，就可以把它们拆开看成两个单侧电源网络的保护,其中1、3、5可以看成电源G1供给的短路电流而动作,而2、4、6反应于G2供给的短路电流而动作,两组方向保护之间不要求有配合关系。这样之前所讲的三段式电流保护就仍然可以应用了。由此可见,方向性继电器保护的主要特点就是在原有保护的基础上增加一个功率方向判别元件,以保证在反方向故障时把保护闭锁使其不误动作。

应当指出,对于两端供电的辐射形电网或单电源环网供电网络,所有的电流保护不一定都装设功率方向元件,才能保证选择性。一般来讲,对接于母线两侧的线路过电流保护,只在动作时限小的一侧装设方向元件;当两侧保护的动作时限均相等,则两侧都装设方向元件。方向过电流保护单相原理接线图如图5-14所示。其中,电流继电器KA为电流测量元件,用来判别短路故障是否在保护区内;功率方向继电器KW用来判别短路故障方向;时间继电器KT用来建立过电流保护动作时限。

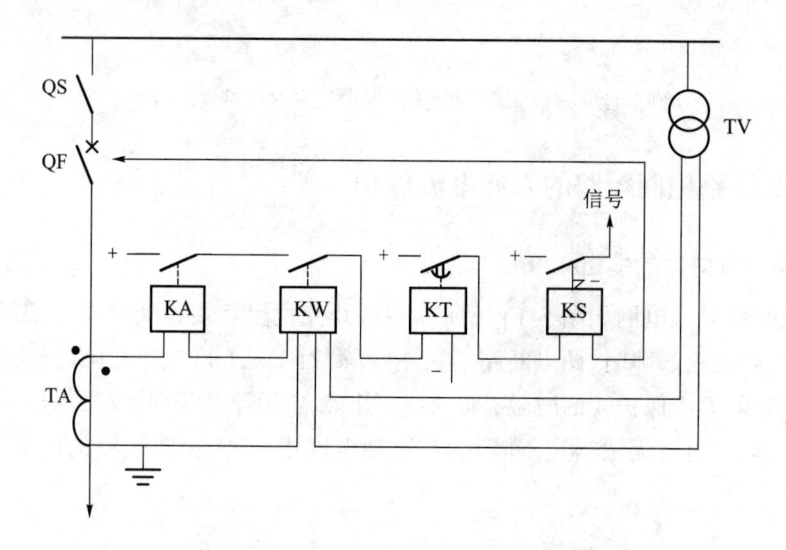

图5-14 方向过电流保护单相原理接线图

3. 功率方向继电器

(1)功率方向继电器工作原理。如图5-15(a)所示,以保护安装处母线电压$\dot{U}$为参考方向,流过保护的短路电流$\dot{I}_k$由母线到线路为假定正方向。保护1正方向k1点发生三相短路时,按保护选择性要求,保护1动作,如图5-15(b)所示,此时短路电流与母线电压$\dot{U}$间的相位角φ_{k1}为锐角;而保护1反方向k2点发生三相短路时,按保护选择性要求,保护1应不动作,如图5-15(c)所示,此时短路电流2与母线电压间的相位角φ_{k2}为钝角。

通过上述分析可知:功率方向继电器的工作原理就是通过测量保护安装处母线电压$\dot{U}$与流过保护电流间的相位角的大小,来判别短路点正、反方向。若φ_k为锐角,说明短路点在其保护的正方向,方向元件启动;若φ_k为钝角,说明短路点在其保护的反方向,功率方向继电器不动作。一般常用式(5-18)表示其动作条件:

$$-90° \leqslant \arg \frac{\dot{U}_g}{\dot{I}_g} e^{-j\varphi_{sen}} \leqslant 90° \tag{5-18}$$

式中　$\dot{U}_g$——反映保护安装处母线电压相量；

$\dot{I}_g$——反映流过电流保护的电流相量，可以通过电压互感器和电流互感器分别取得$\dot{U}_g$和$\dot{I}_g$；

φ_{sen}——功率方向继电器的最大灵敏角。

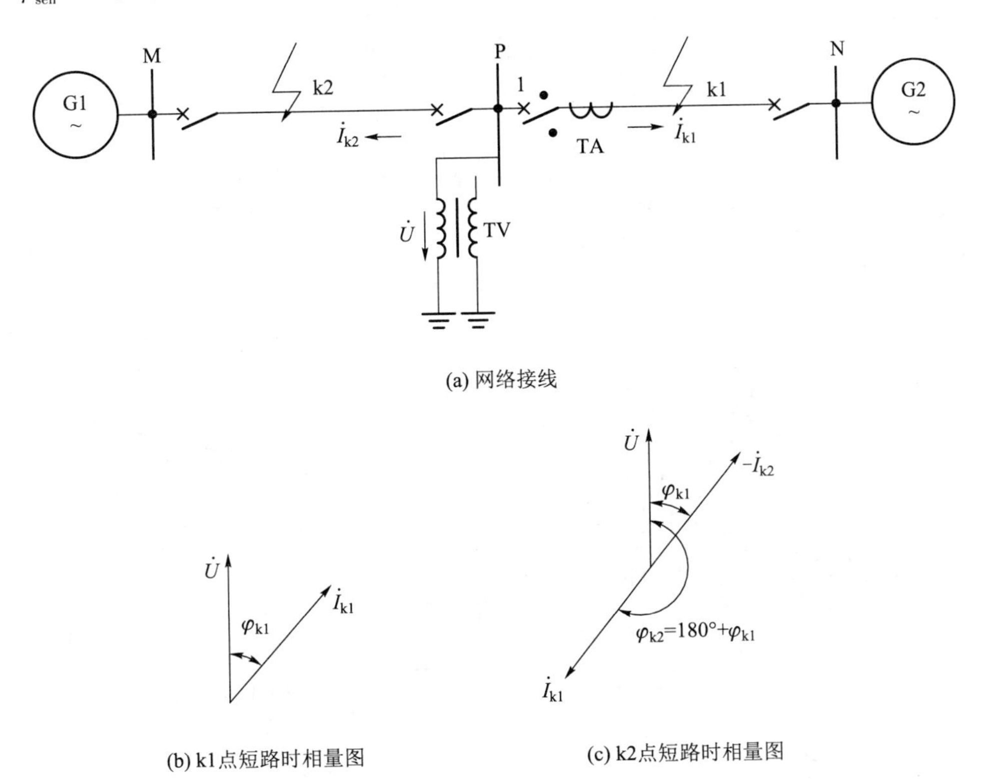

图 5-15　功率方向继电器工作原理说明

（2）功率方向继电器的接线方式。功率方向继电器的接线方式应具有良好的方向性和较高的灵敏性，对于相间短路保护用的功率方向继电器，广泛采用 90°接线方式。所谓 90°接线是指在三相对称且功率因数 $\cos\varphi=1$ 的情况下，加入各相功率方向继电器的电压和电流（见表 5-1）。

90°接线功率方向继电器的相量图如图 5-16 所示。

表 5-1　功率方向继电器的接线方式

功率方向继电器	$\dot{I}_g$	$\dot{U}_g$
1 kW	$\dot{I}_a$	$\dot{U}_{bc}$
2 kW	$\dot{I}_b$	$\dot{U}_{ca}$
3 kW	$\dot{I}_c$	$\dot{U}_{ab}$

功率方向继电器采用 90°接线方式时，方向过电流保护的原理接线如图 5-17 所示。

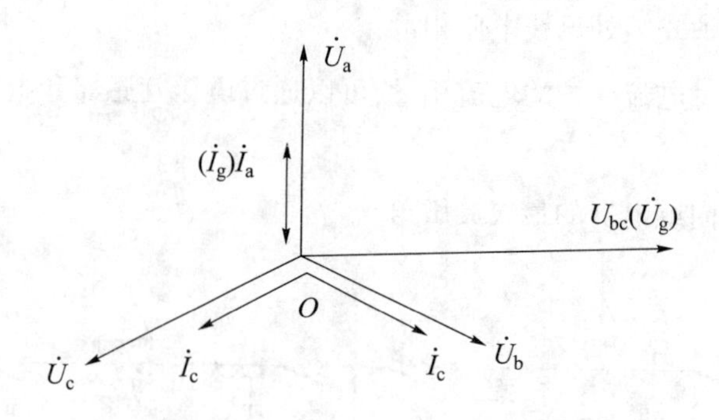

图 5-16 90°接线功率方向继电器的相量图

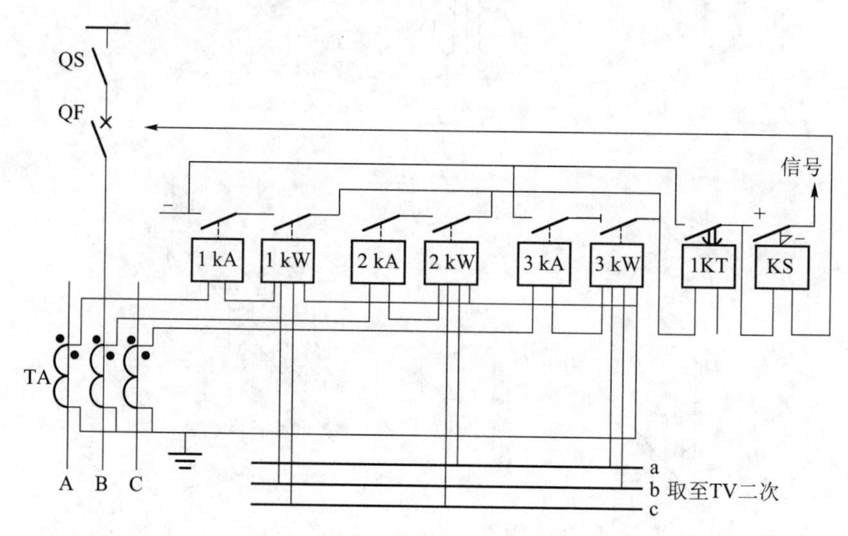

图 5-17 功率方向继电器采用 90°接线时,方向过电流保护的原理接线

5.2.3 输电线路的接地保护

电力系统中性点是指星形接线的变压器绕组和发电机定子绕组的中性点。中性点工作方式有中性点直接接地,中性点经消弧绕组接地和中性点不接地。中性点工作方式是综合考虑了供电的可靠性、过电压、系统绝缘水平、继电保护的要求、对通信线路的干扰以及系统稳定的要求等因素而确定的。在我国 110 kV 及以上电压等级的电网采用中性点直接接地方式,当发生一点接地故障时,这种接线的接地短路电流很大,所以又称大电流接地系统。在 66 kV及以下电压等级的电力系统中,采用中性点不接地或经消弧绕组接地的工作方式,当发生接地故障时,其接地短路电流小,所以又称小电流接地系统。在电力系统中性点的三种工作方式下,发生单相接地故障时,零序分量特点不同。下面分别根据零序分量的不同特点,介绍三种不同接地方式电网的接地保护。

1. 大接地电流系统的零序保护

根据运行统计,在大接地电流系统中,单相接地故障占故障总次数的 80%~95%,作为相间短路故障的电流保护,虽然采用完全星形接线方式,也能反映接地短路,但灵敏度较低、动作时间长。因此,针对接地短路应装设专用的接地短路保护。

（1）单相接地时零序分量的特点。以图5-18(a)所示，来分析零序电流、零序电压和零序功率的特点。令零序电流的正方向由母线流向短路点，零序电压的正方向由线路指向大地。当k点发生单相接地故障时，其零序网络如图5-18(b)所示。图中 Z_{Mk0} 和 Z_{Nk0} 分别为故障点两侧线路零序阻抗，Z_{Mk0} 和 Z_{Nk0} 为两侧变压器零序阻抗。

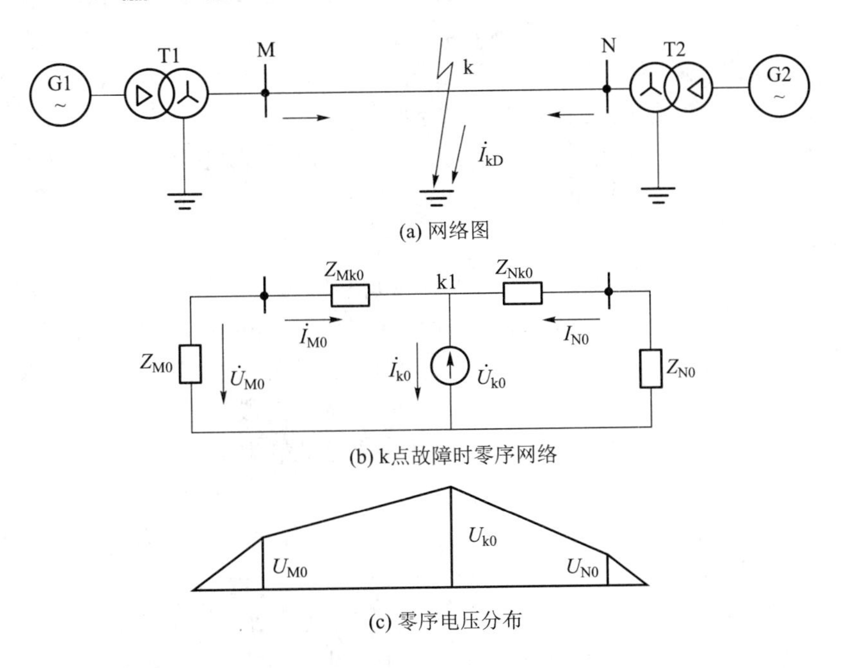

(a) 网络图

(b) k点故障时零序网络

(c) 零序电压分布

图5-18　单相接地短路时零序分量特点

根据零序网络求出故障点处、母线M和N处的零序电压为

$$\begin{cases} \dot{U}_{k0} = -\dot{I}_{k0}(Z_{Mk0} + Z_{Nk0}) \\ \dot{U}_{M0} = -\dot{I}_{M0} Z_{M0} \\ \dot{U}_{N0} = -\dot{I}_{N0} Z_{N0} \end{cases} \tag{5-19}$$

当k点发生单相接地短路时，故障点处的零序电流为

$$\dot{I}_0 = \frac{\dot{E}_\Sigma}{Z_{1\Sigma} + Z_{2\Sigma} + Z_{0\Sigma}} \tag{5-20}$$

式中　$Z_{1\Sigma}, Z_{2\Sigma}, Z_{0\Sigma}$——正序网、负序网、零序网等值阻抗；

$\dot{E}_\Sigma$——电源等效电动势。

故障点右侧的零序电流为

$$\dot{I}_{N0} = \frac{Z_{Nk0} + Z_{N0}}{Z_{M0} + Z_{Mk0} + Z_{N0} + Z_{Nk0}} \dot{I}_{L0} \tag{5-21}$$

故障相在故障点处的各序电压、电流之间的关系为

$$\begin{cases} \dot{I}_{k1} = \dot{I}_{k2} = \dot{I}_{k0} \\ \dot{U}_{k1} = -(\dot{U}_{k2} + \dot{U}_{k0}) \end{cases} \tag{5-22}$$

故障相在故障点处的各序复数功率之间的关系为

$$\dot{S}_{kh} = -(\dot{S}_k + \dot{S}_W) \tag{5-23}$$

综上所述,零序电压、零序电流、零序功率的特点如下:

①故障点处的零序电压最高,变压器中性点处的零序电压为零。零序电压由故障点到接地中性点按线性分布,如图5-18(c)所示。

②零序电流是由故障点处零序电压产生的,由式(5-21)可见,零序电流的大小和分布,主要取决于中性点接地运行的变压器的数量和分布。

③由式(5-23)可见,零序或负序功率方向与正序功率方向相反,即正序功率方向为由母线指向故障点,而零序功率方向却由故障点指向母线。

(2)接地保护:

①多段式零序电流保护。依据系统发生接地故障出现零序电流这一特点,构成零序电流保护,它从原理上讲,零序电流保护与相间电流保护相似,也可构成阶段式保护。零序电流保护Ⅰ段为零序电流速断保护,限时零序电流速断保护为零序Ⅱ段,零序过电流保护为零序电流保护Ⅲ段。零序Ⅰ段一般包括"灵敏Ⅰ段"和"不灵敏Ⅰ段"两部分;线路非全相运行时,"灵敏Ⅰ段"由于整定值较低易误动,所以退出运行,而整定值较高的"不灵敏Ⅰ段"继续运行。

②零序方向电流保护。如图5-19所示,在零序电流保护正方向有中性点接地运行的变压器时,即使保护反方向发生接地故障,保护安装处也有零序电流通过,当达到其动作电流时,零序电流保护会发生无选择性动作。所以,零序电流速断保护不能躲过反方向接地故障时的最大零序电流,或者零序过电流保护动作时限不满足选择性要求,需增设零序方向元件而构成零序方向电流保护。零序方向元件测得保护安装处的零序电压与通过保护的零序电流相位角为锐角时,认为短路发生在保护正方向,零序方向元件启动零序电流保护;相位角为钝角时,认为短路发生在保护反方向,零序方向元件不启动零序电流保护。

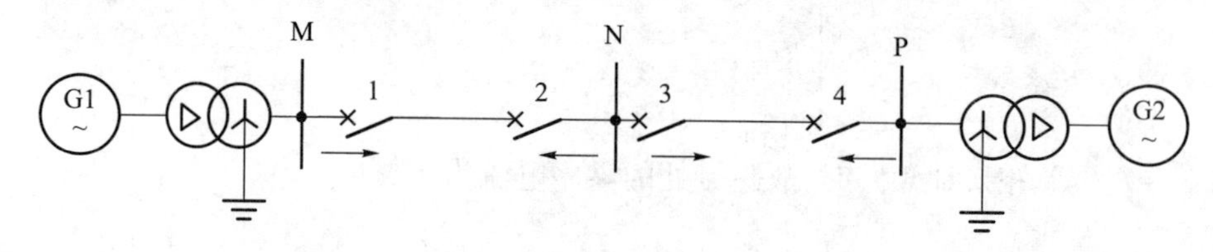

图5-19 两端均有中性点接地的变压器网络

零序功率方向元件接线时要注意接线端子极性,因为零序功率方向与正序功率方向相反。

2. 中性点不接地系统的接地保护

(1)中性点不接地系统如图5-20(a)所示。电网各相对地电容为C_0,三个电容组成星形接线,其中性点接地。电网正常运行时,电源中性点对地电压等于零,即$U_N=0$;为分析方便,假定电网空载运行,并忽略电源和线路上的压降,所以各相对地电压即为相电动势。各相电容C在三相对称电压作用下,产生的三相电容电流也是对称的并超前相应相电压90°,其相量图如图5-20(b)所示。三相对地电压之和与三相电容电流之和均为零,所以电网正常运行时无零序电压和零序电流。

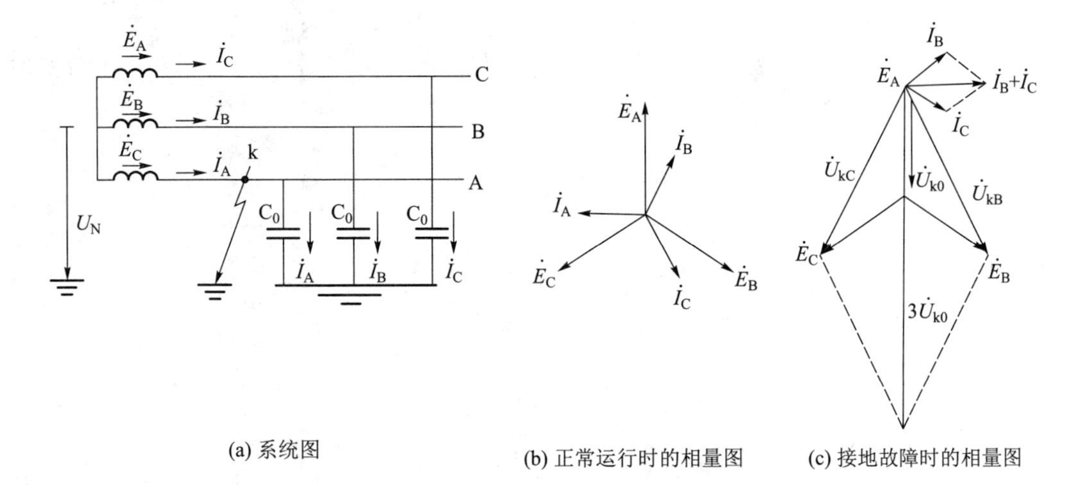

图 5-20 中性点不接地系统电压分析

当 A 相发生一点接地时，A 相对地电容 C 被短接。此时中性点对地电压就是中性点对 A 相的电压，即$\dot{U}_N = -\dot{E}_A$。线路各相对地电压和零序电压分别为

$$\begin{cases} \dot{U}_{kA} = 0 \\ \dot{U}_{kB} = \dot{E}_B - \dot{E}_A = \sqrt{3}\dot{E}_A e^{-j150^\circ} \\ \dot{U}_{kC} = \dot{E}_C - \dot{E}_A = \sqrt{3}\dot{E}_A e^{j150^\circ} \\ \dot{U}_{k0} = \dfrac{1}{3}(\dot{U}_{kA} + \dot{U}_{kB} + \dot{U}_{kC}) = -\dot{E}_A \end{cases} \tag{5-24}$$

式(5-24)说明，A 相接地后，B 相和 C 相对地电压升高 3 倍，此时三相电压之和不为零，出现了零序电压。其相量图如图 5-20(c)所示。

各相电流和故障点的电流分别为

$$\begin{cases} \dot{I}_A = -(\dot{I}_B + \dot{I}_C) = -j\omega C_0(\dot{U}_{kB} + \dot{U}_{kC}) \\ \dot{I}_B = j\omega C_0 \dot{U}_{kB} \\ \dot{I}_C = j\omega C_0 \dot{U}_{kC} \\ 3\dot{I}_{k0} = \dot{I}_A + \dot{I}_B + \dot{I}_C = j\omega C_0(\dot{U}_{kB} + \dot{U}_{kC}) \end{cases} \tag{5-25}$$

中性点不接地系统单相接地电路图如图 5-21(a)所示。线路Ⅰ、线路Ⅱ和发电机的各相对地电容分别为$C_{0\mathrm{I}}$，$C_{0\mathrm{II}}$，C_{0G}。在线路Ⅱ上 k 点发生 A 相接地故障时，系统中 A 相电容被短接，各元件 A 相对地电容电流为零。各元件 B 相和 C 相对地电容电流，均通过大地、故障点、电源和本元件构成回路。

参照图 5-21(a)，非故障线路 I 流过的零序电容电流为

$$3\dot{I}_{0\mathrm{I}} = \dot{I}_{B\mathrm{I}} + \dot{I}_{C\mathrm{I}} = j3\dot{U}_{k0}\omega C_{0\mathrm{I}} \tag{5-26}$$

发电机本身流过的零序电容电流为

$$3\dot{I}_{0F} = \dot{I}_{BF} + \dot{I}_{CF} = j3\dot{U}_{k0}\omega C_{0F} \tag{5-27}$$

假定以母线流向线路作为正方向，故障线路Ⅱ流过的零序电容电流为

$$3\dot{I}_{0\mathrm{II}}=(\dot{I}_{\mathrm{BII}}+\dot{I}_{\mathrm{CII}})-(\dot{I}_{\mathrm{BI}}+\dot{I}_{\mathrm{CI}})-(\dot{I}_{\mathrm{BII}}+\dot{I}_{\mathrm{CII}})-(\dot{I}_{\mathrm{BF}}+\dot{I}_{\mathrm{CF}})$$
$$=-(\dot{I}_{\mathrm{BI}}+\dot{I}_{\mathrm{CI}}+\dot{I}_{\mathrm{BF}}+\dot{I}_{\mathrm{CF}})=-\mathrm{j}3\dot{U}_{\mathrm{k0}}\omega(C_{0\mathrm{I}}+C_{0\mathrm{F}}) \tag{5-28}$$

其相量图如图5-21(b)所示。

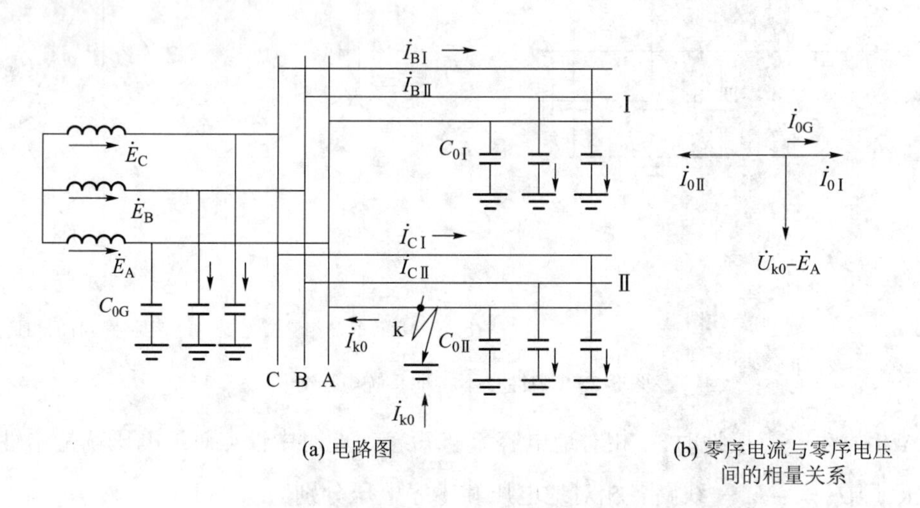

图5-21 中性点不接地系统单相接地时电容电流分布

综上所述,可得如下结论:

①发生接地后,全系统出现零序电压和零序电流。非故障相的相电压升高至原来的$\sqrt{3}$倍,中性点对地电压$\dot{U}_{\mathrm{N}}=\dot{U}_{\mathrm{k0}}$,$\dot{U}_{\mathrm{k0}}$与故障相电势的相量大小相等,方向相反。

②非故障线路流过本线路的零序电容电流。容性无功功率是由母线指向非故障线路。

③故障线路流过的是所有非故障元件的零序电容电流之和。而容性无功功率是由故障线路指向母线,容性无功功率方向与非故障线路方向相反。

以上述单相接地故障的特点,构成中性点不接地系统保护依据。

(2)接地保护:

①无选择性绝缘监视装置。由以上分析可知,中性点不接地系统正常运行时无零序电压,一旦发生单相接地故障时会出现零序电压。因此,利用有无零序电压来实现无选择性绝缘监视装置。

绝缘监视装置原理接线图如图5-22所示。在三相五柱式电压互感器二次侧接三块对地电压表PV,用于判别接地故障相,但不能选出故障线路;在其开口三角侧接一块反映零序电压的过电压继电器KV,发生接地故障时,KV动作于信号。故障线路的查找,还需运行人员依次短时断开各回线路,根据零序电压信号是否消失来确定出故障的线路。

②有选择性的零序电流保护。保护从零序电流互感器获取零序电流,利用故障元件的零序电流大于非故障元件的零序电流的特点,区分出故障和非故障线路;保护由电流继电器、时间继电器、信号继电器等元件构成。保护可动作于信号,也可动作于跳闸,它一般适用于电缆线路或经电缆引出的架空线。

③零序功率方向保护。在出线回路数较少的情况下,非故障线路的零序电容电流与故障线路的零序电容电流相差不大,采用零序电流保护,灵敏度很难满足要求,则利用故障线路和非故障线路零序功率方向的不同,故障线路构成有选择性的零序方向保护。

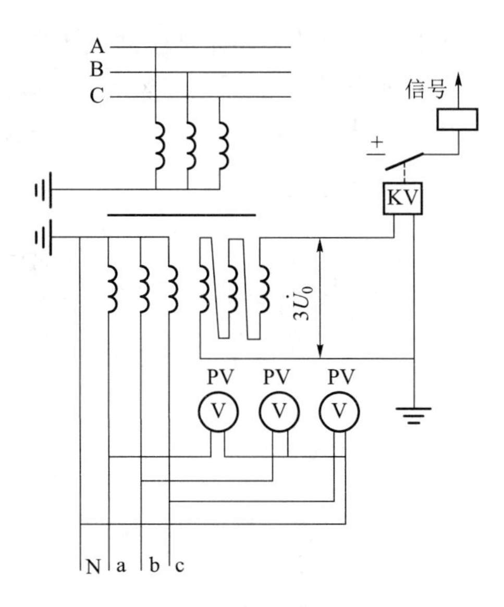

图 5-22 绝缘监视装置原理接线图

中性点不接地系统发生一点接地故障后,由于接地的电容电流比较小,系统可以继续运行,所以接地保护一般动作于信号。只有接地的电容电流超过规定值,接地保护才动作于跳闸。

3. 中性点经消弧线圈接地系统的零序保护

当中性点不接地系统中发生单相接地故障时,流过故障点的电容电流的总和较大时,在接地点会产生电弧,引起间歇性弧光过电压,进而发展为两点或多点接地短路,使事故扩大。为解决这一问题,通常在中性点接入一个电感线圈(消弧线圈)L,如图 5-23(a)所示。当系统发生单相接地后,流过接地点的电流除全系统电容电流 $\dot{I}_{k0}$之外,还有消弧线圈的电感电流$\dot{I}_L$。接地点的总电流为$\dot{I}_k = \dot{I}_L + \dot{I}_{k0}$,因$\dot{I}_L$与$\dot{I}_{k0}$相位相反,受到补偿而减小,其相量图如图 5-23(b)所示。

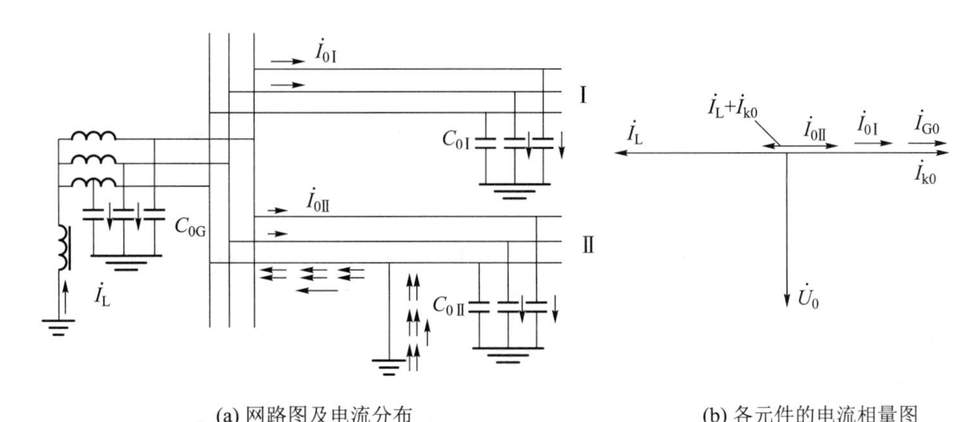

(a) 网路图及电流分布　　(b) 各元件的电流相量图

图 5-23 中性点经消弧线圈接地系统单相接地时电流分布图

根据对电容电流的补偿程度分为三种补偿方式。当 $\dot{I}_L = \dot{I}_{k0}$时,称为完全补偿;当 $\dot{I}_L < \dot{I}_{k0}$

时,称为欠补偿;当 $\dot{I}_L > \dot{I}_{k0}$时,称为过补偿。为防止消弧线圈 L 与相对地电容形成串联谐振,不采取完全补偿;欠补偿方式也不宜采用,一旦因电网运行方式改变,使电网对地电容电流减小,也会产生串联谐振,从而造成过电压。因此,一般常采用过补偿方式,其补偿度为

$$p = \frac{I_L - I_{k0}}{I_{k0}} \times 100\% < 10\% \tag{5-29}$$

由上述分析可见,在中性点经消弧线圈接地的电网,要实现有选择性的保护是很困难的。目前可采用无选择性的绝缘监视装置。除此之外,还可采用零序电流有功分量法、稳态高次谐波分量法、暂态零序电流首半波法、注入信号法、小波法等保护原理。

5.2.4 线路距离保护

1. 距离保护概述

电流、电压保护的定值及保护范围等方面都受到电网接线方式及电力系统运行方式的影响,在 110 kV 以上复杂电网中,不能满足选择性、灵敏性及速动性等要求。所以,对于 110 kV 及以上的电网,必须选用性能完善的保护装置,距离保护是其中之一。

1)距离保护的基本原理

如图 5-24(a)所示,线路正常运行时保护 1 处的电压与流过保护 1 的负荷电流的比值称为负荷阻抗,也称为测量阻抗,其值较大;当线路发生短路时,测量阻抗等于保护 1 处的电压与短路电流的比值,其值较小,近似等于保护 1 处至故障点之间的线路阻抗的大小,而且故障点越靠近保护安装处,其值越小。因此,以测量阻抗变化大小为判据,可以实现距离保护。

距离保护是测量保护安装处至故障点之间的距离(阻抗),并根据距离远近来确定保护动作时间的一种保护。当保护安装处至故障点之间的距离较短时,测量阻抗小,保护动作时间就短;相反,距离较长时,测量阻抗大,保护动作时间就长。

2)距离保护的时限特性

距离保护的动作时间与保护安装点至短路点之间距离的关系 $t = f(l)$,称为距离保护的时限特性。为了满足速动性、选择性和灵敏性的要求,目前广泛采用具有三段动作范围的阶梯时限特性,如图 5-24(b)所示,分别称为距离保护的Ⅰ、Ⅱ、Ⅲ段,基本与三段式电流保护相似。

3)距离保护的原理框图

(1)组成。以三段式距离保护装置为例,一般由启动元件、阻抗测量元件、时间元件及出口执行元件组成,其逻辑框图如图 5-25 所示。

①启动元件。当线路正常运行时,闭锁保护;线路故障时,启动距离保护,提高保护动作的可靠性。启动元件一般由电流继电器、低阻抗继电器、负序及零序电流增量继电器构成。

②阻抗测量元件。它测量短路点到保护安装点之间的阻抗(距离),是距离保护的核心元件,一般由阻抗继电器构成。

③时间元件用来建立保护动作时间。它根据测量阻抗的大小,赋予保护不同的动作时间,满足保护的选择性要求。时间元件一般由时间继电器构成。

④出口执行元件。保护动作后,执行元件启动相应的断路器跳闸,同时发出保护动作信号。它一般由中间继电器和信号继电器构成。

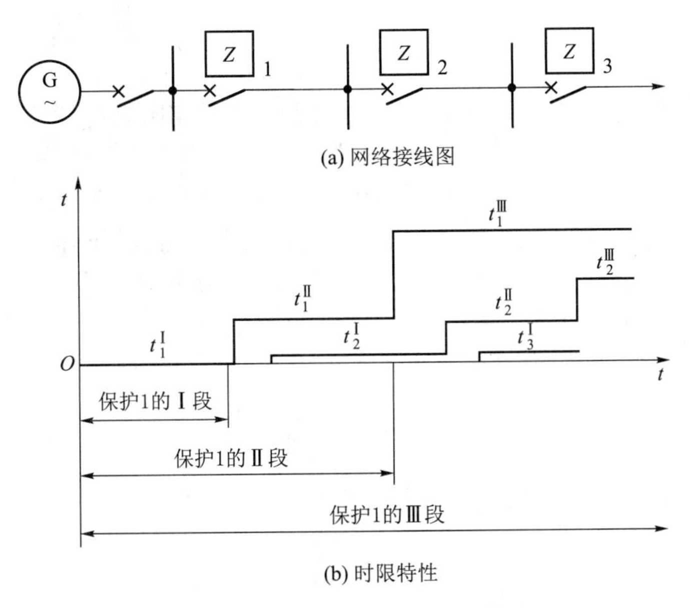

图5-24　距离保护的时限特性

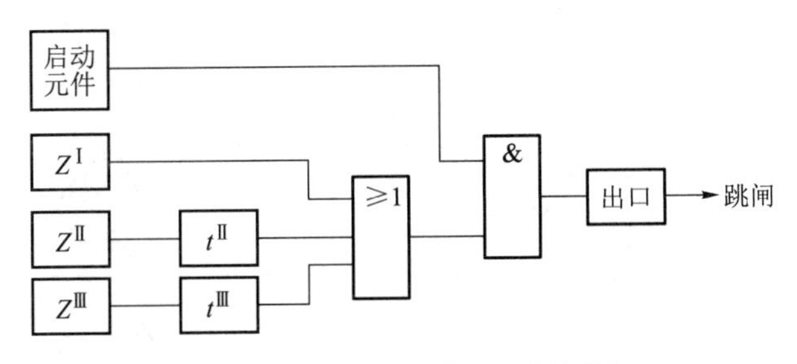

图5-25　距离保护装置逻辑框图

(2)保护的动作原理。如图5-25所示,线路正常运行时,保护启动元件不动作,保护装置处于被闭锁状态;当正方向发生短路故障时,启动元件动作,如果故障位于距离Ⅰ段范围内,则$Z^{Ⅰ}$、$Z^{Ⅱ}$及$Z^{Ⅲ}$动作,但$Z^{Ⅰ}$与启动元件经或门瞬时作用于出口跳闸回路;如果故障位于距离Ⅱ段范围内,$Z^{Ⅱ}$、$Z^{Ⅲ}$动作,$Z^{Ⅱ}$启动Ⅱ段的时间元件$t^{Ⅱ}$,经延时后,启动出口回路动作于跳闸;如果故障位于距离Ⅲ段范围内,如果故障位于距离Ⅲ段范围内,$Z^{Ⅲ}$动作,$Z^{Ⅲ}$启动Ⅲ段的时间元件$t^{Ⅲ}$,经延时后,启动出口回路动作于跳闸。

2. 阻抗继电器

阻抗继电器是距离保护装置的核心元件,其主要作用是测量短路点到保护安装点之间的阻抗,并与整定阻抗值进行比较,以确定保护装置是否应该动作。

阻抗继电器按其构成方式可分为单相补偿式和多相补偿式两种。单相补偿式阻抗继电器是指只输入一个电压$\dot{U}_m$和一个电流$\dot{I}_m$的阻抗继电器;多相补偿式阻抗继电器是指输入几个电压和电流的阻抗继电器。阻抗继电器$\dot{U}_m$和$\dot{I}_m$的比值称为阻抗继电器的测量阻抗Z_m。由于Z_m可以写成$R+jX$的复数形式,可以利用复数平面来分析阻抗继电器的动作特性,并用几何图形把它表示出来。

而单相补偿式阻抗继电器根据动作特性不同又分为全阻抗继电器、方向阻抗继电器、偏移阻抗继电器等。

1）全阻抗继电器

全阻抗继电器的动作特性是以保护安装点为圆心，以整定阻抗Z_{set}为半径所作的一个圆，如图5-26所示。圆内为继电器动作区，圆外为非动作区，圆周是动作边界。

根据全阻抗继电器的构成原理不同，分为对两个电气量的幅值进行比较的比幅式全阻抗继电器和对两个电气量的相位进行比较的比相式全阻抗继电器，现分别叙述如下：

（1）比幅式全阻抗继电器。由图5-26（a）可知，当测量阻抗Z落在圆内时，$|Z_m|<|Z_{set}|$，阻抗继电器动作；当测量阻抗落在圆周上时，$|Z_m|=|Z_{set}|$，继电器处于动作边界；当测量阻抗落在圆外时，$|Z_m|>|Z_{set}|$，阻抗继电器不动作。因此，幅值比较式全阻抗继电器的动作条件为

$$|Z_m| \leqslant |Z_{set}| \tag{5-30}$$

式（5-30）两端乘以电流$\dot{I}_m$，因$\dot{I}_m\dot{Z}_m=\dot{U}_m$，可得

$$|\dot{U}_m| \leqslant |\dot{I}_m Z_{set}| \tag{5-31}$$

式中　$\dot{U}_m$——电压互感器的二次电压；

$\dot{I}_m Z_{set}$——电流在阻抗Z上的电压降落。

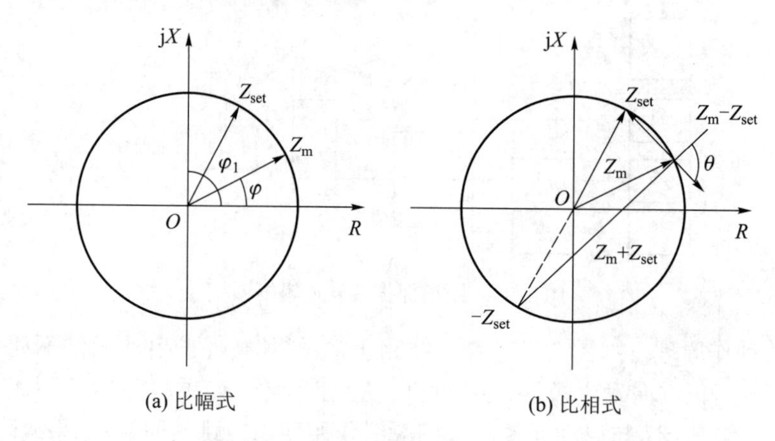

(a) 比幅式　　(b) 比相式

图5-26　全阻抗继电器的动作特性

（2）比相式全阻抗继电器。由图5-26（b）可知，当测量阻抗Z_m落在圆周上时，继电器处于动作边界，相量（Z_m+Z_{set}）与相量（Z_m-Z_{set}）的夹角$\theta=90°$；当测量阻抗落在圆内时，继电器能够动作，$\theta<90°$；当测量阻抗落在圆外时，继电器不动作，$\theta>90°$。因此，比相式全阻抗继电器的动作条件为

$$270° \geqslant \arg\frac{Z_m+Z_{set}}{Z_m-Z_{set}} \geqslant 90° \tag{5-32}$$

当Z_m超前于Z_{set}时，θ为负值。

将式（5-32）分子和分母同乘以电流$\dot{I}_m$，得比相式全阻抗继电器的启动条件为

$$270° \geqslant \arg\frac{\dot{U}_m+\dot{I}_m Z_{set}}{\dot{U}_m-\dot{I}_m Z_{set}} \geqslant 90° \tag{5-33}$$

式中 $\arg\dfrac{\dot{U}_m+\dot{I}_mZ_{set}}{\dot{U}_m-\dot{I}_mZ_{set}}$ ——相量（$\dot{U}_m+\dot{I}_mZ_{set}$）超前相量（$\dot{U}_m-\dot{I}_mZ_{set}$）的角度。

上述动作条件也可表示为

$$90^\circ \geqslant \arg\frac{\dot{U}_m+\dot{I}_mZ_{set}}{\dot{I}_mZ_{set}-\dot{U}_m} \geqslant -90^\circ \tag{5-34}$$

2）方向阻抗继电器

方向阻抗继电器的动作特性是以整定阻抗为直径并且圆周经过坐标原点的一个圆，圆内为动作区，圆外为非动作区，圆周是动作边界，如图5-27所示。

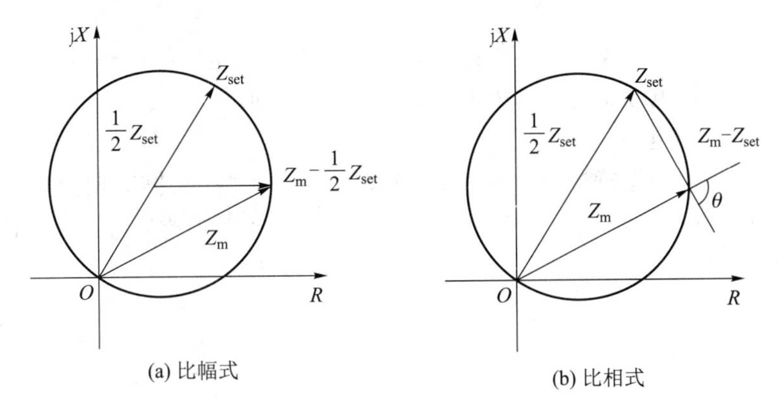

图5-27 方向阻抗继电器的动作特性

根据方向阻抗继电器的构成原理不同。分为比幅式和比相式方向阻抗继电器，现分别叙述如下：

（1）比幅式方向阻抗继电器。若用 r 表示方向阻抗继电器动作特性圆的半径，则 $r=\left|\frac{1}{2}Z_{set}\right|$。由图5-27（a）可知，当测量阻抗落在圆周上时，继电器处于动作边界，此时向量 $\left(Z_m-\frac{1}{2}Z_{set}\right)$ 的值等于圆的半径 r；当测量阻抗落在圆内时，继电器动作，此时相量 $\left(Z_m-\frac{1}{2}Z_{set}\right)$ 小于圆的半径；当测量阻抗落在圆外时，继电器不动作，此时相量 $\left(Z_m-\frac{1}{2}Z_{set}\right)$ 大于圆的半径。所以，比幅式方向阻抗继电器动作条件为

$$\left|Z_m-\frac{1}{2}Z_{set}\right| \leqslant \left|\frac{1}{2}Z_{set}\right| \tag{5-35}$$

式（5-35）两边均乘以电流 $\dot{I}_m$，即得到比较两个电压幅值的表达式，即

$$\left|\dot{U}_m-\frac{1}{2}\dot{I}_mZ_{set}\right| \leqslant \left|\frac{1}{2}\dot{I}_mZ_{set}\right| \tag{5-36}$$

（2）比相式方向阻抗继电器。由图5-27（b）可见，当测量阻抗落在圆周上时，阻抗 Z_m 与（Z_m-Z_{set}）之间的相位差 $\theta=90^\circ$；当测量阻抗落在圆内时，继电器能够动作，$\theta<90^\circ$；当测量阻抗落在圆外时，继电器不动作，$\theta>90^\circ$。比相式方向继电器的动作条件如下：

$$270^\circ \geqslant \arg\frac{Z_m}{Z_m-Z_{set}} \geqslant 90^\circ \tag{5-37}$$

将式(5-37)中的Z_m和$(Z_m - Z_{set})$均乘以电流$\dot{I}_m$，可得

$$270° \geqslant \arg \frac{\dot{U}_m}{\dot{U}_m - \dot{I}_m Z_{set}} \geqslant 90° \tag{5-38}$$

由图5-27可见，方向阻抗继电器具有如下特点：

当测量阻抗Z_m的阻抗角θ不同时，方向阻抗继电器的启动阻抗也不相同。当θ等于整定阻抗的阻抗角φ_{set}时，继电器的启动阻抗最大，等于圆的直径，此时阻抗继电器的保护范围最大，这个角度称为方向阻抗继电器的最大灵敏角，用φ_{sen}表示。当保护范围内部故障时，$\varphi = \varphi_1$（被保护线路的阻抗角），因此应调整继电器的最大灵敏角$\varphi_{sen} = \varphi_1$，使继电器工作在最灵敏的条件下。

方向阻抗继电器在第三象限无动作区。这样当反方向发生短路时，测量阻抗落在第三象限，继电器不能动作，继电器本身具有方向性，因此称为方向阻抗继电器。

3）偏移特性阻抗继电器

偏移阻抗继电器的动作特性是当正方向的整定阻抗为Z_{set}时，同时向反方向偏移一个αZ_{set}（α称为偏移率，$0<\alpha<1$）。由图5-28可见，若以d表示圆的直径、r表示圆的半径、Z_0表示圆心坐标，圆内为动作区，圆外为非动作区，圆周是动作边界。

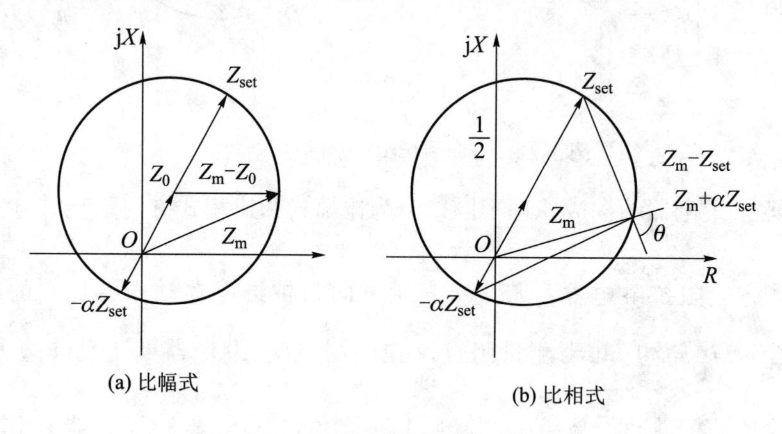

图5-28 偏移阻抗继电器的动作特性

其中，$d = |(1+\alpha)Z_{set}|$；$r = \frac{1}{2}|(1+\alpha)Z_{set}|$；$Z_0 = \frac{1}{2}(1-\alpha)Z_{set}$。

①比幅式偏移阻抗继电器。由图5-28(a)可知，当测量阻抗落在圆周上时，$|Z_m - Z_0| = \frac{1}{2}|(1+\alpha)Z_{set}| = r$；当测量阻抗落在圆内时，$|Z_m - Z_0| < \frac{1}{2}|(1+\alpha)Z_{set}|$；当测量阻抗落在圆外时，$|Z_m - Z_0| < \frac{1}{2}|(1+\alpha)Z_{set}|$，因此比幅式偏移阻抗继电器的动作条件为

$$|Z_m - Z_0| > \frac{1}{2}|(1+\alpha)Z_{set}| \tag{5-39}$$

或

$$\left|Z_m - \frac{1}{2}(1-\alpha)Z_{set}\right| \leqslant \frac{1}{2}|(1+\alpha)Z_{set}| \tag{5-40}$$

不等式两边均乘以电流$\dot{I}_m$，可得

$$\left|\dot{U}_{\mathrm{m}}-\frac{1}{2}\dot{I}_{\mathrm{m}}(1-\alpha)Z_{\mathrm{set}}\right|\leqslant\frac{1}{2}\left|\dot{I}_{\mathrm{m}}(1+\alpha)Z_{\mathrm{set}}\right| \tag{5-41}$$

②比相式偏移阻抗继电器。由图5-28(b)可知，当测量阻抗落在圆周上时，继电器处于动作边界，相量$(Z_{\mathrm{m}}+\alpha Z_{\mathrm{set}})$与$(Z_{\mathrm{m}}-Z_{\mathrm{set}})$之间的相位差$\theta=90°$；当测量阻抗落在圆内时，继电器动作，$\theta<90°$；当测量阻抗落在圆外时，继电器不动作，$\theta>90°$。比相式偏移阻抗继电器的动作条件为

$$270°\geqslant\arg\frac{Z_{\mathrm{m}}+\alpha Z_{\mathrm{set}}}{Z_{\mathrm{m}}-Z_{\mathrm{set}}}\geqslant 90° \tag{5-42}$$

将$(Z_{\mathrm{m}}+\alpha Z_{\mathrm{set}})$和$(Z_{\mathrm{m}}-Z_{\mathrm{set}})$均乘以电流$\dot{I}_{\mathrm{m}}$，可得

$$270°\geqslant\arg\frac{\dot{U}_{\mathrm{m}}+\alpha\dot{I}_{\mathrm{m}}Z_{\mathrm{set}}}{\dot{U}_{\mathrm{m}}-\dot{I}_{\mathrm{m}}Z_{\mathrm{set}}}\geqslant 90° \tag{5-43}$$

5.2.5 高频保护

电流、电压保护从原理上不能满足全线速动的要求，而距离保护第Ⅰ段也仅在线路全长的80%~85%范围内实现全线速动，线路其余部分的短路故障，要靠带时限的保护来切除。这在高电压、大容量的电力系统中，不能满足系统稳定所提出的要求。本节所要讲述的输电线路的纵差动保护和高频保护就能满足全线速动的要求。

1. 纵差动保护的基本原理

纵差保护是基于比较被保护线路始端和末端电流的大小和相位原理构成的。如图5-26所示，在线路的两端装设特性和变比完全相同的电流互感器，两侧电流互感器同极性端均接于靠近母线的一侧，将二次回路的同极性端子相连接，差动继电器并联在电流互感器的二次侧。当线路正常运行或外部故障时，流入差动继电器的电流是两侧电流互感器二次侧电流之差，相互抵消；当被保护线路内部故障时，流入差动继电器的电流是两侧电流互感器二次侧电流之和。

如图5-29所示，当线路正常运行或外部k2点故障时，流入继电器的电流为

$$\dot{I}_{\mathrm{g}}=(\dot{I}_{\mathrm{m}}-\dot{I}_{\mathrm{n}})=(\dot{I}_{\mathrm{M}}-\dot{I}_{\mathrm{N}})/n_{\mathrm{TA}}=0 \tag{5-44}$$

式中　n_{TA}——电流互感器变比。

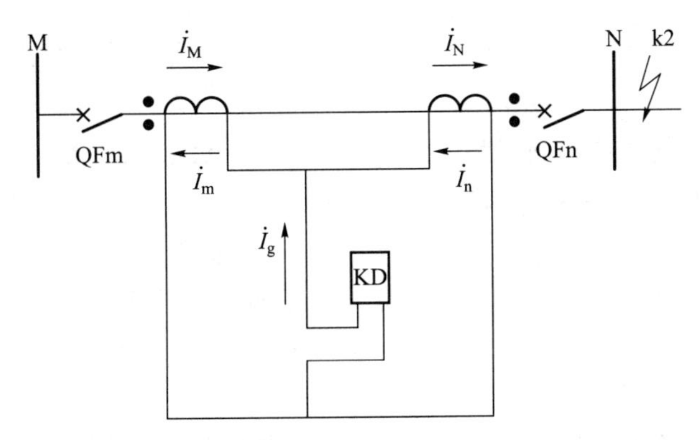

图5-29　线路纵差动保护的基本工作原理(正常运行及区外故障)

如图 5-30 所示,当线路内部 k1 点故障时,流入继电器的电流为

$$\dot{I}_g = (\dot{I}_m + \dot{I}_n) = (\dot{I}_M + \dot{I}_N)/n_{TA} = \dot{I}_k/n_{TA} \tag{5-45}$$

式中 $\dot{I}_k$——流入故障点总的短路电流。

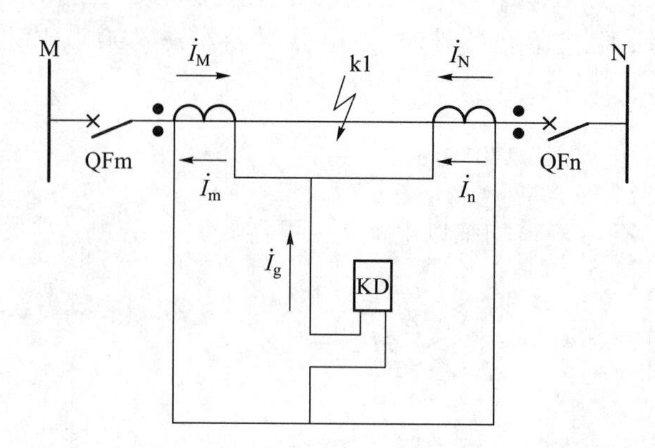

图 5-30 线路纵差动保护的基本工作原理(区内故障)

当流入继电器的电流大于继电器的动作电流时,继电器瞬时动作,使线路两侧断路器跳闸,将故障隔离。

由以上分析可知,纵差动保护的保护范围是线路两端电流互感器之间的部分,它不需要与相邻元件的保护互相配合。因此,它可以全线瞬时动作。

2. 高频保护的基本原理

高频保护是将线路两端的电流相位或功率方向转化为高频信号,然后,利用输电线路本身构成高频电流通道(高频通道),将此信号送至对端,以比较两端电流的相位或功率方向的一种保护装置。当保护范围内部发生故障时,它瞬时使两端的断路器跳闸;当外部发生故障时,保护装置不动作。从原理上看,高频保护和纵差动保护的工作原理相似,无须和下一条线路保护相配合。

高频保护按工作原理的不同可分为两大类,即方向高频保护和相差高频保护。

(1)方向高频保护。方向高频保护的基本工作原理是比较被保护线路两端的功率方向,来判别输电线路的内部或外部故障。在被保护的输电线路两侧都装有功率方向元件。通常规定功率方向从母线流向输电线路为正方向,从输电线路流向母线为负方向。

当被保护范围外部发生故障时,靠近故障点一侧的功率方向,是由线路流向母线,该侧的功率方向元件不动作,而且该侧的保护发出闭锁信号,通过高频通道送到输电线路的对侧。对侧的功率方向虽然是从母线流向线路,功率方向为正方向,但由于收到对侧发来的闭锁信号,使本侧的保护不动作。

当被保护范围内部发生故障时,两侧的功率方向都是从母线流向线路,功率方向均为正方向,功率方向元件均动作,两侧高频保护都不发闭锁信号。因此,输电线路两侧的断路器立即跳闸。

这种在外部发生故障时,由靠近故障点一侧的保护发出闭锁信号,由两侧的高频收信机接收而将保护闭锁起来的保护,称为高频闭锁方向保护。

如图 5-31 所示的电力系统中，当线路 BC 上的 k 点发生故障时，线路 BC 两侧的功率都是从母线流向输电线路，两侧保护 3 和 4 都不发闭锁信号，两侧均收不到高频闭锁信号，断路器 3 和 4 瞬时跳闸。而对输电线路 AB 和 CD 来说，均为外部故障，流经保护 2 和 5 的功率方向都为负，保护 2 和 5 发闭锁信号，使断路器 1、2 和 5、6 都不跳闸。

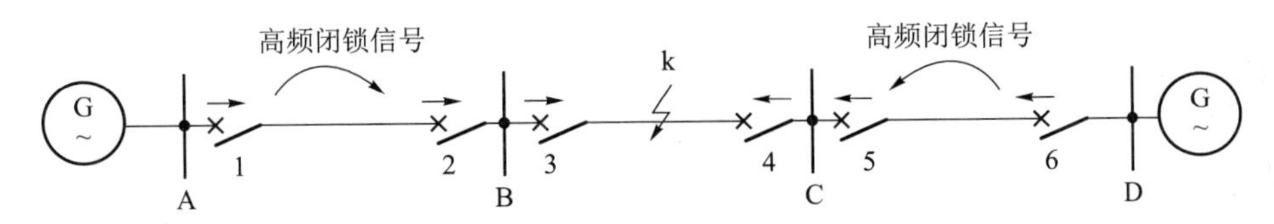

图 5-31 高频闭锁方向保护原理示意图

这种按闭锁信号构成的保护只在非故障线路上才传送高频信号，而在故障线路上并不传送高频信号。因此，在故障线路上，由于短路使高频通道可能遭到破坏时，并不会影响保护的正确动作。

(2)相差高频保护。相差高频保护的基本工作原理是比较被保护线路两侧电流的相位——即利用高频信号将电流的相位传送到对侧去进行比较。如图 5-32(a)所示，规定电流方向由母线流向线路为正，由线路流向母线为负。当线路内部 k1 故障时，两侧电流同相位；当线路外部 k2 故障时，两侧电流相位差为 180°，相差高频保护就是利用这种原理构成的。

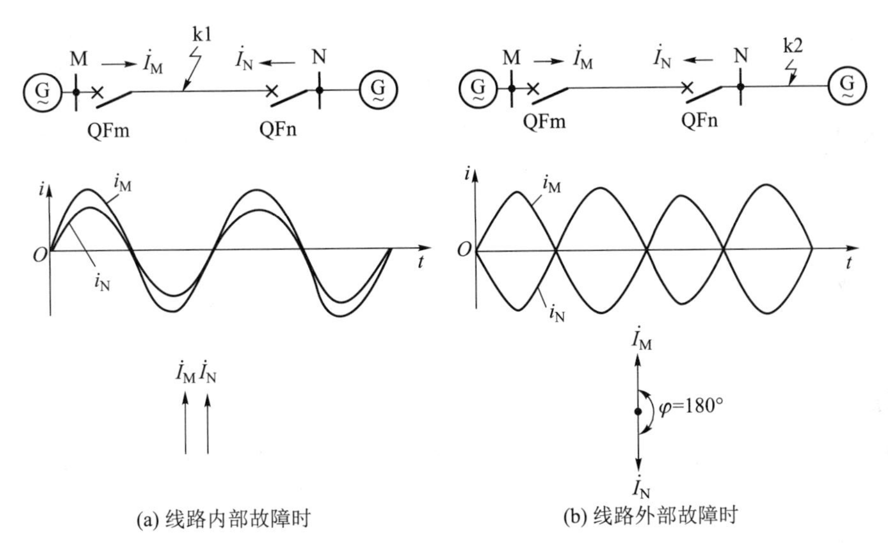

图 5-32 两侧电流相位图

要比较被保护线路两侧电流的相位，必须将一侧的电流相位信号传送到另一侧。为了满足此要求，通道中没有高频电流，而在外部故障时发出闭锁信号的方式来构成保护。在相差高频保护中因传送的是电流相位信号，所以被比较的电流首先经过放大限幅，变为反映电流相位的电压方波，再用电压方波对高频电流进行调制，使电流在正半周时，发出高频电流；负半周时，无高频电流。

在被保护线路内部短路故障时，如图 5-33(a)所示，线路两侧电流同相位，在理想状态下，两侧高频保护同时发出高频信号，也同时停止发信号。两侧保护收到的高频信号是间断的。而当被保护线路外部短路故障时,如图 5-33(b)所示,两侧电流相位差为 180°,线路两侧保护交替发出高频信号,使两侧保护收到的高频信号是连续的。

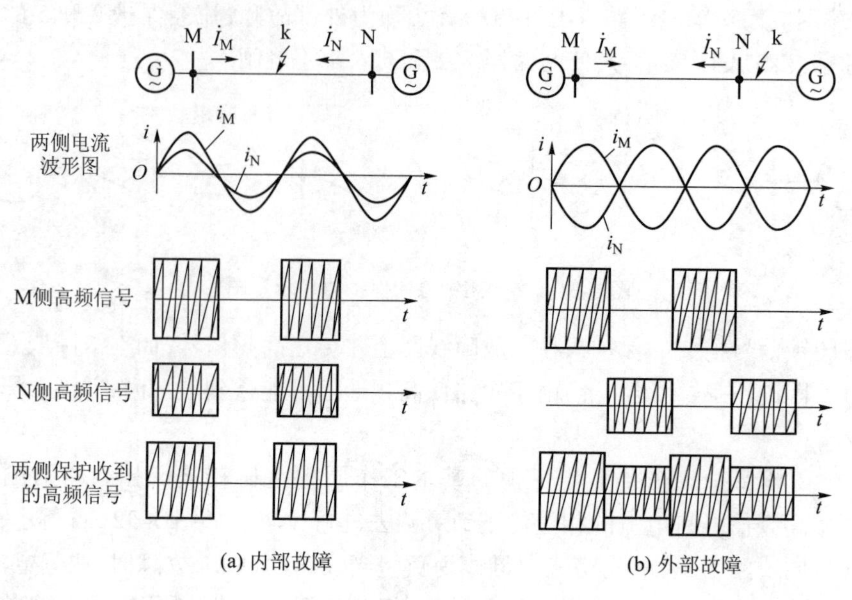

图 5-33 相差高保护工作情况说明图

由以上的分析得知,通过判别线路两侧保护收到的高频信号是间断的还是连续的,就可以实现电流相位比较。在被保护范围内部短路故障时,两侧保护收到的高频信号是间断的,线路两侧保护瞬时动作于跳闸;在被保护范围外部故障时,两侧保护收到的高频信号是连续的,线路两侧保护都不动作。

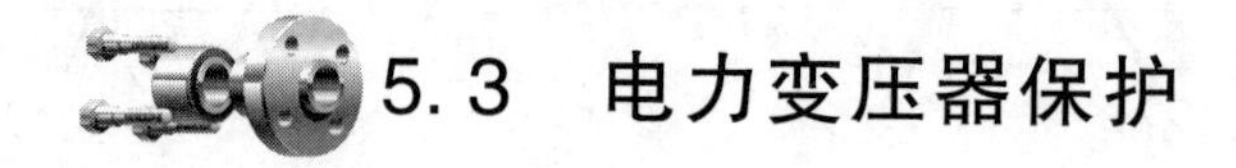

5.3 电力变压器保护

1. 变压器的故障、不正常工作状态及相关保护配置

电力变压器在电力系统中的地位和作用非常重要,一旦故障,将影响电力系统的稳定运行,电力系统供电可靠性将降低。因此,要根据变压器的型式、容量等条件,配置性能良好、动作可靠的保护装置。

变压器的故障分为内部故障和外部故障。内部故障指的是变压器油箱内绕组之间发生相间短路、一相绕组中发生的匝间短路、绕组与铁芯或引线与外壳发生的单相接地短路。外部故障指的是油箱外部引出线之间发生的各种相间短路和单相接地短路。变压器故障是非常危险的,特别是内部故障。故障时产生的高温电弧不仅烧坏绕组绝缘和铁芯,而且使绝缘材料和变压器油受热分解产生大量气体,导致变压器外壳局部变形、破坏,甚至引起爆炸。因此,变压器发生故障时,必须尽快停止其运行。

变压器不正常运行状态主要指过负荷、外部短路引起的过电流、漏油引起的油面降低以及过励磁。变压器处于不正常运行状态时,应及时处理,防止演变成故障。按照《继电保护和安全自动装置技术规程》(GB/T 14285—2006)的规定,电力变压器应装设以下保护装置。

(1)气体保护。对于0.8 MV·A及以上油浸式变压器和0.4 MV·A及以上车间内油浸式变压器,均应装设气体保护。轻微气体保护动作于信号;重气体保护动作于跳闸。另外,带负荷调压的油浸式变压器的调压装置,亦应装设气体保护。

(2)纵差动保护或电流速断保护。应按下列规定,装设相应的保护作为主保护,保护动作于瞬时跳闸。

①对6.3 MV·A以下的厂用工作变压器和并列运行的变压器,以及10 MV·A以下的厂用备用变压器和单独运行的变压器,当后备保护时限大于0.5 s时,应装设电流速断保护。

②对6.3 MV·A及以上的厂用工作变压器和并列运行的变压器,10 MV·A及以上的厂用备用变压器和单独运行的变压器,2 MV·A及以上的用电流速断保护灵敏性不符合要求的变压器,应装设纵差动保护。对于高压侧电压为330 kV及以上的变压器,可装设双重差动保护。

(3)过电流保护。对由外部相间短路引起的变压器过电流,应按下列规定,装设相应的变压器后备保护,且保护动作于延时跳闸。

①过电流保护适用于降压变压器。保护的整定值应考虑事故时可能出现的过负荷。

②复合电压启动的过电流保护适用于升压变压器、联络变压器和过电流保护不符合灵敏性要求的降压变压器。

③负序电流和单相式低电压启动的过电流保护适用于6.3 MV·A及以上的升压变压器。

④当复合电压启动的过电流保护或负序电流和单相式低电压启动的过电流保护不能满足灵敏性和选择性要求时,可采用阻抗保护。

(4)零序电流保护。110 kV及以上中性点直接接地的电力网中,如变压器的中性点直接接地运行,对外部单相接地引起的过电流,应装设零序电流保护。用作变压器外部接地短路时的后备保护,保护直接动作于跳闸。

(5)过负荷保护。0.4 MV·A及以上的变压器数台并列运行或单独运行,并作为其他负荷的电源时,应根据可能过负荷的情况,装设过负荷保护。过负荷保护采用单相式,带时限动作于信号。

(6)过励磁保护。电压330 kV及以上的变压器,由于频率降低和电压升高引起的变压器工作磁密过高,应装设过励磁保护。保护由两段组成,低定值段动作于信号,高定值段动作于跳闸。

2. 变压器瓦斯保护

当变压器油箱内发生各种短路故障时,由于短路电流和短路点电弧的作用,变压器油和绝缘材料受热分解,产生大量气体,从油箱流向油枕上部。故障越严重,产生气体越多,流向油枕的气流和油流速度也越快,反映这种气体实现的保护称为气体保护。气体保护的主要元件是气体继电器,它安装在油箱与油枕之间的连接管道上。气体保护原理接线图如图5-34所示。气体继电器KG的上触点为轻气体触点,动作于信号;下触点为重气体触点,动作于跳闸。

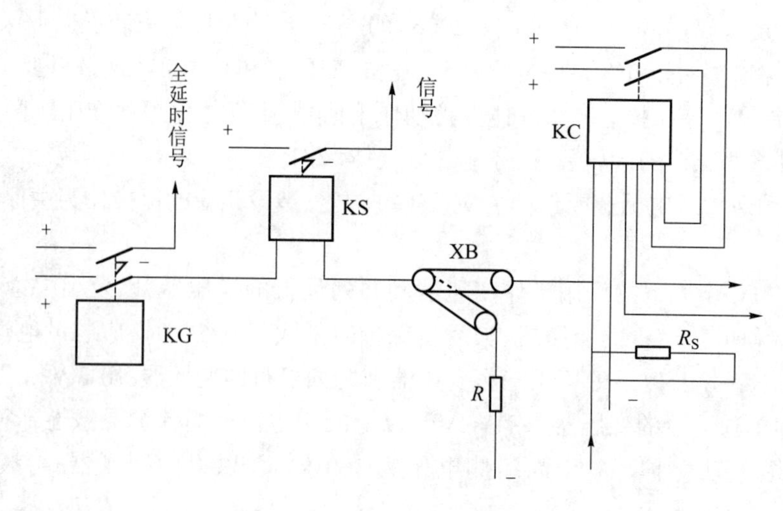

图 5-34　气体保护原理接线图

当变压器内部发生严重故障时，由于油流不稳，重气体触点可能抖动，所以出口继电器 KC 采用带自保持的中间继电器。另外，在变压器换油或试验时，为防止气体继电器误动作，应将连接片 XB 切至电阻 R 侧。

3. 变压器纵差动保护

双绕组变压器纵差动保护的原理接线图如图 5-35 所示。纵差动保护原理是比较变压器两侧电流的大小和相位，保护范围为纵差动保护用两组电流互感器（TA1、TA2）之间。变压器正常运行或保护范围故障时，差动继电器 KD 中无电流（$I_k = \dot{I}_1' - \dot{I}' = 0$），纵差动保护不动作；当变压器内部、引出线及套管相间短路时，差动继电器 KD 中电流大于动作电流后，纵差动保护动作。

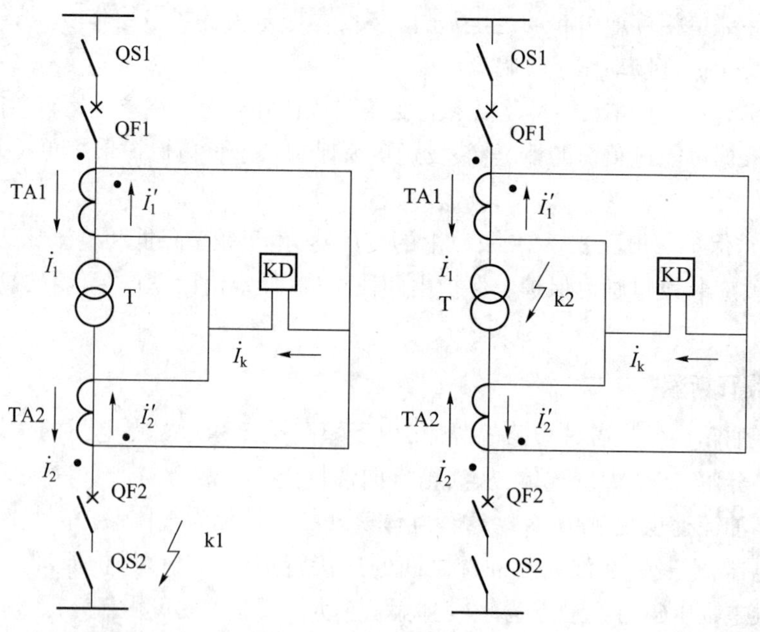

图 5-35　双绕组变压器纵差动保护的原理接线图

在实际应用时，变压器正常运行和外部短路时，流入继电器的电流不等于零。不等于零的原因：一个是变压器励磁涌流的影响；另一个是纵差动保护不平衡电流的存在。

(1)变压器励磁涌流的影响。变压器的励磁电流全部流入纵差动保护的差动回路。正常运行时，励磁电流仅为变压器额定电流的3%～5%，所以对保护无影响。而当变压器空载投入或外部短路故障切除电压恢复时，励磁电流可达额定电流的6～8倍，这称为励磁涌流。励磁涌流在变压器一侧流动，给纵差动保护带来极为不利的影响，所以要讨论励磁涌流的特点。

变压器铁芯的近似磁化曲线如图5-36(a)所示。其中，OS相当于饱和磁通Φ_{sat}，SP为平均磁化曲线饱和部分的渐近线。图5-36(b)中，Φ为暂态过程中的磁通波形，a、b两点的磁通值为Φ_{sat}，相对应的角度为θ_1、θ_2。在磁通中曲线上任取一点N，其相应的磁通为Φ_x，励磁电流为i_μ。过N点作横轴垂线MT，令MT等于i_x，从而确定了T点。逐点作图可求得励磁涌流i_μ，其波形如图5-36(b)所示。计及非周期分量磁通的衰减后，励磁涌流波形如图5-36(c)所示。从图5-36(c)中可得以下结论：

①励磁涌流的数值很大，并含有明显的非周期分量电流，使励磁涌流波形明显偏于时间轴的一侧。

②励磁涌流中含有明显的高次谐波电流分量，其中二次谐波电流分量尤为明显。

③励磁涌流波形偏向时间轴的一侧，且相邻波形之间存在"间断角"。

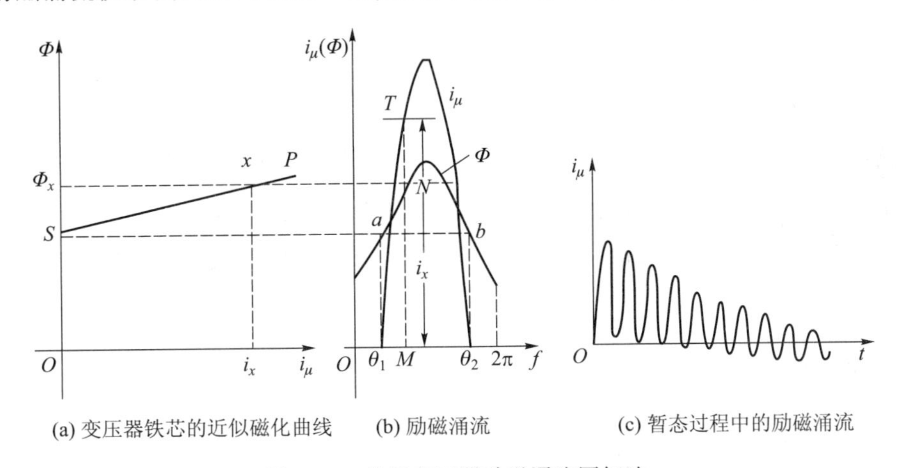

(a) 变压器铁芯的近似磁化曲线　(b) 励磁涌流　(c) 暂态过程中的励磁涌流

图5-36　单相变压器励磁涌流图解法

根据涌流的特点，变压器纵差动保护通常采取下列措施：

①采用具有速饱和变流器的BCH型差动继电器构成变压器纵差动保护。

②采用二次谐波制动原理构成变压器纵差动保护。

③采用鉴别波形间断角原理构成变压器纵差动保护。

速饱和变流器能降低励磁涌流对变压器纵差动保护的影响。因为励磁涌流中的非周期分量电流很容易使变流器铁芯磁饱和，在相同的时间里，磁感应强度变化量小，则变流器二次绕组中感应电动势小，变流器转变的二次电流也小。

(2)变压器差动保护不平衡电流产生的原因：

①YNd11接线的变压器两侧电流存在相位差，产生不平衡电流。为了消除这种不平衡电流，变压器的纵差动保护采用如图5-37所示位补偿接线，即将变压器d侧电流互感器二次侧接成星形，Y侧电流互感器二次侧接成三角形。

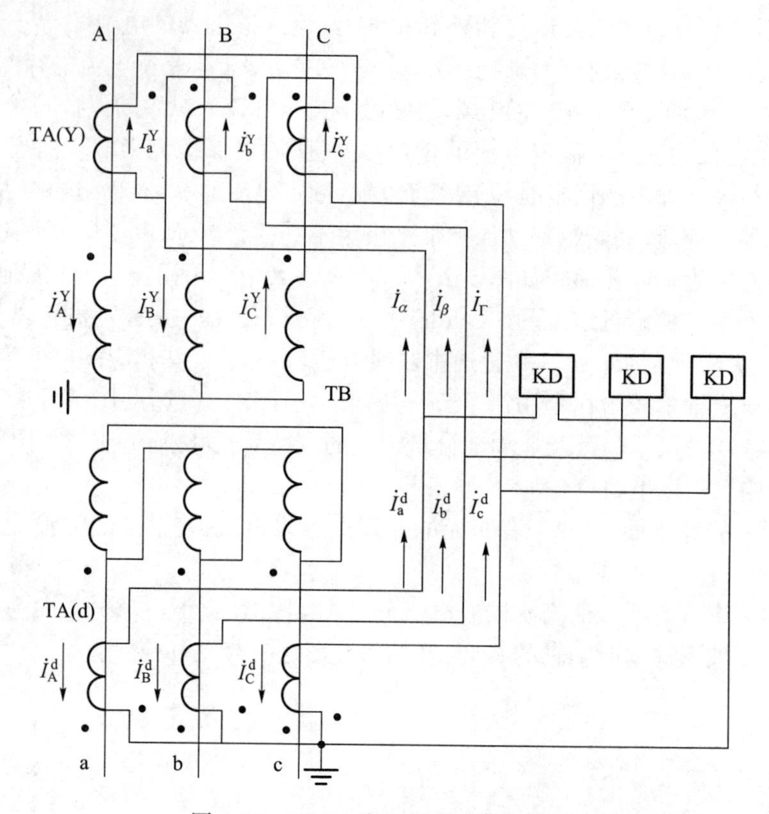

图 5-37 YNd11 变压器差动保护接线

另外,变压器变比的存在,使其高低压两侧线电流在数值上不相等,也产生不平衡电流。为了消除这种不平衡电流,采用数值补偿法,即变压器 d 侧电流互感器变比为

$$n_{TA(d)} = \frac{I_{N(d)}}{5} \tag{5-46}$$

变压器 Y 侧电流互感器变比为

$$n_{TA(Y)} = \frac{\sqrt{3}I_{N(Y)}}{5} \tag{5-47}$$

式中 $I_{N(d)}$,$I_{N(Y)}$——变压器 d、Y 侧的额定线电流。

②变压器两侧电流互感器型号不同,产生不平衡电流。

③电流互感器和自耦变压器变比标准化产生不平衡电流。平衡绕组用于补偿电流互感器,计算变比与选择的标准变比不等,产生不平衡电流。

④变压器带负荷调节分接头时产生不平衡电流。

⑤变压器外部短路时差动回路中最大可能的不平衡电流为

$$I_{unb.max} = (10\% \times K_{ts} + \Delta U + \Delta f_{er}) I_{k.max} \tag{5-48}$$

式中 K_{ts}——电流互感器同型系数,取 1;

$I_{k.max}$——外部短路时流过基本侧的最大短路电流;

ΔU——带负荷调压变压器分接头调整的相对百分数,通常最大值为 15%;

Δf_{er}——平衡绕组实际匝数与计算值不同引起的相对误差;

10%——电流互感器允许的最大相对误差。

(3)采用 BCH2 型差动继电器构成的差动保护。BCH2 型差动继电器是由一个 DL-21C 型电流继电器、一组带短路绕组和一组平衡绕组的速饱和变流器组成。短路绕组可以躲避非周期分量的影响,特别是躲避励磁涌流的影响。

BCH2 型差动继电器构成的三绕组变压器纵差动保护单相原理接线图如图 5-38 所示。差动继电器的平衡绕组 W_{b1}、W_{b2} 分别接于差动回路的两臂上,差动回路二次电流较大的第三臂不接平衡绕组。对于双绕组变压器,将一组平衡绕组接于二次电流较小的一臂上,也可使用两组平衡绕组,分别接于两差动臂中。

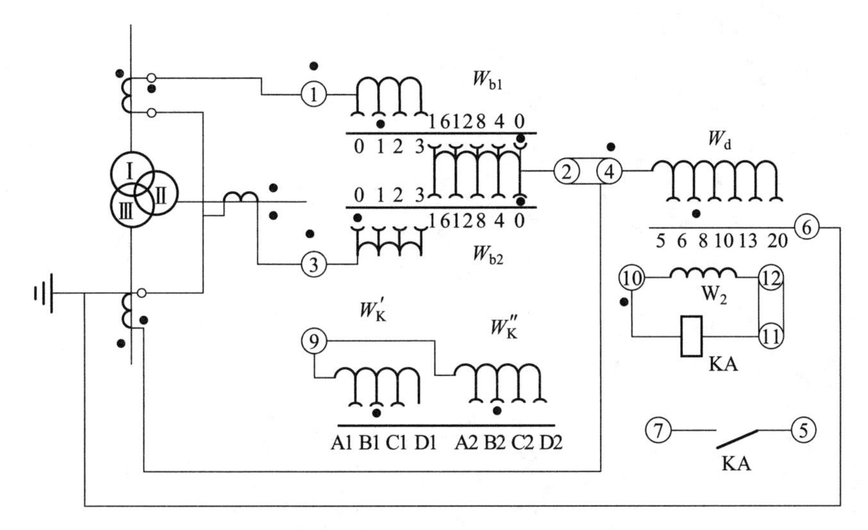

图 5-38　BCH2 型差动继电器构成的三绕组变压器纵差动保护单相原理接线图

(4)采用 BCH2 型差动继电器构成差动保护的整定计算。下面以双绕组变压器为例,说明整定计算的方法和步骤。

①确定基本侧。以电流互感器二次侧电流大的一侧作为基本侧。变压器各侧一次额定电流为

$$I_{N} = \frac{S_{N}}{\sqrt{3}U_{N}} \tag{5-49}$$

式中　S_N——变压器同一侧的额定容量,kV · A;

U_N——变压器同一侧的平均额定电压,kV。

再按式(5-50)确定电流互感器变比,即

$$n_{TA.cal} = \frac{K_{CON}I_{N}}{5} \tag{5-50}$$

式中　K_{CON}——电流互感器的接线系数,星形接线时为 1,三角形接线时为$\sqrt{3}$。

求出变比后,按电压等级和一次电流选择与计算变比接近的标准变比$n_{TA.cal}$。最后计算变压器差动保护各侧二次额定电流,即

$$I_{2N} = \frac{K_{CON}I_{N}}{n_{TA}} \tag{5-51}$$

②计算最大短路电流。计算变压器各侧短路时最大短路电流,并将其归算到基本侧。

③确定保护装置的一次动作电流。

躲过变压器的励磁电流为

$$I_{oper} = K_{rel} I_N \tag{5-52}$$

式中 K_{rel}——可靠系数,取1.3;

I_N——变压器基本侧的额定电流。

躲过外部短路时的最大不平衡电流为

$$I_{oper} = K_{rel} I_{unh.max} = K_{rel}(10\% \times K_{ts} + \Delta U + \Delta f_{er}) I_{k.max} \tag{5-53}$$

式中 K_{rel}——可靠系数,取1.3

10%——电流互感器的相对误差,取0.1;

K_{ts}——电流互感器同型系数,取1;

$I_{k.max}$——外部短路时流过基本侧的最大短路电流;

ΔU——变压器分接头改变而引起的误差;

Δf_{er}——继电器整定匝数与计算值不等而产生的相对误差,计算动作电流时,先用0.05进行计算;

$I_{unh.max}$——变压器外部短路时差动回路中最大可能的不平衡电流。

躲过电流互感器二次回路断线时变压器的最大负荷电流为

$$I_{oper} = K_{rel} I_{1.max} \tag{5-54}$$

式中 $I_{1.max}$——变压器正常运行时归算到基本侧的最大负荷电流。

取上述3个条件中最大值作为保护动作电流计算值。

④确定基本侧工作绕组的匝数:

$$N_{d.cal} = \frac{AN_0}{I_{oper.c}} \tag{5-55}$$

式中 $N_{d.cal}$——基本侧工作绕组计算匝数(根据差动绕组实际匝数,选择与$N_{d.cal}$相近且较小的抽头匝数作为整定匝数$N_{d.set}$);

AN_0——继电器动作安匝,一般取60安匝。

继电器动作电流为

$$I_{oper.c} = \frac{K_{CON} I_{oper}}{n_{TA}} \tag{5-56}$$

⑤确定基本侧实际动作电流及平衡绕组匝数。根据选取的基本侧工作绕组整定匝数,算出继电器的实际动作电流和保护一次动作电流。计算式如下:

$$I_{oper.b} = \frac{AN_0}{N_{d.set}} \tag{5-57}$$

$$I_{oper} = \frac{n_{TA}}{K_{con}} I_{oper.b} \tag{5-58}$$

基本侧工作绕组匝数N_{wl}等于差动绕组$N_{d.set}$和平衡绕组$N_{bl.set}$之和,即

$$N_{wl} = N_{d.set} + N_{bl.set} \tag{5-59}$$

非基本侧平衡绕组匝数为

$$N_{b2.cal} = N_{wl}\frac{I_{1N}}{I_{2N}} - N_{d.set} \tag{5-60}$$

式中 I_{1N}、I_{2N}——基本侧、非基本侧二次回路的额定电流。

选用与$N_{b2.cal}$相近的整数匝作为非基本侧平衡绕组的整定匝数$N_{b2.set}$。

⑥校验相对误差：

$$\Delta f_{er} = \frac{N_{b.cal} - N_{b.set}}{N_{b.cal} + N_{b.set}} \leqslant 0.05 \tag{5-61}$$

若 $\Delta f_{er} \leqslant 0.05$，则以上计算结果有效；若 $\Delta f_{er} \geqslant 0.05$，则应将 Δf_{er} 代入式(5-53)重新计算动作电流和各绕组匝数。

⑦灵敏度校验。按变压器内部短路故障时最小短路电流校验，即

$$K_{sen} = \frac{I_{k.min}}{I_{oper.b}} \geqslant 2 \tag{5-62}$$

式中 $I_{k.min}$——内部短路故障时流入继电器的最小短路电流，已归算到基本侧（如为单侧电源，应归算到电源侧）；

$I_{oper.b}$——基本侧保护一次动作电流（若为单侧电源变压器，应为电源侧保护一次动作电流）。

4. 变压器电流速断保护

对于容量较小的变压器，当其过电流保护的动作时限大于0.5 s时，可在电源侧装设电流速断保护，与气体保护配合，构成变压器的主保护。变压器的电源侧为直接接地系统时，保护采用完全星形接线；变压器的电源侧为非直接接地系统时，保护采用两相不完全星形接线。保护的动作电流取以下两个条件的最大值整定：躲过外部短路时流过保护的最大短路电流整定，躲过变压器空载投入时的励磁涌流整定。

5. 变压器相间短路的后备保护和过负荷保护

为了防止外部短路引起的过电流，并作为变压器相间短路的后备保护，一般在变压器上都应装设过电流保护。保护装置安装在变压器的电源侧，当发生内部故障时，若主保护拒动，应由过电流保护经延时动作于断开变压器各侧的断路器。变压器后备保护的方式有复合电压启动的过电流保护、过电流保护和低电压启动的过电流保护、负序电流和单相低电压启动的过电流保护等。

(1)复合电压启动的过电流保护。此方式适用于升压变压器、系统联络变压器和过电流保护不满足灵敏度要求的降压变压器。原理接线图如图5-39所示。

复合电压启动的过电流保护由电流继电器1KA、2KA、3KA，低电压继电器KVU，负序电压继电器KVN，中间继电器KC，时间继电器KT，信号继电器KS，出口继电器KCO组成。

电流继电器的动作电流按变压器额定电流整定。低电压继电器的动作电压应低于正常运行情况下母线上可能出现的最低工作电压，同时继电器在外部短路故障切除后，电动机自启动的过程中必须返回。负序电压继电器动作电压应躲过正常运行时负序电压滤过器输出的最大不平衡电压。

复合电压启动的过电流保护灵敏度较高，因为电流继电器的动作电流按变压器额定电流整定，又因为负序电压继电器存在，使低电压继电器动作更灵敏。

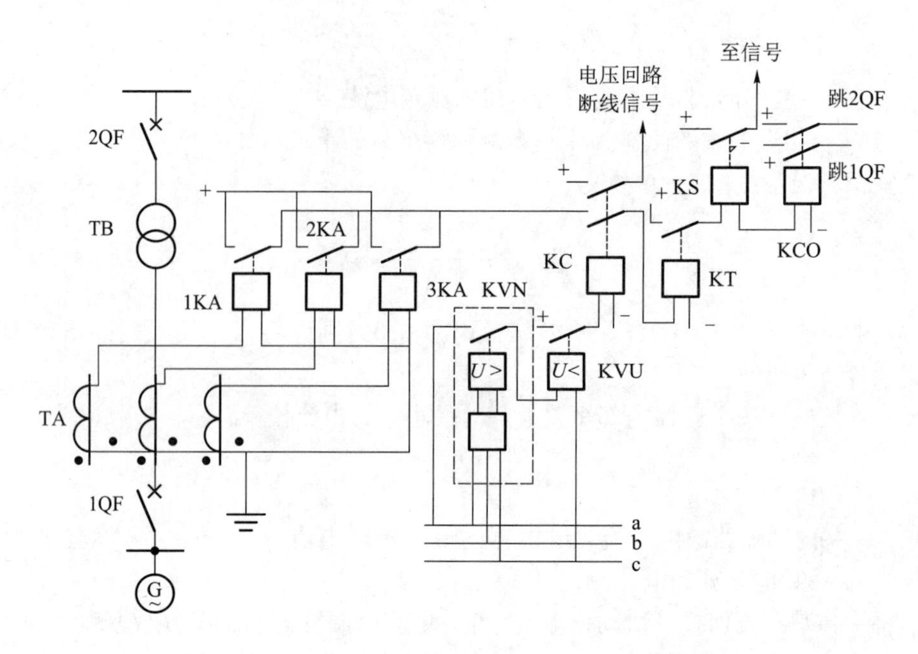

图 5-39　复合电压启动的过电流保护原理接线图

(2)过电流保护和低电压启动的过电流保护。过电流保护一般用于容量较小的降压变压器。保护的动作电流应躲过变压器可能出现的最大负荷电流来整定。过电流保护的动作电流通常较高,往往不能满足升压变压器或较大容量的降压变压器对灵敏度的要求。这时,可采用低电压启动的过电流保护。

复合电压启动的过电流保护原理接线图中的电压部分用三只低电压继电器代替就成为低电压启动的过电流保护,其整定计算也与复合电压启动的过电流保护中电流继电器和低电压继电器的整定相同。

(3)负序电流和单相低电压启动的过电流保护。对于大型变压器,为提高后备保护灵敏度,必要时可装设负序电流和单相低电压启动的过电流保护,以反映不对称短路故障。

负序电流过电流保护包括负序电流滤过器和电流继电器组成的负序电流继电器、时间继电器、信号继电器和出口中间继电器。

单相低电压启动的过电流保护包括低电压继电器、电流继电器和中间继电器,反映对称短路故障。负序电流保护优点是负序电流元件整定电流小,所以不对称短路时灵敏度高。另外,保护装置的结构简单。

(4)变压器过负荷保护。变压器长期过负荷运行时,会加速绝缘老化,影响绕组绝缘的寿命。变压器过负荷电流一般三相对称。因此,对双绕组变压器,只在变压器电源侧装设对称过负荷保护。对三绕组升压变压器,当一侧无电源时,过负荷保护应装设在低压主电源侧和无电源侧;当三侧都有电源时,则三侧都装过负荷保护。对于单侧电源的三绕组降压变压器,若三侧绕组容量相同,则过负荷保护只装在电源侧;若三侧绕组容量不同,则在电源侧和容量较小的一侧分别装设过负荷保护。对于双侧电源的三绕组降压变压器或联络变压器,三侧均应装设过负荷保护。变压器过负荷保护延时动作于信号。

6. 变压器接地保护

110 kV 及以上中性点直接接地系统中的变压器，一般要求在变压器上装设接地(零序)保护，作为相邻元件及变压器本身主保护的后备保护。110 kV 及以上变压器中性点是否接地运行，与变压器中性点的绝缘水平有关。220 kV 及以上的大型电力变压器，高压绕组均为分级绝缘，即中性点绝缘有两种绝缘水平：一种绝缘水平很低，这种变压器只能接地运行；另一种有较高的绝缘水平，可直接接地运行，也可在电力系统不失去接地点的情况下，不接地运行。因此，对应变压器中性点不同的运行方式，接地保护也不同。

(1)中性点可接地也可不接地运行的分级绝缘变压器接地保护如图 5-40 所示。当接地运行时，应装设零序电流保护；当不接地运行时，应装设零序电压保护。零序电流元件$3I_0$用来反映放电间隙击穿的情况。当系统发生接地短路时，中性点接地运行变压器由其零序电流保护动作于切除；中性点不接地运行变压器将由反映间隙放电电流的零序电流保护瞬时动作切除；如果中性点过电压不足以使放电间隙击穿，则可由零序电压保护经延时 t 切除。

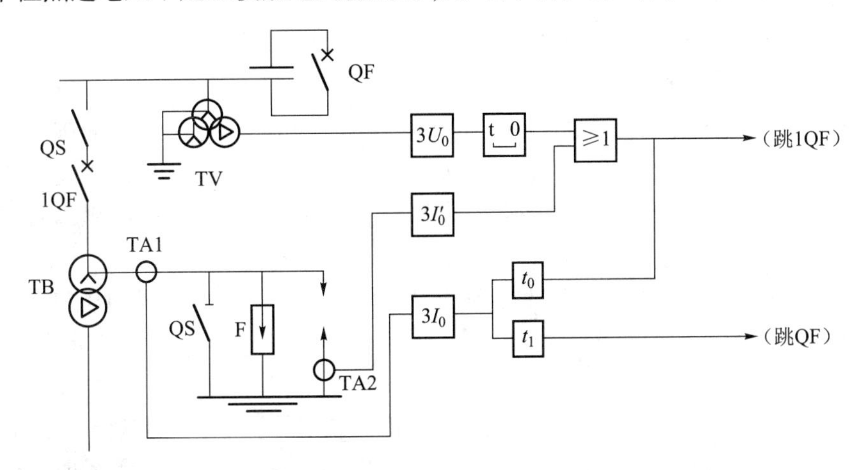

图 5-40　中性点可接地也可不接地运行的分级绝缘变压器接地保护

(2)对中性点可接地也可不接地运行的全绝缘变压器接地保护，因中性点绝缘水平较高，故除按规定装设零序电流保护外，还增设零序电压保护。当发生接地故障时，同样先由零序电流保护动作切除中性点接地的变压器，若故障依然存在，再由零序电压保护切除中性点不接地的变压器。

(3)对中性点直接接地运行的变压器，可采用零序电流运行的保护。保护动作后以短时限跳开母联断路器或分段断路器，减少故障范围；以较长时限跳开变压器两侧断路器。

 5.4　发电机保护

同步发电机是火力发电厂的三大主机之一，它的安全运行对保证电力系统的电能质量起着决定性作用。然而，发电机在运行过程中，其定子绕组和转子回路都可能出现故障或异常情况。当故障发生后，损坏后检修时间长，经济损失也较大。因此，发电机必须装设性能完善的继电保护装置。

1. 发电机常见的故障

(1)发电机运行中定子绕组有可能发生相间短路,短路电流流过故障点可能产生高温,电弧烧毁发电机,甚至引起火灾。

(2)发电机定子绕组还可能发生一相匝间短路,这种故障发生概率虽然不高,但一旦发生将产生很大环流,引起故障处温度升高,从而使绝缘老化,甚至击穿绝缘,发展为单相接地或相间短路,扩大发电机的损坏范围。

(3)发电机定子绕组单相接地,是指定子绕组碰壳,这时流过定子铁芯的电流为发电机和发电机电压系统的电容电流之和。当这一电流较大时,特别是大型发电机,可能使铁芯局部熔化,修复铁芯工作复杂且修复工期长。

(4)发电机转子绕组一点接地,由于没有构成电流通路,对发电机没有直接危害,但若再发生另一点接地时,就造成两点接地,使转子绕组被短接,不但会烧毁转子绕组,而且由于部分绕组短接会破坏磁路的对称性,从而引起发电机的强烈振动,尤其是凸极式转子的水轮发电机和同步调相机两点短路,特别危险。

2. 发电机不正常工作状态

(1)转子失磁。由于转子绕组断线、励磁回路故障或灭磁开关误动等原因,造成转子失磁。失磁后,在转入异步运行时,定子电流增大、电压下降、有功功率下降、无功功率反向等,这些电气量的变化,在一定条件下,将破坏电力系统的稳定运行,威胁发电机本身安全(定子端部过热)。

(2)过电流。由于外部短路、非同期合闸以及系统振荡等原因引起的过电流。

(3)过负荷。由于负荷超过发电机额定值,或负序电流超过发电机长期允许值所造成的对称或不对称过负荷。

(4)过电压。发电机突然甩负荷引起过电压,特别是水轮发电机,因其调速系统惯性大和中间再热式大型汽轮发电机功频调节器的调节过程比较迟缓,在突然甩负荷时,转速急剧上升从而引起过电压。

(5)逆功率。当汽轮发电机主气门突然关闭而发电机断路器未断开时,发电机变为从系统吸收有功过渡到同步电动机运行状态,这对发电机并无危害,但对于汽轮发电机叶片特别是尾叶,由于鼓风损失,叶片有可能过热而损坏。

(6)发电机失步。发电机失步时,发电机与系统发生振荡,当振荡中心落在发电机一变压器组内时,高、低压母线电压将大幅度波动,严重威胁厂用电的安全。此外,振荡电流会使定子绕组过热,并使其端部遭受机械损伤。

(7)频率降低。当系统频率降低到汽轮发电机叶片的自振频率时,将导致叶片共振,使叶片疲劳甚至出现断裂。此外,频率降低还会引起发电机、变压器的过励磁。

3. 发电机的继电保护配置

为了保证电力系统安全稳定运行,并将故障或不正常运行状态的影响限制到最小范围,按照《继电保护和安全自动装置技术规程》(GB/T 14285—2006)的规定,发电机应装设以下保护装置。

(1)电流速断保护或纵差动保护。按发电机容量大小和是否接入电网,装设反映定子绕组及其引出线相间短路的电流速断保护或纵差动保护。保护动作于停机。对容量 1 MW 以上的发电机应装设纵差动保护。

(2)定子绕组匝间短路保护。根据发电机定子绕组的接线形式和中性点分支引出端子的情况,装设反映定子绕组匝间短路的单元件横差动保护或零序电压保护、转子二次谐波电流保护动作于停机。

(3)后备保护。根据发电机的容量,装设反映外部相间短路故障和发电机主保护的后备保护。对于容量在1 MW及以下的发电机,应装设过电流保护;容量在1 MW以上的发电机宜装设复合电压启动的过电流保护;容量在50 MW及以上的发电机可装设负序电流保护和单元件低电压启动的过电流保护,当灵敏度不满足要求时,可采用低阻抗保护。保护以较短时限动作于母联断路器或分段断路器(以缩小故障影响范围)或解列;以较长时限动作于停机。

(4)负序电流保护。发电机应装设反映不对称负荷、非全相运行和外部不对称短路故障的负序电流保护。保护动作于信号或解列或程序跳闸。

(5)定子绕组单相接地保护。定子绕组单相接地时,若接地电流超过规定值应装设消弧线圈,将接地电流补偿到允许值后再装设接地保护。在发电机变压器组接线中,对于容量在100 MW以下的发电机保护区应不小于90%;对于容量在100 MW及以上的发电机,保护区应为100%。保护动作于信号或停机。

(6)励磁回路一点接地和两点接地保护。对于汽轮发电机组,应装设励磁回路一点接地保护和两点接地保护。一点接地保护动作于信号,两点接地保护动作于停机。对于一点接地有时也可采用反映励磁回路一点接地的定期检测装置来代替一点接地保护。对于水轮发电机应装设一点接地保护,且保护动作于停机。

(7)失磁保护。对于容量在100 MW以下不允许失磁运行的发电机,当采用直流励磁系统时,应在灭磁开关断开时联锁断开发电机断路器;采用半导体励磁系统时,应装设失磁保护。此外,容量在100 MW以上的发电机也应装设失磁保护。对于水轮发电机,保护动作于解列灭磁;对于汽轮发电机,保护动作于减出力,以便缩短异步运行时间,尽快恢复同步运行。在不允许继续异步运行或失磁后,母线电压低于允许值时,保护动作于解列灭磁。

(8)定子绕组、励磁绕组过负荷保护。在定子绕组、励磁绕组上应装设定时限和反时限过负荷保护。定时限过负荷保护动作于信号或自动减负荷、降低励磁电流;反时限过负荷保护动作于解列或程序跳闸、解列灭磁。

(9)过电压保护。对于水轮发电机和容量在200 MW及以上汽轮发电机,应装设定子过电压保护。保护动作于解列灭磁。

(10)逆功率保护。对于容量在200 MW及以上的汽轮发电机,宜装设逆功率保护。保护带时限动作于信号,经长时限动作于解列。

(11)低频保护。对于容量在300 MW及以上的汽轮发电机应装设低频保护。保护动作于信号并能显示低频运行的累计时间。

(12)失步保护。对于容量在30 MW及以上的发电机,需装设失步保护。保护通常动作于信号或解列。

停机是指断开发电机断路器、灭磁开关。对汽轮发电机还要关闭主气门;对水轮发电机还要关闭导水翼。

解列灭磁是指断开发电机断路器、灭磁、汽轮发电机甩负荷。

解列是指断开发电机断路器、汽轮发电机甩负荷。

减出力是指将原动机出力减到给定值。

程序跳闸对于汽轮发电机来说是首先关闭主气门,待逆功率继电器动作后,再跳开发电机断路器并灭磁;对于水轮发电机,应首先将导水翼关到空载位置,再跳开发电机断路器并灭磁。

第6章 智能电网

6.1 智能电网综述

智能电网就是电网的智能化,也被称为“电网 2.0”,它是建立在集成的、高速双向通信网络的基础上,通过先进的传感和测量技术、先进的设备技术、先进的控制方法以及先进的决策支持系统技术的应用,实现电网的可靠、安全、经济、高效、环境友好和使用安全的目标,其主要特征包括自愈、激励、保护用户、抵御攻击、提供满足 21 世纪用户需求的电能质量、容许各种不同发电形式的接入、启动电力市场以及资产的优化和高效运行等。

但是在目前对于智能电网并没有一个确定的概念,各个领域的专家从不同角度阐述了智能电网的内涵。美国电力科学研究院在 2000 年前后提出了 Intelli-Grid 的未来电网发展概念,欧洲则称其为 Smart Grid。美国电力科学研究院将智能电网定义为:一个由众多自动化的输电和配电系统构成的电力系统,以协调、有效和可靠的方式实现所有的电网运作,具有自愈功能;快速响应电力市场和企业业务需求;具有智能化的通信架构,实现实时、安全和灵活的信息流,为用户提供可靠、经济的电力服务。可将智能电网的主要特征归纳为以下几点:

(1)自愈性。无须或仅需少量的人为控制,智能电网可以通过连续的评估自测分析,并及时应对系统问题,恢复电力元件或局部网络的正常运行,以避免或减少断电和电压不稳等电力供应质量问题。

(2)安全性。新技术的配置将可以更好地识别和应对人为和自然的侵害。

(3)兼容性。为各种分布式能源提供即插即用式,方便接入和退出。

(4)用户互动性。电网向用户提供多种可供选择的供电方案和控制手段,使用户可以更好地控制各自的用电设备/装置,以实现需求侧响应,达到用户和电网的双赢。

(5)经济性。电网将达到更高的输配量,从而减少电力成本。电网升级拟提高输电网的输送能力并使潮流最优化,将减少损耗并将使最低成本发电的电源得到最大化的使用。同时,可以更好地协调电力分配和当地负荷服务功能与地区间能源流动和通信传输量之间的关系。

欧盟委员会将智能电网定义为一个可整合所有连接到电网用户(发电厂或电力用户)所有行为的电力传输网络,以有效提供持续、经济和安全的电能。将其特性概括为以下几点:

(1)灵活性。满足用户多样化的电力需求。

(2)易接入性。保证所有用户都可接入电网,尤其对于可再生能源和高效、清洁的本地发电。

(3)可靠性。提高电力供应的可靠性与安全性。

(4)经济性。通过改革及竞争调节实现最有效的能源管理,提高电网的经济效益。

中国国家电网公司在2009年5月21日至22日召开的特高压输电技术国际会议上,将其提出的坚强智能电网描述为:以特高压电网为骨干网架、各级电网协调发展的坚强网架为基础,以通信信息平台为支撑,具有信息化、自动化、互动化特征,包含电力系统的发电、输电、变电、配电、用电和调度六大环节,涵盖所有电压等级,实现"电流、信息流、业务流"的高度一体化融合,具有坚强可靠、经济高效、清洁环保、透明开放和友好互动内涵的现代电网。

6.1.1 智能电网的理念和发展智能电网的驱动力

1. 智能电网的理念

尽管各国对于智能电网的定义不尽相同,但是从这些定义中可以总结出智能电网的共同点。智能电网是将先进的传感量测技术、信息通信技术、分析决策技术和自动控制技术与能源电力技术以及电网基础设施高度集成而形成的新型现代化电网。智能电网的智能化主要体现在:

(1)观测性好。基于先进的测量和传感技术实现对电网的准确感知。

(2)控制性强。对观测到的对象可实现有效的控制。

(3)实时分析和决策。实现从数据、信息到智能化决策的提升。

(4)自适应和自愈性强。实现自动优化调整和故障自我恢复。

传统电网是一个刚性系统,电源的接入与退出、电能量的传输等都缺乏弹性,使电网动态柔性及重组性较差;垂直的多级控制机制反应迟缓,无法构建实时可配置和可重组的系统,自愈及自恢复能力完全依赖于物理冗余;对用户的服务简单,信息单向;系统内部存在多个信息孤岛,缺乏信息共享,相互割裂和孤立的各类自动化系统不能构成实时的有机统一整体,整个电网的智能化程度较低。

与传统电网相比,智能电网将进一步优化各级电网控制,构建结构扁平化、功能模块化、系统组态化的柔性体系架构,通过集中与分散相结合的模式,灵活变换网络结构、智能重组系统架构、优化配置系统效能、提升电网服务质量,实现与传统电网截然不同的电网运营理念和体系。智能电网将实现对电网全景信息(指完整、准确、具有精确时间断面、标准化的电力流信息和业务流信息等)的获取,以坚强、可靠的物理电网和信息交互网平台为基础,整合各种实时生产和运营信息,通过加强对电网业务流的动态分析、概述诊断和优化,为电网运行和管理人员展示全面、完整和精细的电网运营状态图,同时能够提供相应的辅助决策支持、控制实施方案和应对预案。一般认为,智能电网的特征主要包括坚强、自愈、兼容、经济、集成和优化等。

(1)坚强。在电网发生大扰动和故障时,仍能保持对用户的供电能力,而不发生大面积停电事故,在自然灾害、极端气候条件下或外力破坏下仍能保证电网的安全运行;具有确保电力信息安全的能力。

(2)自愈。具有实时、在线和连续的安全评估和分析能力,强大的预警和预防控制能力,以及自动故障诊断、故障隔离和系统自我恢复的能力。

(3)兼容。支持可再生能源的有序、合理接入,适应分布式电源和微电网的接入,能够实现与用户的交互和高效互动,满足用户多样化的电力需求并提供对用户的增值服务。

(4)经济。支持电力市场运营和电力交易的有效开展,实现资源的优化配置,降低电网损耗,提高能源利用效率。

(5)集成。实现电网信息的高度集成和共享,采用统一的平台和模型,实现标准化、规范化和精益化管理。

(6)优化。优化资产的利用,降低投资成本和运行维护成本。

2. 发展智能电网的驱动力

解决能源安全与环保问题,应对气候变化,是发展智能电网的核心驱动力。创造新的经济增长点与增加就业岗位,是国外主要发达国家发展智能电网的经济动因。由于国情以及电力工业发展水平的不同,各国和地区发展智能电网的驱动力略有不同。

美国发展智能电网的驱动力包括:①升级和更新现有电网基础设施,提高供电可靠性,避免发生大面积停电事故;②最大限度地利用信息通信技术,并与传统电网紧密结合,以促进电网现代化;③利用高级量测体系(advanced metering infrastructure,AMI)、需求响应(demand response,DR)和家庭局域网(home area networks,HANs)等技术,实现电力和信息等的双向流动,促进电力企业在不断开放的电力市场中与用户的友好互动;④提高电网对可再生能源发电的接入能力,促进可再生能源的利用,以保护环境和减少对化石能源的依赖。

欧洲发展智能电网的驱动力包括:①安全可靠供电,包括解决一次能源短缺问题,提高供电能力、供电可靠性以及电能质量;②环境保护,包括实现《京都议定书》中的有关协议,关注气候变化,保护自然环境;③电力市场,包括提高能效和竞争能力,满足反垄断管制要求等。

中国发展智能电网的驱动力包括:①充分满足经济社会快速发展和电力负荷高速持续增长的需求;②确保电力供应的安全性和可靠性,避免发生大面积停电事故;③提高电力供应的经济性,降低成本和节约能源;④大力发展可再生能源,调整优化电源结构,提高电网接入可再生能源的能力和能源供应的安全性,满足环境保护的要求;⑤提高电能质量,为用户提供优质电力和增值服务;⑥适应电力市场化的要求,优化资源配置,提高电力企业的运行、管理水平和效益,增强电力企业的竞争力。

6.1.2　智能电网的研究与实践

1. 国外智能电网的研究与实践情况

目前,美国、加拿大、澳大利亚以及欧洲各国相继开展了智能电网相关研究,而其中最具代表性的是美国与欧洲。在美国,电网老化、运行效率下降、停电事故愈加频繁和节能环保的压力迫使其智能电网的研究与建设。2003 年推出了 Grid 2030 计划,2004 年在美国能源部支持下,智能电网项目启动,美国电力科学研究院提出 Intelli-Grid 项目。2005—2006 年,美国能源部和美国能源技术实验室合作,发起了“现代电网”倡议,从概念上形成一个比较完整的智能电网体系。美国将智能电网发展的重点只放在配电网一侧,致力于应用通信技术和智能控制技术提高电网的智能性,强调用户的参与和互动。美国智能配电系统的关键技术主要包括高级配电自动化技术和配电管理技术。高级配电自动化技术解决方案是在传统的配电自动化系统中增加一些功能,应对分布式能源并网、电动汽车接入带来的问题,降低网损和能源消耗。其主要内容包括增加电压控制,加强对配电系统的监测,实现自愈控制等,应用于中压配电网,主要解决方案包括节能降压(conservation voltage reduction,CVR)、集成电压无功控制(integrated volt/var control,IVVC)、故障检测隔离和恢复(fault detection isolation & restoration,FDIR)等。

(1)节能降压(CVR)即对一条配电馈线进行电压控制,利用高级计量体系监测用户末端电压,依靠馈线中间配置无功补充,调节无功电压,其目的是:①在允许范围内尽可能降低负荷点电压,从而降低恒阻抗、恒电流负荷的能耗,同时也可解决分布式能源并网带来的末端电压升高问题;②通过线路中间的无功补偿,提高馈线的电压水平,降低线路损耗。

(2)集成电压无功控制(IVVC)是一个配电区域内多目标电压无功控制。

(3)故障检测隔离和恢复(FDIR)是借助自动重合闸、通信系统和软件配置,通过开关自动隔离故障,并利用备用电源为非故障用户恢复供电。

(4)配电管理技术是将停电管理系统(outage management system,OMS)和AMI集成,提高用户停电管理水平、供电可靠性和工作效率。

在欧洲智能电网的发展进程中,严格的温室气体排放政策显然起到了更大的推动作用。分布式能源和可再生能源接入研究也相应获得了更多的支持。欧洲智能电网技术平台是一个由欧盟发起并建立的研究机构,目标是推动整个欧盟的智能电网发展,该平台自2005年开始运作。欧盟各国的智能电网研究重点是可再生能源的接入和跨国互联电网的发展,其优先关注的重点领域包括:①优化电网的运行和使用;②优化电网基础设施;③大规模间歇性电源集成;④信息和通信技术;⑤主动的配电网;⑥新电力市场的地区、用户和能效。

目前,欧洲智能电网研究涉及的技术重点体现在以下几方面:

(1)各种提高电网可观测性和可控性的自动化技术,如配电自动化等。这些技术的部署为适应分布式能源并网奠定了坚实的基础。

(2)智能电表的研发和部署。目前欧盟在智能电表部署上投资已超过40亿欧元,意大利和瑞典分别为21亿欧元和15亿欧元,占比最高。据估计,到2020年,欧盟将部署智能电表1.7~1.8亿个,至少投入资金300亿欧元。智能电表的效益主要来自节能和电力公司运行成本的降低(技术的和非技术的损耗)。其他潜在的效益来自实施需求响应和提供新的增值服务。

(3)提高供电方和用电方的灵活性的各种技术,包含技术、市场和二者的集成三方面。

(4)电动汽车。目前主要关注如何使充电设施及其信息通信系统能正常工作,今后需考虑到更为复杂的应用,如V2G等。

(5)储能技术及其应用。从2012年开始,将新型储能技术作为新的能源的研究得到了重视,并成为2012年项目的研究重点。

2. 我国智能电网的研究与实践现状

2001年,中国科学院院士、清华大学教授卢强提出“数字电力系统”的概念。2008年,天津大学余贻鑫院士发表《建设具有“高级计量、高级配电管理、高级输电和资产管理的自愈智能电网”》成为我国智能电网研究的开端。2009年,特高压输电技术国际会议上,国家电网公司正式公布了“坚强智能电网计划”。其在技术上包含四个基本特征:信息化、数字化、自动化、互动化。其中,信息化是指实时和非实时信息的高度集成、共享和利用;数字化是指电网对象、结构及状态的定量描述和各类信息的精确、高效采集与传输;自动化是指电网控制策略的自动优选、运行状态的自动监控和故障状态的自动恢复等;互动化是指电源、电网和用户资源的友好互动和协调运行。

该计划分成三个阶段进行。

第一阶段:2009—2010 年,规划试点。重点开展坚强智能电网发展规划,制定技术和管理标准,开展关键技术的研究和设备的研制。结合各地区电网特点,开展智能电网试点项目建设,累计安排 32 类 303 项,已建成试点项目 29 类 269 项,试点范围覆盖了国家电网公司经营区域内的 26 个省(自治区、直辖市),涵盖了发电、输电、变电、配电、用电、调度六大环节和通信信息平台。

第二阶段:2011—2015 年,全面建设。加快特高压电网和城乡配电网建设,初步形成电网运行控制和互动服务体系,关键技术的研究和设备研制实现重大突破。根据技术成熟度和应用情况,陆续选择了智能电网调度技术支持系统、配电网自动化、用电信息采集等 14 类项目进行推广建设。

第三阶段:2016—2020 年,引领提升。全面建成坚强智能电网。实现清洁能源装机比例达到 35% ,分布式电源即插即用,智能电表得到普遍应用。目前,我国智能电网建设在发电侧,主要是建设大规模可再生清洁能源发电,已取得多项大规模新能源发电并网关键技术的研究成果,支撑了新能源的开发、消纳和行业发展。经营区域内并网风电装机已超过 6 000 万 kW。输电侧主要是特高压输电建设,先后建成三个世界上电压最高、容量最大的特高压交、直流工程,已累计送电超过 800 亿 kW·h。同时一些智能输电技术的广泛应用实现了输电业务的精益化管理和电网安全运行决策。目前,已在 15 个省完成了输变电设备状态监测系统部署。配电侧主要是数字化变电站和智能电表的推广,开展了两代智能变电站的持续实践。在两批共 74 座试点工程的基础上进一步升级原有智能变电站技术方案,大幅优化主接线及平面布局,构建一体化业务系统并深化高级应用功能。已新建并投运智能变电站 500 多座,研制成功多项关键设备并得到规模应用;六个 110 kV、220 kV 电压等级新一代智能变电站示范工程技术方案已得到实践验证,2013 年底投运。同时,累计实现 1.55 亿户用电信息采集,构建了大规模的高级计量体系,支撑了智能用电服务的提升。同时,电动汽车充换电服务网络建设全面推进,在 26 个省市建成投运了电动汽车充换电站 360 座、充电桩 15 333 个,带动了电动汽车相关产业的快速发展。

6.1.3 智能电网技术体系架构

智能电网建设是一项十分复杂而庞大的系统工程,现有的技术标准无法满足建设智能电网的要求。建立一个系统、完善、开放的智能电网技术标准体系已迫在眉睫。通过技术标准体系的建设,可有效规范智能电网规划设计、建设运行、设备制造、各环节的实践,保障、促进智能电网和相关新兴产业有序、健康发展。努力把具有自主知识产权的智能电网关键技术标准推荐为国际标准,有利于提高中国相关产业在国际智能电网市场的核心竞争力。目前对于智能电网并没有一个标准的技术架构,国内外的技术架构主要有以下几种。

1. 国外的几种智能电网技术体系架构

1）国际电工委员会（IEC）研究进展

2009 年 4 月，IEC 成立了智能电网战略工作组（SG3），负责研究智能电网技术标准体系。SG3 将智能电网技术标准体系分为通用技术和专业技术两类。在通用技术类中，重点关注通信、安全和规划三个领域；在专业技术类中，重点关注高压直流（HVDC）/柔性交流输电（FACTS）、停电预防/能量管理系统（EMS）、先进配电管理、配电自动化、智能变电站、分布式能源、高级量测体系（AMI）、需求侧响应和负荷管理、智能家居和楼宇智能化、电能存储、电动汽车、状态监测、电磁兼容、低压设施、大规模可再生能源接入 15 个领域。SG3 认为，核心标准对智能电网建设具有重大影响，适用于智能电网多个技术领域，并推荐涉及开放性架构、互操作、网络安全性等方面的 IEC 62357、IEC 61970、IEC 61850、IEC 61968 和 IEC62351 等五个标准为智能电网核心标准。

2）美国国家标准与技术研究院（NIST）研究进展

美国智能电网技术标准体系主要由 NIST 主导研究。NIST 旨在建立一个实现智能电网互操作性的技术框架，对各种协议和标准模型进行协调，以实现各设备和系统之间的互操作。2010 年 1 月，NIST 发布了《智能电网互操作标准框架和技术路线图（1.0 版）》，提出智能电网及其标准体系的概念模型，确定了 75 个现有的适用（或可能适用）于智能电网不断发展的标准。NIST 认为需要优先考虑 8 个领域：需求响应及用户用电效率、广域感知能力、电能储存、电气化交通、高级量测基础设施、配电网管理、信息安全以及网络通信，最终形成成百上千个智能电网技术规范和标准，并提出了 15 个需要优先制定的标准。

3）电子电气工程师学会（IEEE）研究进展

2009 年 3 月，IEEE 批准成立了 P2030 工作组，其主要职责和研究重点是：为理解和定义电力系统与终端用电设备/用户之间的互操作提供技术指南；关注如何实现能源技术、信息技术和通信技术的融合；研究如何借助通信技术和控制技术，实现发电、输电、用电等环节的无缝操作；研究相关的接口定义；为建设更加可靠、灵活的电力系统提供新的方法；推动智能电网技术标准的编制和现有标准的修订工作。2009 年 6 月，P2030 工作组召开了首次会议，明确其第 1 阶段的工作主要是编制《IEEE P2030 标准草案：智能电网中基于信息和通信技术的电力系统与终端用电设备/用户之间的互操作》（简称“IEEE P2030 标准草案”）。目的是为理解智能电网中电力系统、终端用电设施及用户之间的互操作提供知识基础，包括其定义、特点、功能特性及其评价准则、工程原理的应用等。

2. 国内智能电网的技术体系架构

近几年，在国家有关部委指导下，国内各标准化组织、科研机构、高校、制造企业等在标准化方面开展了大量工作，取得了丰富成果。2009 年，国家电网公司启动了智能电网技术标准体系，研究成立专家工作组开展工作。工作组结合国内外智能电网标准并从中国建设智能电网的需求出发，按照 8 个专业分支，在梳理已有 779 项国际标准和 772 项国内标准的基础上，编制完成了《国家电网公司智能电网技术标准体系规划》，用于指导国家电网公司坚强智能电网企业标准的编制，并在 2010 年 6 月 29 日对外发布，取得了积极的反响。

我国的智能电网技术标准体系借鉴生物学“门纲目科属种”的分类体系，基于认知的规律，提出坚强智能电网技术标准体系的系统性、逻辑性、开放性原则（简称 SLO 原则）。

按照SLO原则，设计国家电网公司坚强智能电网技术标准体系为“8个专业分支(domains)、26个技术领域(fields)、92个标准系列(series)、成百上千条具体标准(standards)”4层结构，简称DFSS体系，如图6-1所示。标准体系的第一层是专业分支，包括综合与规划、发电、输电、变电、配电、用电、调度、通信信息8个专业分支。标准体系的第二层是技术领域，技术领域的划分关注坚强智能电网各环节的主要发展方向以及坚强智能电网研究与建设工作的重点，共包括26个技术领域。各专业分支包括的技术领域如图6-2所示。

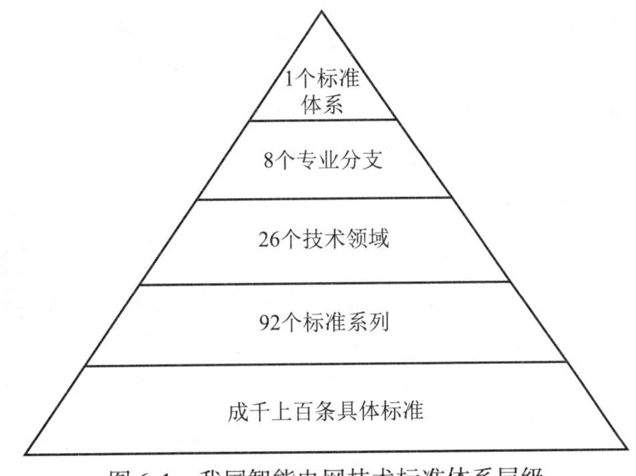

图6-1　我国智能电网技术标准体系层级

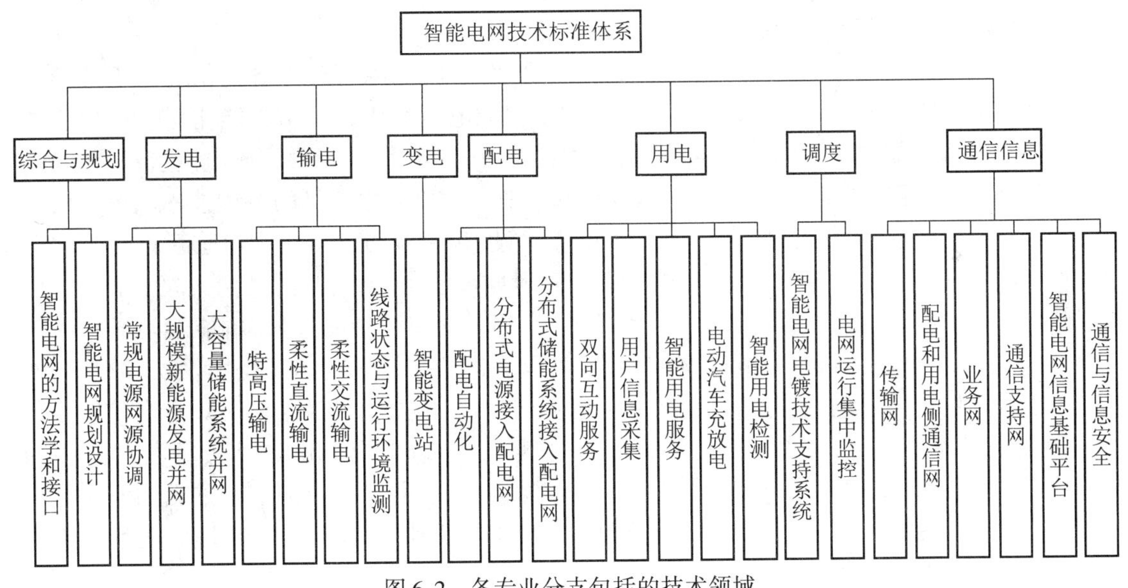

图6-2　各专业分支包括的技术领域

6.1.4　智能电网与智慧城市

1. 智慧城市内涵

2013年政府工作报告中明确提出，积极推动信息化和工业化融合，加快建设新一代信息基础设施，促进信息网络技术广泛应用；遵循城镇化的客观规律，积极推动城镇化发展；着力推进绿色发展、循环发展、低碳发展；加强和创新社会管理；加快转变经济发展方式，促进经济持续健康发展等方面内容。《中共中央关于制定国民经济和社会发展第十二个五年规划的建议》中也表示这一发展阶段需要提高城镇化质量,推进城市生产、生活和管理方式的创新。以此为契机和蓝本,智慧城市建设依据于此。智慧城市基础设施建设搭建了城市的"神经"网络,使信息流通更加高效便捷,体现了全面覆盖、充分感知的智能性;智慧城市推进了城镇化的步伐,提高了医疗、交通、教育等服务质量,将城市资源与城镇共享,体现了普惠性;智慧城市要求在城市工业化、城镇化的同时,更加的宜居,适合人类的生存,提高环境、生活质量,需提高清洁能源的使用,减少有害物质排放、节能减排,在不同区域间形成"能源流",使资源得到优化配置,体现了高效性;智慧城市对城市管理提出了更高的要求,需要在信息互联互通的基础上,对数据进行挖掘分析,支撑政府、企业和居民的决策,体现了精细性;同时,智慧城市也支撑着新兴产业的孵化和管理的创新,体现了现代性。

2. 智能电网在智慧城市中的作用

信息与能源是智慧城市两大关键要素。能源与信息两大要素支撑智慧城市在经济、政务、环境及公共服务等方面的建设。智慧城市的发展需要以能源为保障,提高能源利用效率,实现智慧城市的低碳高效、可持续发展;以信息为核心,依托智能化手段,实现智慧城市的运营管理,提高居民幸福指数。智能电网是以特高压电网为骨干网架、各级电网协调发展的坚强电网为基础,实现"电力流、信息流、业务流"的高度一体化融合、坚强可靠、经济高效、清洁环保、透明开放和友好互动的现代电网。智能电网通过能源与信息的综合配置,能够实现对智慧城市发展的基础支撑,这与智慧城市满足能源和信息需求的发展要素高度契合。

1)智能电网助推智慧城市发展

智能电网起步早于智慧城市,在信息通信、自动控制、能源管理等方面都有着不凡的表现。供电系统与居民生活密切结合的同时注定了智能电网将成为城市智能化建设中的重要技术,将成为未来城市发展的核心推动力。智能电网概念自 2008 年由国家电网公司提出后,在不到 4 年的时间里得到了飞速发展。目前,基于信息和智能化项目的关键技术和产品已经在国家电网公司所属系统的 26 个省进行了试点建设,智能电网也将成为市政建设和公共事业发展的重要平台,延伸到生活的方方面面,与智慧城市紧密结合,共同经营共同发展。电能是目前已知的能源中最为清洁、高效、经济的能源,但是随着社会的发展,电能逐渐显现出分时段用能紧张的问题。通过智能电网的建设,可以促进城市绿色能源可持续发展,促进节能减排、能效传输及使用提升,进一步改善用能意识,使城市用能朝更加经济高效方向发展。智能用电管理系统的建立,使得城市能源管理的中枢神经系统架构日趋明晰,从智能楼宇中的空调、照明设施,到电动汽车充放电管理再到智能家电的使用管理,智能电网推动的不仅是电力系统的变革,更延伸到绿色建筑、绿色交通、绿色家居等居民生活的各个方面,成为真正智慧的能源。

2)智能电网发展催生大数据营销产业

智能电网的发展产生了大量的用户数据,这些数据不仅可以转变为可执行的智能信息,为智慧城市发展中的关键事件和模式做出预测,同时可以指导居民生产生活消费导向,大数据时代已经到来。通过建立数据中心,将智能电网中运行的数据进行分析,开展电能管理并为维持电网的稳定运行提供可靠的保障。智能电网的建设过程形成了高速信息网,与数据中心的能源供应网络存在着高度一致性,而智能电网与发电、供电网络也有着高度的一致性,于是智能电网便同时提供了能源和信息。

3)智能电网引领智慧生活

智能电网向我们展示了一个高效用能、智慧生活的未来城市模型,为每一位用户定制属于自己的智能生活规划方案成为可能。在引导用户合理用能的同时,带领用户参与能效管理,改变传统用能方式。电力能源在城市发展进程中发挥着重要作用,支撑着城市智能化演变,是城市发展的重要基础。作为主要能源载体,智能电网在促进城市绿色发展、确保城市用电安全可靠、构建城市神经系统、拉动城市相关产业发展以及在丰富城市服务内涵等方面,对城市智慧化的发展发挥着巨大的推动作用。

6.2 智能输电网技术

输电网是连接发电、配电和用电等各个环节的通道,是电能输送所依赖的物理通道。先进的输电技术是构建智能输电网、满足新能源发展需要、实现资源大范围优化配置的关键技术;智能电网调度技术为电网的安全、稳定、经济运行提供了重要的保障;智能变电站是智能电网中的重要节点,对各级电网起着连接作用。本节将从先进输电技术、智能变电站、智能电网调度技术以及输电线路状态监测技术等方面介绍智能输电网的相关技术。

6.2.1 先进输电技术

在未来的15~20年内,我国的电力需求仍将快速增长。由于我国能源供应和消费呈逆向分布特征,一次能源集中在西部和北部地区,而负荷又集中在中东部和南部地区,因此,需要采用先进的输电技术,建设坚强的网架结构,进行远距离、大容量、低损耗、高效率的电能输送,促进水电、火电、核电和可再生能源基地的大规模集约化开发,实现全国范围内的能源资源优化配置。下面主要介绍特高压交/直流输电以及柔性输电等先进输电技术。

1. 特高压输电技术

特高压输电技术包括特高压交流输电技术和特高压直流输电技术。

1)特高压交流输电技术

特高压交流输电是指1 000 kV及以上电压等级的交流输电工程及相关技术。特高压交流电网突出的优势是:可实现大容量、远距离输电,100 kV输电线路的输电能力可达同等导线截面的500 kV输电线路的4倍以上;可大量节省线路走廊和变电站占地面积,显著降低输电线路的功耗;通过特高压交流输电线实现电网互联,可以简化电网结构,提高电力系统运行的安全稳定水平。

2004年以来,我国在特高压交流输电技术领域开展了全面深入的研究工作掌握了特高压交流输电的核心技术,主要体现在以下方面:

(1)在过电压深度控制方面,采用高压并联电抗器、断路器合闸电阻和高性能避雷器联合控制过电压,并利用避雷器短时过负荷能力,将操作过电压限制到1.6~1.7标幺值,工频过电压限制到1.3~1.4标幺值,持续时间限制在0.2 s以内,兼顾了无功平衡需求,有效降低了对设备绝缘水平的要求。

(2)采用高压并联电抗器中性点小电抗控制潜供电方法,实现了1 s内的单相重合闸,避免了采用动作逻辑复杂、研制难度大、价格高的高速接地开关方案,解决了潜供电流控制的难题。

(3)通过对特高压交流输电系统绝缘配合的大量研究,获得了长空气间隙的放电特性曲线,初步提出了空气间隙放电电压的海拔修正公式,引入反映多并联间隙影响的修正系数,采用波前时间1 000 μs操作冲击电压下真型塔的放电特性进行绝缘配合,合理控制了各类间隙距离。

(4)大规模采用有机外绝缘新技术,在世界上首次采用特高压、超大吨位复合绝缘子和复合套管,结合高强度瓷/玻璃绝缘子、瓷套管的使用,攻克了污秽地区特高压交流输电工程的外绝缘配置难题。

(5)为了控制电磁环境水平,特高压输电线路采用大截面多分裂导线,变电站全部进行全场域三维电场计算和噪声计算,优化了变电站布置和设备金具结构,并成功研制出低噪声设备和全封闭隔音室,电晕损失和噪声控制水平达到国际先进水平。

(6)开展特高压电网安全稳定水平的大规模仿真计算分析,结合发电机及励磁系统的实测建模,以及系统电压控制、联网系统特性试验结果,研究掌握了特高压电网的运行特性,提出了特高压电网的运行控制策略并成功实施。

(7)建立特高压输电技术标准体系,形成了从系统集成、工程设计、设备制造、施工安装、调试试验到运行维护的全套全过程技术标准和试验规范。

(8)成功研制出代表世界最高水平的全套特高压交流设备:额定电压为1 000 kV、额定容量为1 000 MV·A(单柱电压为1 000 kV、单柱容量为334 MV·A)的单体式单相变压器;额定电压为10 V、额定容量为320 MV·A的高压并联电抗器;额定电压为100 V、额定电流为6 300 A、额定开断电流为50 kA(时间常数为120 ms)的SF_6气体绝缘金属封闭组合电器;特高压瓷外套避雷器、特高压棒形悬式复合绝缘子、复合空心绝缘子及套管等特高压设备。

2009年1月6日,晋东南—南阳—荆门特高压交流试验示范工程正式投入商业运行。首次实现了两大同步电网通过特高压线路的互联,掌握了系统的运行特性和控制规律,验证了运行控制策略的有效性和仿真计算分析的准确性。特高压交流系统表现出良好的动态运行特性和抗扰动能力,发挥了水火互济和事故支援等重要联网功能。

2)特高压直流输电技术

国际上,高压直流通常指的是60 kV及以下直流系统;±600 kV以上的直流系统称为特高压直流。在我国,高压直流指的是60 kV及以下直流系统,特高压直流指的是±800 kV和±1 000 kV直流系统。

从电网特点看,特高压交流可以形成坚强的网架结构,对电力的传输、交换、疏散十分灵活;直流是“点对点”的输送方式,不能独自形成网络,必须依附于坚强的交流输电网才能发挥作用。特高压直流输电具有超远距离、超大容量、低损耗、节约输电走廊和调节性能灵活、快捷等特点,可用于电力系统非同步联网。由于不存在交流输电的系统稳定问题,可以按照送、受两端运行方式变化而改变潮流,所以更适合于大型水电、火电基地向远方负荷中心送电。与高压直流输电相比,特高压直流输电具有以下技术和经济优势:

(1)输送容量大。采用6英寸(1英寸=2.54 cm)晶闸管换流阀、大容量换流变压器和大通流能力的直流场设备;电压可以采用±800 kV或±1 000 kV;±800 kV、±1 000 kV特高压直流输电能力分别是500 kV高压直流输电能力的25倍和32倍,能够充分发挥规模输电优势,大幅提高输电效率。

(2)送电距离远。采用高压直流输电技术使超远距离的送电成为可能,为实现更大范围优化资源配置提供技术手段。研究结果表明,±800 kV 经济输电距离为 1 350 ~ 2 350 km:±1 000 kV 经济输电距离为 2 350 km 以上。

(3)线路损耗低。在导线总截面、输送容量均相同的情况下,±800 kV 直流线路的电阻损耗是 ±500 kV 直流线路的 39%,是 ±600 kV 直流线路的 60%,可提高输电效率,降低输电损耗。

(4)工程投资省。由于特高压直流工程输送容量大、送电距离远,特高压直流工程的单位(kW/km)造价显著降低。根据计算分析,±800 kV 直流输电工程的单位(kW/km)综合造价约为 ±50 kV 直流输电方案的 87%,节省工程投资效益显著。

(5)走廊利用率高。±800 kV 直流输电单位走廊宽度输送容量是 ±500 kV 的 1.3 倍左右,提高了输电走廊利用效率,节省了宝贵的土地资源。

(6)运行方式灵活。特高压直流输电工程采用双极对称和模块化设计,每极采用双 12 脉动换流器串联的接线,单个换流器单元和单极故障不影响其他换流单元和极的运行,运行方式灵活,系统可靠性大大提高。任何一个换流器发生故障,系统仍能够保证 75% 额定功率的送出。由于采用对称、模块化设计,工程可以分步建设、分期投入运行。

(7)可靠性高。特高压直流输电工程除采用对称和模块化设计提高系统可靠性外,还对控制保护等重要部分采取冗余设计,从而大大提高特高压直流输电系统的可靠性。直流输电可控性好,输电电压、电流和功率以及送电方向可以灵活调节。据分析,±800 kV 特高压直流工程的单换流器停运率平均不大于 2 次/年,双极强迫停运率不大于 0.05 次/年,能量不可利用率不大于 0.5%。

(8)环境友好。特高压直流工程通过采用大截面、多分裂导线和增加对地距离,特高压直流工程的线路电磁环境指标与常规 ±500 kV 直流输电工程相当,完全满足国家环境指标要求。通过采用低噪声设备、优化换流站平面布置、采用隔声屏障等措施,如平波电抗器采用高效一体化消声装置,围墙合理装设隔音屏,经仿真计算表明,特高压直流工程换流站噪声场界可达到国家二类标准,即白天不大于 60 dB,夜间不大于 50 dB。

到目前为止,我国已建和在建的特高压直流输电工程有 ±800 kV 向家坝—上海直流输电示范工程、±800 kV 锦屏—苏南直流输电工程和 ±800 kV 云南—广东直流输电工程。

2. 柔性输电技术

1)柔性交流输电技术

20 世纪 80 年代,美国电力科学研究院的 Narain G Hingorani 博士提出柔性交流输电系统(FACTS)的概念。1997 年,IEEE PES 学会正式公布的 FACTS 的定义是:装有电力电子型和其他静止型控制装置以加强可控性和增大电力传输能力的交流输电系统。可以说,FACTS 的基石是电力电子技术,核心是 FACTS 装置,关键是对电网运行参数进行灵活控制。通过安装 FACTS 装置可以实现电压、阻抗、功率等电气量的快速、频繁、连续控制,克服传统控制方法的局限性,增强电网的灵活性和可控性。

在以晶闸管控制串联电容器、静止无功补偿器、可控并联电抗器、故障电流限制器为代表的第一代 FACTS 装置研究与应用方面,我国走在世界前列,关键技术和经济指标已经接近甚至超过了国外先进电气设备供应商的技术水平,并在我国电网中推广应用,获得了良好的社会效益和经济效益。在以静止同步补偿器和静止同步串联补偿器为代表的第二代 FACTS 装置方面，我国已开展相关技术研究，其中静止同步补偿器在输电网已有示范应用，但在容量、电压等级和可靠性等方面与国外技术水平尚存在一定差距；静止同步串联补偿器仍然处于实验室研究阶段，还没有实际的工业装置投入运行。以统一潮流控制器、线间潮流控制器、可转换静止补偿器为代表的第三代FACTS装置是对第二代FACTS装置的创新和发展，功能更强大，结构更加紧凑，性能大幅度提升，可以为电网提供更先进的控制手段，代表了FACTS技术的发展方向。在智能电网中大规模应用FACTS装置，还要解决一些全局性的技术问题。例如：多个FACTS装置间的协调控制问题，FACTS装置与已有常规控制、继电保护的配合问题。

2）柔性直流输电技术

柔性直流输电（VSC-HVDC）是以电压源换流器（VSC）和脉宽调制技术（PWM）为基础的新型直流输电技术，也是目前进入工程应用的较先进的电力电子技术。VSC-HVDC在孤岛供电、城市配电网的增容改造、交流系统互联、大规模风电场并网等方面具有较强的技术优势。

当两个VSC的交流侧并联到不同的交流系统中，而直流侧连在一起时就构成了VSC-HVDC输电系统。采用三相两电平VSC，每个桥臂都由多个IGBT串联而成，称为IGBT阀。直流侧电容器为VSC提供直流电压支撑，缓冲桥臂关断时的冲击电流，减小直流侧谐波。换相电抗器是VSC与交流系统进行能量交换的纽带，同时也起到滤波器的作用。交流滤波器的作用是滤去交流侧谐波。换流变压器是带抽头的普通变压器，其作用是为VSC提供合适的工作电压，保证VSC输出最大的有功功率和无功功率。双端VSC-HVDC系统通过直流输电线（电缆）连接，一端运行于整流状态，称为送端站；另一端运行于逆变状态，称为受端站。两站协调运行能够实现两端交流系统间有功功率的交换。

6.2.2 智能变电站

智能变电站以先进的信息化、自动化和分析技术为基础，灵活、高效、可靠地完成对输电网的测量、控制、调节、保护等功能，实现提高电网安全性、可靠性、灵活性和资源优化配置水平的目标。

1. 概念与特征

变电站是电力网络的节点，它连接线路，输送电能，担负着变换电压等级、汇集电流、分配电能、控制电能流向、调整电压等功能。变电站的智能化运行是实现智能电网的基础环节之一。

目前国内在建设常规变电站及数字化变电站方面均具有较为成熟的经验。随着智能电网建设的开展，以数字化变电站技术为基础，以设备智能化、信息标准化、控制智能化及互动技术为特征的新型智能变电站模式应运而生。智能变电站采用先进、可靠、集成、环保的智能设备，以全站信息数字化、通信平台网络化、信息共享标准化为基本要求，不仅能自动完成信息采集、测量、控制、保护、计量和监测等常规功能，还能在线监测站内设备的运行状态，智能评估设备的检修周期，从而完成设备资产的全寿命周期管理；同时，具备支持电网实时自动控制、智能调节、在线分析决策、协同互动等高级应用功能。

智能变电站能够完成比常规变电站范围更宽、层次更深、结构更复杂的信息采集和信息处理，变电站内，站与调度、站与站之间、站与大用户和分布式能源的互动能力更强，信息的交换和融合更方便快捷，控制手段更灵活可靠。与常规变电站相比，智能变电站设备具有信息数字化、功能集成化、结构紧凑化、状态可视化等主要技术特征，符合易扩展、易升级、易改造、易维护的工业化应用要求。

2. 智能变电站的体系结构

DL/T 860《变电站通信网络和系统》是针对变电站系统和网络的电力行业标准，等同采用国际电工委员会(IEC)发布的 IEC 61850 Communication Networks and Systems in Substation。根据 DL/T 860，智能变电站系统结构从逻辑上可以划分成三层，分别是站控层、间隔层和过程层。智能变电站的系统结构如图 6-3 所示。

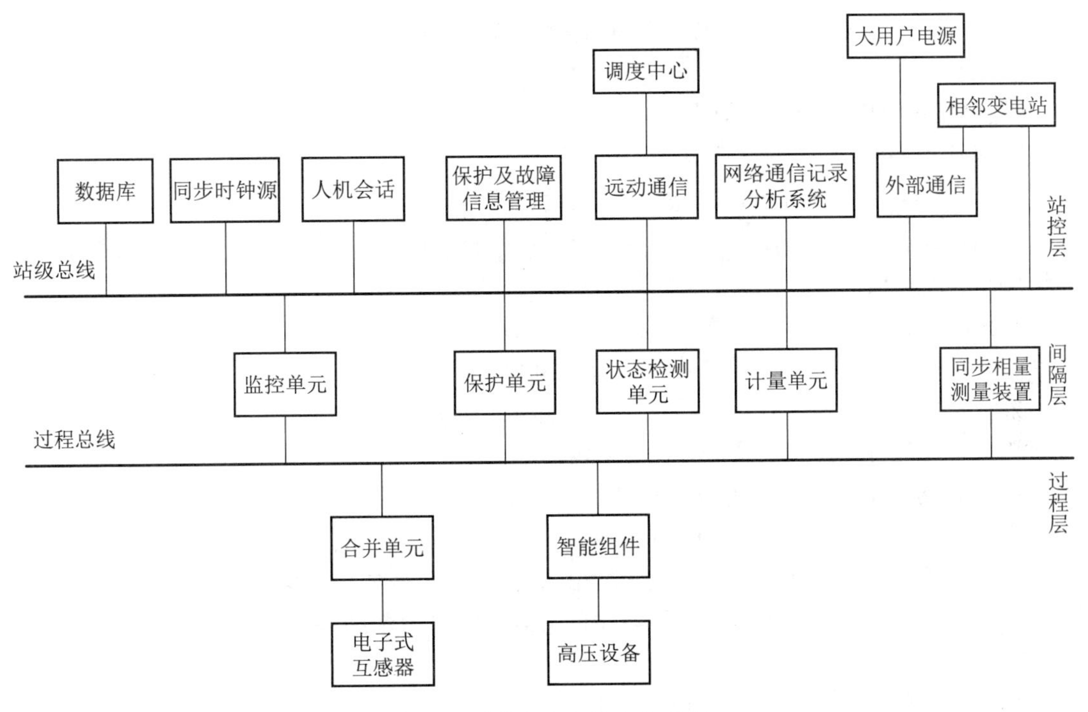

图 6-3 智能变电站的系统结构

(1)站控层。站控层包含自动化站级监视控制系统、站域控制、通信系统、对时系统等子系统，实现面向全站设备的监视、控制、告警及信息交互功能，完成数据采集和监视控制操作、闭锁以及同步相量采集、电能量采集、保护信息管理等相关功能。站控层功能高度集成，可在计算机或嵌入式装置中实现，也可分布在多台计算机或嵌入式装置中实现。

(2)间隔层。间隔层设备一般指继电保护装置、系统测控装置、监测功能组的主智能电子装置(intelligent electronic device, IED)等二次设备，实现使用一个间隔的数据并且作用于该间隔一次设备的功能，即与各种远方输入/输出、传感器和控制器通信。

(3)过程层。过程层包括变压器、断路器、隔离开关、电流/电压互感器等一次设备及其所属的智能组件以及独立的智能电子装置。

3. 智能高压设备

智能高压设备体现了智能变电站的重要特征，是智能变电站的重要组成部分，需满足高可靠性和尽可能免维护的要求。

智能高压设备是一次设备和智能组件的有机结合体，具有测量数字化、控制网络化、状态可视化、功能一体化和信息互动化等特征。智能控制和状态可观测是高压设备智能化的基本要求,其中运行状态的测量和健康状态的监测是基础。

智能组件是若干智能电子装置的集合,安装于宿主设备旁,承担与宿主设备相关的测量、控制和监测等任务。满足相关标准要求时,智能组件还可集成相关继电保护功能。智能组件内部及对外均支持网络通信。

智能组件集成与宿主设备相关的测量、监测和控制等基本功能,由若干智能电子装置实现。同一间隔电子式互感器的合并单元、传统互感器的数字化测量与合并单元以及相关继电保护装置可作为智能组件的扩展功能。智能组件是一个灵活的概念,可以由一个组件完成所有功能,也可以分散独立完成;可以外置于主设备本体之外,也可以内嵌于主设备本体之内。

1)构成

智能高压设备由三个部分构成:

(1)高压设备;

(2)传感器或控制器,内置或外置于高压设备本体;

(3)智能组件,通过传感器或控制器,与高压设备形成有机整体,实现与宿主设备相关的测量、控制、计量、监测、保护等全部或部分功能。

2)特征

(1)测量数字化。对高压设备本体或部件进行智能控制所需设备参量进行就地数字化测量,测量结果可根据需要发送至站控层网络或过程层网络。设备参量包括变压器油温,有载分接开关的分接位置,开关设备分合闸位置等。

(2)控制网络化。对有控制需求的设备或设备部件实现基于网络的控制。如变压器冷却器,有载分接开关,开关设备的分、合闸操作等。

(3)状态可视化。基于自监测信息和经由信息互动获得的设备其他信息,通过智能组件的自诊断,以智能电网其他相关系统可辨识的方式表述自诊断结果使设备状态在电网中是可观测的。

(4)功能一体化。功能一体化包括以下三个方面:

①在满足相关标准要求的情况下,将传感器或控制器与高压设备本体或部件进行一体化设计,以达到特定的监测或控制目的。

②在满足相关标准要求的情况下,将互感器与变压器、断路器等高压设备进行一体化设计,以减少变电站占地。

③在满足相关标准要求的情况下,在智能组件中,将相关测量、控制、计量、监测、保护进行一体化融合设计。

(5)信息互动化。信息互动化包括以下两个方面:

①与调度系统交互。智能设备将其自诊断结果报送(包括主动和应约)到调度系统,使其成为调度决策和制定设备事故预案的基础信息之一。

②与设备运行管理系统互动。包括智能组件自主从设备运行管理系统获取宿主设备其他状态信息,以及将自诊断结果报送到设备运行管理系统两个方面。

3)状态监测与状态检修

智能高压设备通过先进的状态监测、评价和寿命预测来判断一次设备的运行状态,并且在一次设备运行状态异常时进行状态分析,对异常的部位、严重程度和发展趋势做出判断,可识别故障的早期征兆。根据分析诊断结果,在设备性能下降到一定程度或故障将要发生之前进行维修,从而降低运行管理成本,提高电网运行可靠性。

4)设备内部结构可视化技术

设备内部结构可视化技术主要是采用新型可视化技术及手段(可移动探头、X射线等),提高电气设备内部结构可视化程度,满足智能电网运行需要,同时,针对不同电压等级、不同内部结构的电气设备,开发适用于不同类型设备的可视化检测仪,总结天气、运行条件等影响因素对可视化清晰度的影响规律,提出相应的现场检测方法,并使检测方法及诊断与评估标准化、规范化。

5)智能断路器和组合高压电器

在IEC 62063中对于智能断路器设备的定义为"具有较高性能的断路器和控制设备,配有电子设备、传感器和执行器,不仅具有断路器的基本功能,还具有附加功能,尤其是在监测和诊断方面"。DL/T 860定义了智能开关的逻辑节点(XCBR),对于在物理设备上实现了XCBR的断路器,称为智能断路器;同样,实现了DL/T 860中定义的智能隔离开关的逻辑节点(XSW),称为智能隔离开关。

智能断路器的重要功能之一是实现重合闸的智能操作,即能够根据监测系统的信息判断故障是永久性的还是瞬时性的,进而确定断路器是否重合,以提高重合闸的成功率,减少对断路器的短路合闸冲击以及对电网的冲击。

智能断路器的另一个重要功能就是分、合闸相角控制,实现断路器选相合闸和同步分断。选相合闸指控制断路器不同相别的弧触头在各自零电压或特定电压相位时刻合闸,避免系统的不稳定,克服容性负荷的合闸涌流和过电压。同步分断指控制断路器不同相别的弧触头在各自相电流为零时实现分断,从根本上解决过电压问题,并大幅度提高断路器的开断能力。断路器选相合闸和同步分断首先要求实现分相操作,对于同步分断还应满足以下三个条件:①有足够高的初始分闸速度,动触头在1~2 ms内达到能可靠灭弧的开距;②触头分离时刻应在过零前某个时刻,对应原断路器首开相最小燃弧时间;③过零点检测及时、可靠。

对于敞开式开关设备,一个智能组件隶属于一个断路器间隔,包括断路器及与其相关的隔离开关、接地开关、快速接地开关等。对于高压组合电器设备,还可包括相关的电流和电压互感器。断路器和高压组合电器的智能化主要包括测量、控制、计量、状态监测和保护。断路器和高压组合电器的状态监测主要包括局部放电监测、操动机构特性监测和储能电动机工作状态等。

6)智能变压器

智能变压器的构成包括:变压器本体,内置或外置于变压器本体的传感器和控制器,实现对变压器进行测量、控制、计量、监测和保护的智能组件。变压器的冷却器控制器和有载分接开关控制器具有可连接智能组件的接口,并可以响应智能组件的控制。变压器的状态监测主要包括局部放电监测、油中溶解气体监测、绕组光纤测温、侵入波监测、变压器振动波谱和噪声等。

7)电子式互感器

电子式互感器是实现变电站运行实时信息数字化的主要设备之一,在电网动态观测、提高继电保护可靠性等方面具有重要作用。准确的电流、电压动态测量,为提高电力系统运行控制的整体水平奠定了测量基础。

鉴于光电互感器以及其他新型互感器的快速发展,国际电工委员会制定了IEC 60044-7:

2002 Instrument Transformers—Part 7:Electronic Voltage Transformers,IEC 60044-8:2002 Instrument Transformers—Part 8:Electronic Current Transformers,按照这两个标准,电子式互感器包括所有的光电互感器及其他使用电子设备的互感器。

根据IEC的标准定义,电子式互感器由一次部分、二次部分和传输系统构成如图6-4所示。

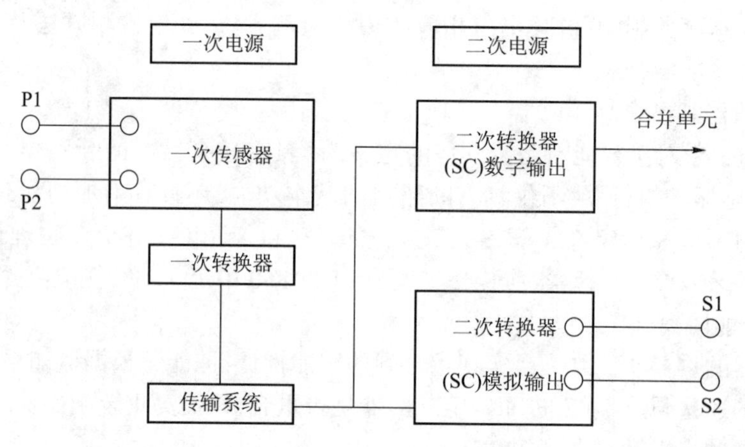

图6-4　电子式互感器的通用结构

图6-4中,P1、P2是一次输入端,S1、S2是电压模拟量的二次输出端,数字输出与过程层的合并单元对接。如一次传感器是半常规测量原理的,一次转换器就需要将一次传感器输出的电信号转换为光信号,此时的一次转换器是电子部件,需要一次电源供电。若一次传感器是依靠光学原理工作的,则无须一次转换器,直接输出到光纤传输系统。

电子式互感器利用电磁感应等原理感应被测信号。对于电子式电流互感器,采用罗氏(Rogowski)线圈;对于电子式电压互感器,则采用电阻、电容或电感分压等方式。罗氏线圈为缠绕在环状非铁磁性骨架上的空心线圈,不会出现磁饱及磁滞等问题。电子式互感器的高压平台传感头部分具有需用电源供电的电子电路,在一次平台上完成模拟量的数值采样,采用光纤传输将数字信号传送到二次的保护、测控和计量系统。电子式互感器的关键技术包括电源供电技术、远端电子模块的可靠性和采集单元的可维护性等。

光学电子式电流互感器采用法拉第磁光效应感应被测信号,传感头部分又分为块状玻璃和全光纤两种方式。目前的光学电子式电压互感器大多利用光电效应感应被测信号。光学电子式互感器传感头部分不需要复杂的供电装置,整个系统的线性度比较好。光学电子式互感器的关键技术包括光学传感材料的稳定性、传感头的组装技术、微弱信号调制解调、温度对精度的影响、振动对精度的影响、长期运行的稳定性等。

与传统电磁感应式电流互感器相比,电子式互感器具有以下优点:①高、低压完全隔离,具有优良的绝缘性能;②不含铁芯,消除了磁饱和及铁磁谐振等问题;③动态范围大,频率范围宽,测量精度高;④抗电磁干扰性能好,低压侧无开路和短路危险;⑤互感器无油,可以避免火灾和爆炸等危险,体积小,质量小;⑥经济性好,电压等级越高,效益越明显。

4. 基于统一信息平台的一体化监控系统

针对传统变电站应用系统众多、信息孤岛林立等问题,智能变电站采用了基于统一信息平台的一体化监控系统,实现了SCADA、“五防”闭锁、同步相量采集、电能量采集、故障录波、保护信息管理、备自投、低频解列、安全稳定控制等功能的集成，并包含了智能化操作票系统，实现倒闸操作的程序化控制。通过设备信息、运维策略与电力调度实现全面互动，能实现基于状态监测的设备全寿命周期综合优化管理。一体化监控系统支持 DL/T 860 的信息对象模型和服务，满足测控、保护等各种智能装置的无缝通信，实现“即插即用”；支持功能自由分配和重构，满足装置互换性的要求；支持信息智能分析、综合处理，满足变电站安全操作、经济运行等管理需求，同时提供变电站的用户接口，满足智能变电站的用户互动需求。

6.2.3 智能电网调度技术

下面以国家电网公司组织研发的智能电网调度技术支持系统为例，介绍智能电网调度技术支持系统的体系结构，以及支撑整个支持系统的基础平台的各项关键技术。

为了对调度核心业务的一体化提供全面技术支持，系统在设计和研发上体现了如下特点：

(1)系统平台标准化。标准化、一体化基础平台是整个系统的基础，也是整个系统建设的重点和关键点。系统采用统一的平台规范标准及接口规范标准，通过标准化实现平台的高度开放性。基础平台在图形、模型、数据库、消息、服务、系统管理等方面提供标准化的应用接口，为各种应用提供统一的支撑，为系统功能的集成化打下坚实基础，为开发新应用、扩充功能和可持续发展创造条件。

(2)系统功能集成化。统筹考虑电力调度中心各应用功能的数据及应用需求，以面向服务的体系结构，按照应用和数据集成的理念，构造统一支撑的数据平台和应用服务总线，实现数据整合和应用功能整合，构筑具有集成化功能的实时监控与预警、调度计划、安全校核和调度管理类应用，为实现调度智能化服务。

(3)系统应用智能化。系统综合利用包括电网静态、动态和暂态等一次信息，二次系统运行信息和电网运行环境等信息资源，实现计划编制、方式安排、运行监视、自动控制、安全分析、稳定分析、风险预警、预防预控、辅助决策、分析评估等电网调度生产全过程的精益化、智能化。实现电网运行可视化全景监视、综合智能告警与前瞻预警、协调控制和主动安全防御，将电网安全运行防线从年月方式分析向日前和在线分析推进，实现运行风险的预防预控。

系统采用国家电网、区域电网、省级电网等多级调度系统统一设计的思路。主调和备调采用完全相同的系统体系架构，实现相同的功能，主、备调一体化运行。横向上，系统通过统一的基础平台实现四类应用的一体化运行，实现主、备调间各应用功能的协调运行和系统维护与数据的同步；纵向上，通过基础平台实现上下级调度技术，支持系统间的一体化运行和模型、数据、画面的源端维护与系统共享，通过调度数据网双平面实现厂站和调度中心之间、调度中心之间数据采集和交换的可靠运行。

在调度中心内部，智能电网调度技术支持系统的功能分为实时监控与预警、调度计划、安全校核和调度管理四类。这种分类方式突破了传统安全分区的约束，完全按照业务特性划分。

系统整体框架分为应用类、应用、功能、服务四个层次。应用类是由一组业务需求性质相似或者相近的应用构成，用于完成某一类的业务工作；应用是由组互相紧密关联的功能模块组成，用于完成某一方面的业务工作；功能是由一个或者多个服务组成，用于完成一个特定业务需求，最小化的功能可以没有服务；服务是组成功能的最小颗粒的可被重用的程序。

6.2.4 输电线路状态监测技术

输电线路作为电力输送的物理通道,地域分布广泛、运行条件复杂、易受自然环境影响和外力破坏、巡检维护工作量大。采用先进的状态监测技术手段及时获取输电线路的运行状态和环境信息显得越来越重要和迫切。

1. 发展现状

随着传感器、数据传输、数据处理及监测装置供电等技术的发展,输电线路状态监测技术在国内得到了较快的发展。目前,在华中、华北、山西、湖南、福建等地电网的线路上大量装设了有关微风振动、导线温度、风偏、覆冰、舞动、杆塔倾斜、绝缘子污秽度、微气象、图像(视频)等在线监测装置,已经初步实现了区域电网和省级电网层面的集中监测;建立了大跨越状态监测系统,对华北、安徽、福建、湖北、湖南、河南等地电网部分线路及大跨越导地线微风振动等开展实时集中监测;部分地市电力公司已经建成集中监控、有人值守的状态监测系统。雷电监测系统已经在全国28个省级电网建成,并实现全国联网。国家电网电力科学研究院研制成功的新一代雷电监测系统也已挂网运行,探测范围及定位精度等主要技术指标得到大幅提升和改善。

2. 关键技术

1)数据采集技术

监测装置的选择应具有针对性,需结合工程实际情况,合理选用安全可靠、先进适用、维护方便的监测装置进行状态监测。下面简要介绍与线路安全运行紧密相关的导线温度与弧垂、等值覆冰厚度、微风振动、导线舞动、杆塔倾斜、绝缘子污秽、微气象等监测装置。

(1)导线温度、弧垂监测装置。为防止运行线路导线及金具过热,采用铂电阻或热敏电阻等传感器,对导线金具温度进行监测,同时为实现输电线路动态增容功能提供数据信息。为防止运行线路对地或线下物安全距离不足,采用激光传感器等,对导线弧垂进行监测,为状态监测系统提供预警信息。导线温度监测装置主要安装在:①需提高线路输送能力的重要线路;②跨越主干铁路、高速公路、桥梁、河流、海域等区域的重要跨越段。导线弧垂监测装置主要安装在:①需验证新型导线弧垂特性的线路区段;②因安全距离不足而导致故障(如线树放电)频发的线路区段。

(2)等值覆冰厚度监测装置。采用称重法或倾角法等,通过对绝缘子串悬挂载荷或线夹出口处导线倾角、绝缘子串风偏角的实时监测,建立数学模型,计算出等值覆冰厚度,掌握覆冰分布的规律和特点。为采取有效的防冰、融冰和除冰措施提供技术依据,等值覆冰厚度监测装置主要安装在:①重冰区部分区段线路;②迎风山坡、垭口、风道、大水面附近等易覆冰的特殊地理环境区;③与冬季主导风向夹角大于45°的线路;④易覆冰舞动区。

(3)微风振动监测装置。为了判断线路微风振动水平和导线的疲劳寿命,采用IEEE标准测量方法,监测导/地线、OPGW(光纤复合架空地线)的动弯应变,为状态监测系统提供基础信息,掌握大跨越或普通线路导/地线、OPGW微风振动特点和断股原因,提出治理措施。微风振动监测装置主要安装在:①跨越通航江河、湖泊、海峡等的大跨越;②观测到较大振动或发生过因振动断股的普通档距。

(4)导线舞动监测装置。为了防止导线发生舞动时对铁塔、连接金具及导线本身产生较大的损坏,可通过舞动监测装置及时发现舞动并预警,便于掌握易舞动区线路舞动的特点和规律,提出舞动防治措施。舞动监测装置由多个导线舞动监测传感器组成,传感器的数量根据档距和线路具体情况确定。一般在一档导线中至少安装八个舞动传感器,通过建立数学模型,分析计算导线的舞动振幅、舞动频率、半波数等,绘制舞动轨迹,及时发出报警信息,评估线路是否发生舞动危害。导线舞动监测装置主要安装在:①易舞动区;②输电线路档距较大或与冬季主导风向夹角大于45°区域;③易发生舞动的微地形、微气象区。

(5)杆塔倾斜监测装置。杆塔倾斜监测装置采用双轴倾角传感器,主要用于监测顺线倾斜度、横向倾斜度及综合倾斜度,为状态监测系统提供基础信息,便于掌握杆塔的倾斜特点和规律,分析原因,提出杆塔纠偏措施,避免杆塔过度倾斜影响线路运行。杆塔倾斜监测装置主要安装在:①采空区、沉降区;②不良地质区段,如土质松软区、淤泥区、易滑坡区、风化岩山区或丘陵等。

(6)绝缘子污秽监测装置。绝缘子污秽监测装置通常包括绝缘子污秽度(盐密/灰密)监测装置。采用光纤盐密传感器,监测绝缘子附近空气中的污秽。通过建立数学模型,计算得到等值盐密,为污秽预警、线路清扫、污区图绘制等提供基础信息。

(7)微气象监测装置。线路沿线发生大风、飑线风、台风、暴雨等恶劣气象时可能引起倒塌或跳闸等事故,通过监测风速、风向、雨量、环境温度、湿度等主要气象参数,可有效监测线路的复杂运行条件,积累线路运行气象资料,为线路的规划设计提供依据。微气象监测装置主要布置在复杂气象区域,应选择有代表性、典型性的监测点,原则上在同一通道的同一区域内设置一个监测点。微气象监测装置主要安装在:①大跨越、易覆冰区和强风区等特殊区域;②因气象因素导致故障(如风偏、非同期摇摆、脱冰跳跃、舞动等)频发的线路区段;③行政区域交界、人烟稀少区、高山大岭区等无气象监测台站的区域。

2)监测装置供电技术

一般情况下安装在输电线路野外现场的监测装置没有可供使用的交流电源,为此必须借助能量收集技术,开发独立的供电装置。目前主要有两种方法:①采用电磁感应原理获取交流导线周围的电磁能来提供能量;②利用太阳能电源装置解决监测装置的供电问题。

(1)感应供电。感应供电电源由感应装置和电源调理电路组成。其中感应装置主要由铁芯和环绕于铁芯上的线圈组成,用于感应电场线周围交变电磁场的能量,以交变电压的形式送入电源调理电路进行处理。电源调理电路一方面把交变电压转换为直流电压给监测装置提供电源,另一方面利用蓄电池进行能量的储存。采用该供电方式时,应注意装置的启动电流(导线电流)和具备大电流电源保护功能。

(2)太阳能供电。太阳能电源由太阳能电池板和充放电控制器组成。充放电控制器的功能是将太阳能电池板供给的电压转换成稳定直流电压给监测装置供电,并给蓄电池充电,完成电能的储存。在夜晚无法供给太阳能或因阴天等气候情况太阳能供给不足时,由蓄电池继续给监测装置供电。

3)数据传输技术

监测数据传输网络可以分为骨干层和接入层两个层次。接入层通信网络实现监测系统、子站和监测装置之间的通信,采用光纤通信和无线通信相结合的方式组建,也可采用光纤专网、无线专网等通信方式。对于实时性、可靠性要求很高和数据量较大的应用,需要充分利用OPGW、光纤接头盒等资源和先进的光通信设备构建高速的光传输网络。在没有 OPGW 接入资源的杆塔,通过 WiMAX、Wi-Fi、WLAN、WPAN 等无线方式实现向下的延伸覆盖。

(1)光纤专网(基于以太网无源光网络)。光纤专网通信方式可应用到输电线路状态监测系统的数据传输网络中,宜选择以太网无源光网络(EPON)等技术。监测子站和监测装置的通信采用以太网无源光网络技术组网,以太网无源光网络由光线路终端(optical line terminal,OLT)、光分配网络(optical distribution network,ODN)和光网络单元(optical network unit,ONU)组成。ONU 设备配置在监测装置处,和监测装置通过以太网接口或串口连接。OLT 设备一般配置在变电站内,负责将所带的以太网无源光网络的数据信息综合,并接入骨干层通信网络。

(2)光纤专网(基于工业以太网)。监测子站和监测装置的通信采用工业以太网网络通信时,工业以太网从站设备和监测装置通过以太网接口连接。工业以太网主站设备一般配置在变电站内,负责收集工业以太网自愈环上所有站点数据,并接入骨干层通信网络。

(3)无线专网。选用适合输电线路状态监测业务的无线专网技术,应充分验证技术的成熟性、标准性、开放性和安全性。采用无线专网方式时,一般作为光纤专网(以以太网无源光网络为例)向下的进一步延伸覆盖。将无线接入点连接到最近的一个 ONU,负责通过无线方式将附近的监测装置接入该 ONU。为每个监测装置配置相应的无线通信模块,负责本装置和无线接入点的通信,将无线接入点连接到最近的一个 ONU,ONU 将无线接入点的信息接入,进行协议转换,再通过光缆接入骨干通信网络。

6.3 智能配电网技术

智能配电网(smart distribution grid,SDG)是智能电网的重要组成部分。它以灵活、可靠、高效的配电网网架结构和高可靠性、高安全性的通信网络为基础,支持灵活自适应的故障处理和自愈,可满足高渗透率的分布式电源和储能元件接入的要求,满足用户提高电能质量的要求。智能配电网技术有机集成和融合现代计算机与通信、高级传感和测控等技术,满足未来配电系统集成、互动、自愈、兼容、优化的要求。本节主要从高级配电自动化(包括运行自动化、管理自动化)及支撑技术、配电网定制电力技术、智能配电网规划、分布式发电与微电网技术等方面,介绍与智能配电网发展密切相关的新技术。

6.3.1 智能型配电自动化技术

智能配电运行自动化包括智能配电运行监视与控制、自动故障隔离与配电网自愈等内容,是本地自动化、现场设备远程监控与成熟应用分析软件的有效结合。除实现传统配电运行自动化功能(如配电 SCADA、故障定位、隔离和供电恢复、多重网络重构等)外,高级配电运行自动化还实现含分布式电源的配电网监视与控制、故障应急处理、安全预警和自愈控制等功能。

智能配电运行自动化主要包括:

(1)配电数据通信网络。这是一个覆盖配电网所有节点(环网柜、分段开关、用户端口等)的基于 IP 的实时通信网,采用光纤、无线与载波等通信技术,支持各种配电终端与系统“上网”。它将彻底解决配电网的通信瓶颈问题,实现实时或准实时通信,给配电网保护、监控与自动化技术带来革命性的变化,并影响一次系统技术的发展。

(2)智能化用户。通过智能电能表、一体化通信网络以及可扩展的智能化电气接口,支持双向通信、智能读表、用户能源管理(需求侧管理)以及智能家居。与用户互动是智能配电网区别于传统配电网的重要特征之一,主要体现在:一是应用智能电能表,实行分时电价、动态实时电价,让用户自行选择用电时段,在节省电费的同时,为降低电网高峰负荷做贡献;二是允许并积极创造条件,让分布式电源(包括电动汽车)用户在用电高峰时向电网送电。

(3)具有自愈能力的配电网络。自愈的配电网要求在所有节点上安装由新型开关设备、测量设备和通信设备组成的控制设备,可自动实现故障定位、故障隔离以及恢复供电。

(4)定制电力。根据电能质量的相关标准,以不同的价格提供不同等级的电能质量,以满足不同用户对电能质量水平的需求。

(5)智能主站系统。该系统可实现智能化、可视化,管理多种分布式电源,包括光伏发电、风力发电、自备发电、储能设备等。它采用IP技术,强调系统接口、数据模型与通信服务的标准化与开放性,也强调计算和分析的快速性。

(6)分布式电源并网。关键技术主要包括分布式电源的"即插即用"和微电网的运行控制。"即插即用"技术涉及分布式电源的规划建设、分布式电源并网的保护控制与调度、设备接口的标准化等方面。对微电网的运行控制应做到:在主网正常时,保持微电网与主网的协调运行;在主网停电时,微电网独立运行;当主网恢复正常时,微电网可再次与主网协调运行。

6.3.2 配电网风险评估与自愈

1. 配电网的风险评估

配电网风险评估是配电网自愈的基础,其主要研究内容包括基于实时测量的配电网风险预测、不确定性分析方法和安全水平评估方法,考虑气候、环境及自然灾害因素的配电网安全预警及预防控制技术。

配电网风险的根源在于配电网中设备的随机故障、负荷的不确定性,外部自然和人为等因素的影响都难以准确预测,而这些因素可能会导致系统发生停电事故。

配电网概率风险评估是通过建立表征系统风险的指标,辨识系统元件(如变压器、线路等)失效事件发生的可能性和后果的严重程度,反映负荷变化以及元件故障等方面的概率属性,确定系统可接受的风险水平和风险控制措施。

配电网风险评估主要评估配电网运行中的充裕性。充裕性主要用于表征配电网设施是否能充分满足用户的负荷需求和系统运行的约束条件。充裕性评估一般只涉及配电网在稳态条件下的评估。

传统意义上的配电网充裕性分析通常基于确定性的分析原则,包括研究单个元件停运($N-1$)和涉及一些关键设备的多重停运事件。但存在以下不足:

(1)任何系统,即使满足单个元件故障准则的要求,也仍然存在更高阶失效事件的运行风险。许多电力中断和大面积停电都是由多重设备同时失效引起的。

(2)由于系统存在多种运行方式,无法识别哪种运行方式使配电网风险最小。

(3)确定性分析方法以包括计及峰荷和极端运行工况在内的最严重情况作为分析基础,

其分析结果趋于保守。

在配电网风险评估中引入概率风险评估,可以反映系统行为、负荷变化以及元件故障等方面的概率属性。与确定性方法相比,概率风险评估具有以下优势:

(1)确定性方法无法覆盖所有元件失效事件,而概率风险评估可以给出由所有可能的失效事件及其发生概率相结合的综合风险指标。

(2)如果存在多种运行方式,针对不同时间段和负荷水平,概率风险评估可以通过识别其中最低风险运行方式来保证系统可靠性。

(3)考虑电网负荷和运行工况的不确定性,与只分析单一负荷水平的确定性分析相比,概率风险评估可以全面反映配电网在不同负荷水平下的风险。

(4)在安排检修时,由于检修具有一定的持续时间,概率风险评估可以分析检修过程中配电网的风险水平是否在可以接受的范围之内。通过比较各设备的风险指标,可以发现配电网中风险水平高的设备,在设计运行方式和校正措施中给予重点关注,并在实际运行中予以重点监视。

2. 配电网自愈

配电网自愈是指配电系统能够及时检测出系统故障或对系统不安全状态进行预警,并进行相应的操作,使其不影响对用户的正常供电或将其影响降至最小。自愈主要解决"供电不间断"的问题,是对供电可靠性概念的延伸,其内涵要大于供电可靠性。例如,目前的供电可靠性管理不计及一些持续时间较短的断电,但这些供电短时中断往往都会使一些对电能质量敏感的精密设备损坏或长时间停运。

配电网的自愈有两方面的含义:一方面是指系统故障后,自动隔离故障,自动恢复供电。另一方面是指系统出现不安全状态后,通过自动调节使系统恢复到正常状态。

配电网自愈研究的关键技术包括:非健全信息条件下的快速故障定位、隔离与恢复供电优化策略,分布式智能自愈控制技术,严重故障情况下断电快速自愈恢复技术,以及含分布式电源的继电保护与系统协调控制技术。

实现配电网自愈,除了需要高效的智能设备外,还需要有强大应用软件支撑的智能配电主站。智能配电主站系统从全局角度,通过人工智能等计算分析手段得到故障条件下的配电网优化运行方案,不仅能够快速恢复故障区域供电,而且可以通过潮流调整等方式有效提高馈线的负荷率,实现电网优化运行。

6.3.3 智能配电网停电管理

作为高级配电管理自动化的重要组成部分,配电网停电管理的智能化是配电网智能化的重要标志之一。配电网停电管理技术可以为故障停电提供更科学、准确和快速的分析手段。它在配电系统数据集成的基础上,实现用户故障的电话报修,停电范围、原因、恢复供电时间的自动应答和基于用户性质、设备信息、班组计划的故障检修协调指挥。

1. 配电网停电管理业务分析

停电管理业务作为配电管理中较高层次的应用,以设备管理、维修人员调度和运行调度为基础,全面处理计划停电、临时停电、事故停电等所有停运事件,其目的是缩短停电时间,提高供电可靠性,提高服务质量。

1)计划停电管理

计划停电管理是指在制订停电计划时进行供电可靠性分析,在执行计划停电时进行最佳停电隔离点决策和负荷转移决策,并对制订计划、执行计划和恢复供电的流程进行管理。具体来说,计划停电管理根据计划停电的要求进行分析,以最小的停电范围和最短的停电时间来确定停电设备,列出造成停电的用户名单,并将计划停电信息自动传送给故障报修管理系统。

2)故障停电管理

故障停电管理是指收到故障停电信息后,确定故障停电位置,进行最佳停电隔离点和负荷转移决策,并将发生故障到恢复供电的完整信息保存下来,作为供电可靠性分析的依据。

故障停电管理主要包括如下三个部分。

(1)故障诊断和定位。根据来自 SCADA 系统、故障报修管理系统、地理信息系统(GIS)、生产管理系统(production management system,PMS)等系统的信息,自动把报修电话和故障停电关联起来,估计故障区段,分析故障停电范围,并排出可能的故障点顺序,确定可能发生故障的设备,指挥现场人员迅速准确地找到故障区域,并隔离故障点。

(2)故障抢修和恢复供电。帮助运行维护人员设计处理故障的最佳方案,使尽可能多的用户供电得到恢复,同时不引起设备过载或较大的电压下降。在故障抢修过程中,还可以帮助运行维护人员分析、安排和协调抢修队伍,以便尽快地完成关键抢修任务,提高工作效率。当停电范围较大时,停电管理系统能帮助运行维护人员根据故障的轻重缓急,优先处理最重要的工作。

(3)故障信息的统计分析。当配电网恢复供电后,故障停电管理系统可以打印出停电报告,包括故障停电区域、故障发生地点、故障类型、停电时间及恢复供电时间、受影响的用户数、每一受影响用户的负荷(或电量)损失、开关操作次数等信息。同时,对配电网停电故障进行统计分析,按故障原因及设备分类进行统计,生成可靠性统计等报表。

2. 配电网停电管理系统

配电网停电管理系统为电力客户服务中心提供一套具有地理背景的可视化管理系统,该系统综合分析各类停电信息(包括 SCADA 信息、故障报修电话信息、计划检修停电信息等),进行故障诊断、定位,并在地理图上直观地可视化显示,指导停电抢修。配电网停电管理系统涉及地理信息系统、生产管理系统、SCADA 系统、高级量测体系、用电营销系统、电力客户服务中心等。需要各系统数据共享与互操作,才能完整实现停电管理功能。因此,基于 SOA 的智能配电网体系架构、企业集成总线的建立,将为实现配电网停电管理系统提供技术支撑。配电网停电管理系统主要具有以下功能。

1)故障分析及抢修指挥

(1)综合接警分析。配电网停电管理系统在接到停电告警信息后,进行故障预测、故障诊断及影响用户分析。

(2)故障抢修指挥。包括应急处理方案优化、应急电源车出救方案优化以及分布式电源调度等,可充分利用风电、光伏发电、大用户发电或智能家居等各种资源,在故障发生时合理调度,保证重要用户、设施的供电安全。

(3)停电信息发布。将停电相关信息以图形方式显示,通过 web 发布,用户可以通过互联网方便地浏览相关停电信息,也可将停电信息传送给电力客户服务中心,为用户提供语音应答。

2)计划检修

计划检修管理以配电网调度日常工作为中心,采用流程化的管理思想,对配电工作进行规范。灵活的业务表单制作工具可以定制出各种调度业务表单,全面实现无纸化管理。以配电网计划检修为应用主线,对配电网调度、运行、服务等方面进行一体化设计,建立具有人工智能的规则库,采取先进高效的专业算法,整合电网企业相关的信息资源,全面实现图形、实时信息、网络模型的资源共享,保证检修信息的实时性、准确性与完整性。在调度计划执行过程中,检修作业人员可以通过掌上电脑实现检修任务下载、检修数据现场录入、检修数据上传等功能,与调度指挥中心形成互动。

3)数据统计及数据挖掘

数据统计功能是指对配电网的各类数据(包括实时的、准实时的和非实时的)进行统计和分析,提出分析报告,提供各种定制的报表。数据挖掘是利用现有的海量数据,利用数据仓库、数据集市,通过联机分析和数据挖掘等技术,抽取出潜在的、有价值的知识,根据预定义的目标,对大量的企业数据进行探索和分析,揭示其中隐含的规律,并进一步将其模型化。数据挖掘是提高电网企业效益、实现管理创新、实现信息系统由成本发生型向利润生成型转变、变数据资源为信息知识资源的必由之路。

6.3.4 智能配电网规划技术特征

智能配电网的新特征使得规划具有特殊性。智能配电网规划包括含分布式发电和储能装置的配电网优化规划、强调自愈和互动特征的智能配电网多目标规划、适应智能配电网特征的负荷预测及负荷特性分析、输配电压等级序列协调规划、考虑灾害影响的配电网评估与规划、智能配电网专项规划与评估、智能配电网规划辅助决策支持系统。

1. 含分布式发电和储能装置的配电网优化规划

智能配电网的重要特征之一,就是对大量分布式发电和储能装置的合理接纳与优化利用。但是,分布式发电和包括电动汽车在内的储能装置的大量接入,会使配电网的负荷预测、规划和运行与过去相比有更大的不确定性。由于规划问题的动态属性同其维数相关联,若再出现许多发电机节点,使得在所有可能的网络结构中寻找到最优的网络布置方案就更加困难。对于想在配电网安装分布式电源的用户或独立发电公司,大量分布式电源的并网运行将对配电网结构产生深刻影响。分布式发电机组类型及所采用次能源的多样化,如何在配电网中确定合理的电源结构,如何协调和有效地利用各种类型的电源,已成为新出现的并且迫切需要解决的问题。这些影响都对传统配电网规划提出了挑战。

2. 强调自愈和互动特征的智能配电网多目标规划

自愈是智能配电网的重要特征之一,实现自愈一方面需要配电自动化等二次系统和快速分析及仿真技术的支持,另一方面需要以灵活的一次网架为基础。因此,有必要研究自愈特性的内涵及其对配电网网架结构的要求,不同网架结构的负荷转移和故障恢复能力,以及分布式电源和储能装置对自愈的影响等问题。

与用户互动是智能配电网的另一重要特征,对用户和全社会而言,可以节约电能消耗;对电网企业而言,可通过与用户互动,支持和引导用户进行能源管理从而提高配电网资产利用率。因此,对于可能参与互动的用户类型、规模和分布的研究,以及互动模式等对配电网负荷特性的影响研究,将能够分析出互动行为对配电网建设的影响,并为分析提高配电网资产利用率提出重要依据。

3. 适应智能配电网特征的负荷预测及负荷特性分析

由于配电网规划需要确定变电站的位置、容量和馈线的走向及类型,所以在对配电网进行负荷预测时,不仅要包含对未来负荷容量的估计,还要包括对负荷类型、地理分布等的预测。配电网的负荷预测是配电网规划的基础,负荷预测的准确度高低将直接影响到规划的效果和可行度。随着电网企业逐步走向电力市场,市场经济对负荷预测提出了新的要求。由于电力系统的负荷预测实际上是对电力市场需求的预测,因此,近年来配电网的负荷预测技术越来越受到重视。

然而,在智能配电网中,负荷预测及其特性分析问题开始变得越来越复杂。一方面,大量的分布式电源(特别是用户侧小容量分布式电源)以分散的方式接入智能配电网后,往往直接本地消纳,与电力负荷相抵消,同时由于分布式电源分布范围广泛,输出能量经常波动,具有明显的随机特性,从而会对整个电力系统的负荷特性产生影响;另一方面,智能配电网强调与用户的交互性,智能电能表、智能家电、家庭储能装置等设备的影响会越发显著,而合理有序地控制用户侧负荷需求越发迫切,需求侧管理也更加重要。例如电动汽车的大规模应用,一方面会在充电时增加电网负荷;另一方面在放电时则会充当小型分布式电源的角色。这些具备智能配电网显著特征的运行和管理需求,对配电网规划所依赖的负荷预测及负荷特性分析技术都提出了新的要求,其成果应用将对配电网高效有序的能源利用模式产生深远影响。

4. 输配电压等级序列协调规划

国内外电网发展进程表明,合理的输配电电压序列配置方式,不仅可以提高电网的整体输配电能力,扩大整个电网对不同负荷性质、负荷密度的适应性,同时也可以降低电网的综合损耗,节约有限的站点资源和线路走廊资源,减少电网的建设费用和运行费用。因此,输配电网电压等级的优化选择和配置问题是关系到输配电网能否可持续发展,能否满足我国未来社会经济发展需要的战略性问题。

对于智能配电网的规划和建设而言,不但强调配电网自身的智能化特征,共同的基本规划原则,这样才能使电网总体上实现和谐有序发展。因此,输配电压等级序列协调规划技术就成为指导和规范智能配电网规划的重要支撑技术之一。

该项技术将根据功能定位、经济规模等因素对城市进行分类,考虑远期受电规模、内部电源配置、供电能力、供电可靠性和自愈供电的要求等因素,研究不同类型城市各电压等级协调的目标网架结构和典型供电模式,并获得从现有网架结构和供电模式向目标网架结构和供电模式过渡的方案。

此外,该技术还将从协调规划的角度出发,深入分析城乡一体化条件下典型地区的农网负荷特性、分布及发展趋势,明确城乡一体化建设对农网规划建设的影响和要求,探讨城乡一体化条件下的农网规划标准及城、农网规划在时间和空间上的有效衔接,并提出现有农网向目标模式过渡的策略和方案。

5. 考虑灾害影响的配电网评估与规划

由于电网分布于广阔的地理空间之中,自然条件是影响其安全稳定的重要因素。据统计,约40%的电网故障是由恶劣天气引起的。从实际情况来看,无论是2008年初的南方雨雪冰冻灾害,还是2008年5月的汶川地震,地区电网都发生了大面积长时间的停电事故,这对当地的灾情无疑是雪上加霜。如何更好地提高电力系统的抗灾能力,不仅是电力系统的问题,也是国家防御能力问题,并且是个长期的涉及公共安全的系统工程。

配电网设备众多,受自然条件影响的概率更大。特别是在全球性气候变化背景下,极端天气事件发生的频率和强度正在持续升高,成为近年来威胁电网安全的首要因素。面对智能配电网的发展契机,有必要分析在各种自然条件影响下,不同地域极端灾害事件的发生规律及配电网故障模式,改变按照几十年一遇标准规划建设的相对粗放的传统经验,提出更具针对性的配电网规划建设标准,从而既保证极端灾害下的电网安全,又避免不必要的投资浪费。此外,也应分析气候变化趋势对于配电网长期规划的影响,例如平均温度升高和极端高温和低温等对负荷预测的影响,探讨将不同气候变化情况纳入配电网规划的考虑因素。特别是在继续规划和发展集中式大机组大电网的同时,要逐步增加分布式电源和微电网的布局建设,注重在负荷中心建设足够的分布式电源和微电网,以在出现非常规灾害或者战时攻击情况下,保证居民和重要用户最小能源供应和最基本生活条件,并将这种电源作为保障电网安全的重要设施和手段,其成本应纳入整个电网运营成本当中。即在未来大型电网规划设计中,既有大容量,又有小容量;既可联网运行,又可解列成微电网运行,形成大小并存互补的格局。从智能配电网本身来看,对分布式电源和微电网的接入和控制也正是其重要特征之一。

6. 智能配电网专项规划与评估

1)配电自动化规划技术

配电自动化的发展与配电网一次网络不同,它在很大程度上依赖于计算机、通信、信息等先进的技术,而根据目前计算机、通信技术以及信息化的发展情况来看,在未来五六年,这些与配电自动化密切相关的技术都会发生显著变化。此外,配电自动化实施过程中,由于配电网变化较快,在规划的年限内,其线路和设备都会发生一定的变化,因此为了确保配电自动化能够高效、顺利地实施,可以考虑在整体规划的基础上,根据配电网的变化对配电自动化规划进行及时调整和修正,以确保配电自动化工作能够长期、顺利、高效地开展。同时,配电自动化规划原则应与配电网规划协调一致,并最大限度保证配电自动化规划与其他相关规划(如城市规划、企业规划等)协调发展。

从流程上看,配电自动化规划主要包括现状分析、目标设定、制定方案、综合评估和决策评估等步骤;从内容上看,主要包括馈线自动化方式、高级配电运行自动化功能、高级配电管理自动化功能、实施对象选取、信息管理方案、通信方案、配电终端规划方案等方面。特别对于智能配电网特色应用而言,配电网状态估计、配电网快速建模与仿真、计及分布式电源和微电网的配电自动化规划等将是重点规划内容。

2)无功规划技术

无功补偿配置的合理性是影响电网安全运行的重要因素之一,在电网的规划阶段就应予以重视。国际上电压崩溃性事故多发生在负荷密集的大型城市受端电网,这在一定程度上反映出城市电网(主要指高、中压配电网)的安全性与无功补偿配置密不可分。无功规划是配电网规划的重要组成部分,合理的无功规划不仅能保证电压质量,有效降低有功损耗,对于提高配电网的安全性也至关重要。

在智能配电网建设进程中,在输配电压等级序列协调规划的原则指导下,以智能配电网特征为出发点，以现有技术条件为基础，不但要探讨智能配电网中各种可行的无功补偿控制技术及无功补偿新技术应用前景，更重要的是要进一步提出各电压等级配电网无功补偿原则、无功规划方法和流程，以及确定不同设备和条件下(如存在分布式电源和微电网)的补偿技术和原则。这将成为智能配电网运行的重要保障之一。

3)供电可靠性规划技术

配电网规划一方面要保证对用户的优质供电，另一方面也要充分考虑电网自身的安全、经济运行，因而规划设计时应对三个方面加以足够的重视。

(1)应考虑网络的长时期适用性，网架结构坚强而灵活，能够适应线路运行负荷水平的变化，同时当用电负荷增加时网架改造工程量应最小。

(2)满足用户供电需求是电网企业的基本责任，作为企业同时要充分考虑合理的运营成本，主要是要根据用电负荷等级进行合理、经济配置。

(3)供电可靠性无疑体现了电网企业的综合能力，现阶段如果单纯采用增加线路、环网等手段实现可靠性指标的提升，从长远来看并不是明智之举。可靠性指标应与用户实际需求结合，对供电可靠性要求不高的用户采用高可靠性供电，在未实施“优质优价”形势下，效益方面显然存在问题。

因此，在智能配电网框架下，对供电可靠性规划技术也提出了新的要求。同时结合智能配电网特征(如分布式电源、微电网接入等)，研究智能配电网近、中、远期可靠性指标目标值的预测方法，以制订出为达到各个阶段目标应采取的技术和管理措施。总之，配电网的供电可靠性指标将会由目前单纯的数据统计，逐步提高应用到电网规划、技术设计以及日常生产领域中，并日益满足电网安全运行和优质服务的要求。

4)供电能力评估技术

智能配电网供电能力评估技术就是要在新的网络条件下，提出新型配电网供电能力的定义、范围和评价方法，充分评估配电网满足电量需求的能力、满足电力需求的能力、满足用户电能质量的能力，以及满足供电可靠性的能力等各个方面，建立配电网供电能力的分层分级指标体系和综合性评价模型，对配电网结构及其设施基本状况、供电能力、运营指标等进行量化分析，特别要对计及分布式电源接入的供电能力进行科学和深入细致的评估，部分内容甚至要考虑到配电网在灾害条件下的应对能力。

7. 智能配电网规划辅助决策支持系统

为做好配电网规划工作，不仅需要系统、科学的流程和方法以及经验丰富的规划工程师，还需要借助功能强大的规划软件来完成大量计算分析和数据处理工作，以提高工作效率。对于智能配电网而言，将涉及更为多样的规划对象、面临更为复杂的规划问题、包含更为丰富的规划内容。因此，必须借助高效软件工具的强力支撑才能顺利实施。

智能配电网规划辅助决策支持系统的重要目标之一，就是要构建一个不仅能够适应智能配电网未来面临的各种挑战、体现各种智能特征，而且能够随着规划环境的变化而及时更新的电网规划辅助决策软件系统。能通过统一的用户界面，以电网规划智能化信息平台为基础，以企业生产管理系统为核心，在生产管理平台基础上，从智能配电网规划的角度出发，集成各类来自不同环境和系统的相关数据及功能模块，充分考虑智能配电网特征，利用智能化分析手段，做出正确的决策支持，最终制定出合理的规划方案。就基本功能来看，除了具备常规配电网规划系统的普遍特征外，还应具备多适应性智能规划功能，如包括基于预想事故集的电网规划、节能减排下的电网规划、计及分布式电源影响的电网规划及辅助决策、适用于微电网发展的电网规划及辅助决策、电能质量优化和评估、考虑全寿命成本周期管理的电网规划方案设计、上下级电网协调规划等。从决策支持功能来看,不但包括各种决策方法(个体决策方法和群体决策方法),还能对影响决策结果稳定性的参数灵敏度进行分析,对影响决策结果的可靠性进行分析,以及进行决策的一致性分析,这些都能为实现电网协调发展的规划及优化能力提供重要支持。

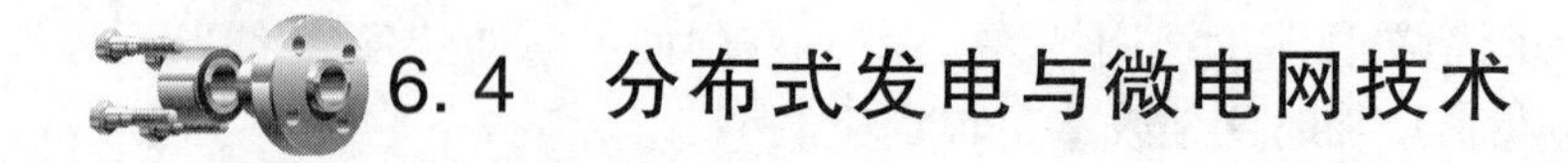

6.4 分布式发电与微电网技术

1. 分布式发电

分布式发电技术是充分开发和利用可再生能源的理想方式。它具有投资小、清洁环保、供电可靠和发电方式灵活等优点,可以对未来大电网提供有力补充和有效支撑,是未来电力系统的重要发展趋势。

1)分布式发电的基本概念

分布式发电目前尚未有统一定义,一般认为,分布式发电(distributed generation,DG)指为满足终端用户的特殊需求、接在用户侧附近的小型发电系统。分布式电源(distributed resource,DR)是指分布式发电与储能装置(energy storage,ES)的联合系统(DR = DG + ES)。它们的规模一般不大,通常为几十千瓦至几十兆瓦,所用的能源包括天然气(含煤层气、沼气等)、太阳能、生物质能、氢能、风能、小水电等洁净能源或可再生能源;而储能装置主要为蓄电池,还可采用超级电容器、飞轮储能等。此外,为了提高能源的利用效率,同时降低成本,往往采用冷、热、电联供(combined cooling heat and power,CCHP)的方式或热电联产(combined heat and power,CHP 或 Co-generation)的方式。因此,国内外也常常将这种冷、热、电等各种能源一起供应的系统称为分布式能源(distributed energy resource,DER)系统,而将包括分布式能源在内的电力系统称为分布式能源电力系统。由于能够大幅提高能源利用效率,节能、多样化地利用各种清洁和可再生能源,未来分布式能源系统的应用将会越来越广泛。

分布式发电直接接入配电系统(380 V 或 10 kV 配电系统,一般低于 66 kV 电压等级)并网运行较为多见,但也有直接向负荷供电而不与电力系统相连,形成独立供电系统(stand-alone system),或形成所谓的孤岛运行方式(islanding operation mode)。当采用并网运行方式时,一般不需要储能系统;但采取独立(无电网孤岛)运行方式时,为保持小型供电系统的频率和电压的稳定,储能系统往往是必不可少的。

由于这种发电技术正处于发展阶段,因此在概念和名词术语的叙述和采用上尚未完全统一。CIGRE 欧洲工作组 WG3733 将分布式电源定义为:不受供电调度部门的控制、与77 V 以下电压等级电网联网、容量在 10 MW 以下的发电系统。英国则采用"嵌入式发电"(embedded generation)的术语,但文献中较少使用。此外,有的国外文献和教科书将容量更小、分布更为分散的(如小型户用屋顶光伏发电及小型户用燃料电池发电等)称为分散式发电(dispersed generation)。本节所采用的 DG 或 DR 的术语,与 IEEE 1547—2003《分布式电源与电力系统互联》中的定义相同。

目前,分布式发电的概念常常与可再生能源发电和热电联产的概念发生混淆,有些大型的风力发电和太阳能发电(光伏或光热发电)直接接入输电电压等级的电网,则称为可再生能源发电而不称为分布式发电;有些大型热电联产机组,无论其为燃煤或燃气机组,它们直接接入高压网,进行统一调度,属于集中式发电,而不属于分布式发电。

当分布式电源接入配电网并网运行时,在某些情况下可能对配电网产生一定的影响,对需要高可靠性和高电能质量的配电网来说,分布式发电的接入必须慎重。因此,需要对分布式发电接入配电网并网运行时可能存在的问题,对配电网的当前运行和未来发展可能产生的正面或负面影响进行深入的研究,并采取适当的措施,以促进分布式发电健康地发展。

2)发展分布式发电系统的意义

发展分布式发电系统的必要性和重要意义主要在于其经济性、环保性和节能效益,以及能够提高供电安全可靠性及解决边远地区用电等。

(1)经济性。有些分布式电源,如以天然气或沼气为燃料的内燃机等,发电后工质(实现热能和机械能相互转化的媒介物质称为工质)的余热可用来制热、制冷,实现能源的梯级利用,从而提高利用效率(可达60%~90%)。此外,由于分布式发电的装机容量一般较小,其一次性投资的成本费用较低,建设周期短,投资风险小,投资回报率高。靠近用户侧安装能够实现就近供电、供热,因此可以降低网损。

(2)环保性。采用天然气作燃料或以氢能、太阳能、风能为能源,可减少有害物(NO_2、SO_x、CO_2 等)的排放总量,减轻环保压力。大量的就近供电减少了大容量、远距离、高压输电线的建设,也减少了高压输电线的线路走廊和相应的征地面积,减少了对线路下树木的砍伐。

(3)能源利用的多样性。由于分布式发电可利用多种能源,如洁净能源(天然气)、新能源(氢)和可再生能源(生物质能、风能和太阳能等),并同时为用户提供冷、热、电等多种能源应用方式,对节约能源具有重要意义。

(4)调峰作用。夏季和冬季往往是电力负荷的高峰时期,此时如采用以天然气为燃料的燃气轮机等冷、热、电三联供系统,不但可解决冬、夏季的供热与供冷的需要,同时能够提供电力,降低电力峰荷,起到调峰的作用。

(5)安全性和可靠性。当大电网出现大面积停电事故时,其有特殊设计的分布式发电系统仍能保持正常运行。虽然有些分布式发电系统由于燃料供应问题(可能因泵站停电而使天然气供应中断)或辅机的供电问题,在大电网故障时也会暂时停止运行,但由于其系统比较简单,易于再启动,有利于大电力系统在大面积停电后的“黑启动”,因此可提高供电的安全性和可靠性。

(6)边远地区的供电。许多边远农村、海岛地区远离大电网,难以由大电网直接向其供电,采用光伏发电、小型风力发电和生物质发电的独立发电系统是一种优选的方法。

2. 微电网技术

分布式电源尽管优点突出,但本身存在一些问题。例如,分布式电源单机接入成本高、控制困难等。同时由于分布式电源的不可控性及随机波动性,其渗透率的提高也增加了对电力系统稳定性的负面影响。分布式电源相对大电网来说是一个不可控电源,因此目前的国际规范和标准对分布式电源大多采取限制、隔离的方式来处理,以期减小其对大电网的冲击。IEEE 1547 标准规定:当电力系统发生故障时,分布式电源必须马上退出运行,大大限制了其效能的充分发挥。为协调大电网与分布式电源间的矛盾,最大限度地发掘分布式发电技术在经济、能源和环境中的优势,在21世纪初,学者们提出了微电网的概念。

微电网从系统观点看问题,将发电机、负荷、储能装置及控制装置等结合,形成一个单一可控的独立供电系统。它采用了大量的现代电力电子技术,将微型电源和储能设备并在一起,直接接在用户侧。对于大电网来说,微电网可被视为电网中的一个可控单元,可以在数秒内动作以满足外部输配电网络的需求;对用户来说,微电网可以满足他们特定的需求,如降低馈线损耗、增加本地可靠性、保持本地电压稳定、通过利用余热提高能量利用的效率等。第7章将对微电网进行详细的介绍。

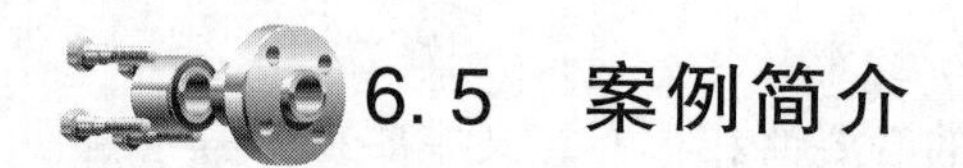

6.5 案例简介

6.5.1 上海世博园智能电网综合示范工程

上海世博园智能电网综合示范工程包括新能源接入、配电自动化系统、故障抢修管理系统、电能质量监测、储能系统、智能变电站、用电信息采集系统、智能楼宇/小区。八个示范工程。智能电网调度技术支持系统展示、信息平台展示、智能输电展示、可视化展示四个演示工程。

1. 新能源接入

1)目标

建设新能源接入综合系统,覆盖上海各风电场、光伏电站、储能系统、电动汽车充放电站和部分资源综合利用(热电冷三联供)机组,如图6-5所示。以上海现有和世博会期间投运的风电场和光伏电站为研究对象,开发风电场和光伏电站功率预测与控制系统;进行风电与火电出力控制特性研究,实现风火联调;结合奉贤风电场(二期)的无功控制系统,监测风电场电压和无功信息;监测上海市内储能装置运行信息,研究储能控制策略,实现结合风电和光伏发电的储能控制;对上海市电动汽车充放电站进行监控;监测上海市部分热电冷三联供机组信息,体现资源综合利用效率;显示世博会期间上海风电场和光伏电站总出力和发电量以及世博园区的负荷、用电量,体现绿色世博、低碳世博理念。

2)系统方案

新能源接入世博园的电网系统中主要依靠以下几个模块的作用:

(1)系统数据库。系统数据库是该系统的数据中心,各软件模块均通过其完成数据的交互。系统数据库的数据来源有:①调度实时数据平台的各风电场实时功率数据;②外网数据处理模块的数值天气预报数据;③采集与控制模块的实时信息;④预测程序产生的预测结果和世博园区负荷数据等。

(2)外网数据处理模块。从数值天气预报服务器下载数值天气预报数据,经过处理后形成各预测风电场预测时段的数值天气预报数据,送入系统数据库。

(3)采集与控制模块。采集与控制模块将一些数据传送到系统数据库中,同时向东海大桥风电场、崇明前卫村光伏电站、储能系统和电动汽车充放电站发送控制指令。这些数据包括:①各光伏电站的实时功率数据;②崇明前卫村光伏电站的实时测光数据和运行状态等数据;③东海大桥风电场各风电机组实时功率及运行状态等数据;④储能系统和电动汽车充放电站的实时信息;⑤世博园区用电负荷数据等。

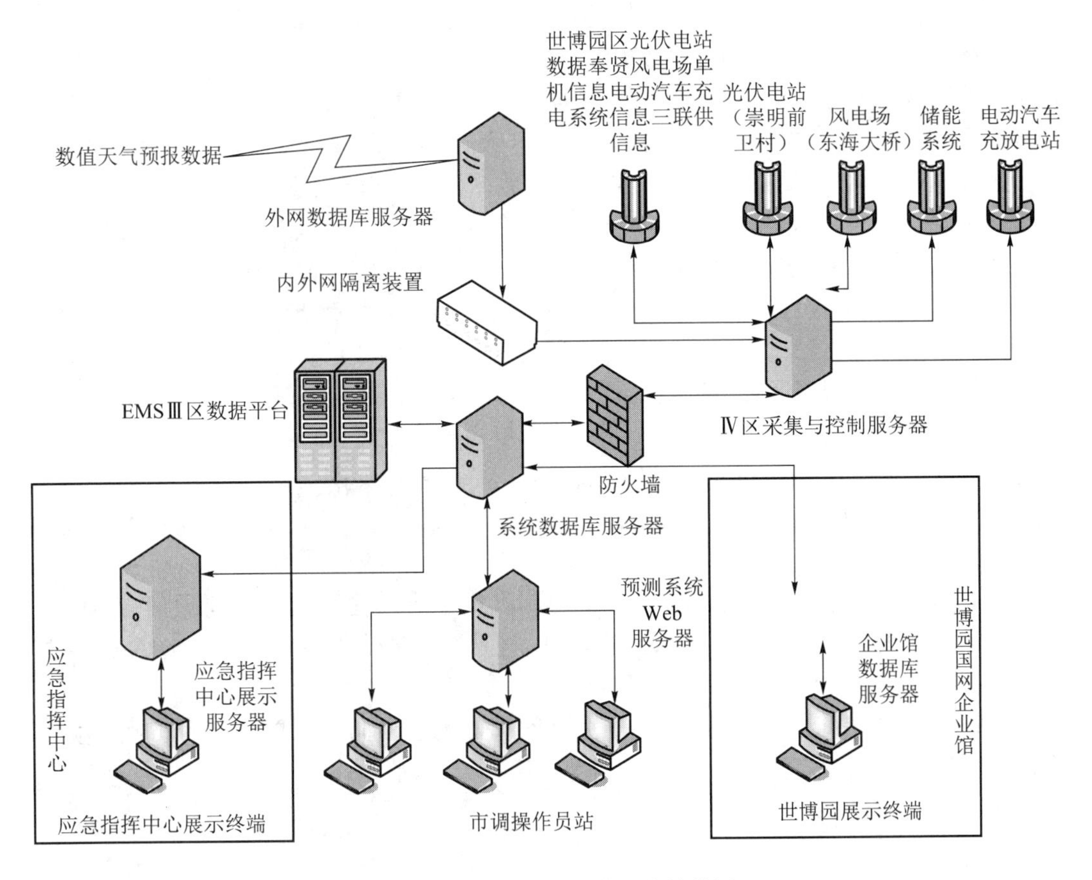

图6-5　新能源接入综合系统结构图

(4)预测模块。从系统数据库中取出数值天气预报数据、实时测风测光数据、各风电场和光伏电站的实时和历史功率数据，通过预测模型计算出风电场和光伏电站的预测结果，并将预测结果送回系统数据库。

(5)调度实时数据平台接口模块。将各风电场的实时功率数据传送到系统数据库中，同时将预测结果从系统数据库中取出，发送给调度实时数据。

(6)图形用户界面模块。与用户交互，完成数据及曲线显示、系统管理与维护等功能。

(7)国家电网馆展示模块。将世博园区国家电网馆自动气象站数据传送到系统数据库，同时从系统数据库中取出用于国家电网馆展示的数据。

2. 配电自动化系统

1)目标

在世博园区全面建设配电自动化系统，实现对园区10 kV配电网的实时状态监控。大部分配电网实现集中式自愈功能，其余配电站及其供电环网实现不依赖配电主站和配电子站的智能分布式自愈功能。

2)系统组成

(1)主站系统：

①配电自动化主站系统。建设针对世博园区的配电自动化主站系统，实现对园区10 kV

配电网的实时信息采集、处理、分析统计、遥控以及自愈功能,并具备与上海电力综合数据平台的数据接口,实现数据共享和历史数据存储。

②世博园区调度抢修指挥系统。在世博园区应急指挥中心及市区、市东供电公司设立统一的基于生产管理系统(PMS)的世博园区配电网运行监测系统,经上海电力中心数据库,完成与园区配电自动化系统的信息交互,实现各类数据资源的共享,满足园区配电网的运行管理、维护、抢修指挥的应用需求。

该系统主要内容:①接入世博园区配电自动化系统的各类信息,以PMS为配电网信息的展现平台,实现配电网运行数据和历史运行数据的各类应用;②实现世博园区电网的电气图形、空间地理信息以及各类设备参数信息的显示;③实现电网及设备的运行监测,经上海电力综合数据平台接入世博园区配电网的运行工况信息,提供各类设备实时监测信息。

(2)现场监控设备。在10 kV开关站配置分布式监控装置(monitor unit,MU),对箱式变压器配置配电终端(distribution terminal unit,DTU),并配备相关的通信设备,接入所在电力系统的通信网络,实现在线遥测、遥信及遥控功能。

(3)通信方式:

①10 kV电缆屏蔽层载波通信方式是世博园区配电自动化系统的主要通信方式。根据10 kV网架的结构,结合电缆线路的走向,规划、构建载波通信链路,上层(35 kV变电站或10 kV开关站)安装主载波,下层安装从载波。

②光纤通信方式。变电站与10 kV开关站间,采用光纤通信方式;对于部分实现分布式自愈的环网供电线路,采用光纤线路实现对等的工业以太网。

3. 故障抢修管理系统

1)目标

在世博园区建设基于一体化电网平台、覆盖整个故障抢修处理流程的故障抢修管理系统,然后逐步在全上海推广实施,如图6-6所示。

2)系统方案

(1)总体方案。总体设计思路是基于一体化平台,实现横向抢修业务贯通、纵向统一调度指挥,充分利用配电自动化系统、PMS网络拓扑及数据互联等成果,实现抢修业务的应用集成。具体内容包括以下两点:

①通过集成或改造现有相关系统,如PMS、客户管理系统(customer management system,CMS)等,建立跨系统、跨部门的一体化故障抢修流程管理,提高各业务系统和模块的信息共享水平,提升抢修工作效率。

②利用综合数据平台,集成SCADA、配电SCADA相关自动化信息,结合PMS网络拓扑,完成故障判断、故障定位、故障处理方案辅助分析等功能,使故障处理模式逐步由被动等待客户报修转变为主动发现故障。

(2)系统功能:

①报修管理。通过对客户报修电话的有效判断,结合计划停电信息和抢修工作反馈,及时、主动、有效地将故障处理信息反馈给客户,实现故障抢修信息透明化。通过自动应答系统的引入,提高大面积停电报修接入工作处理效率。

②故障辅助分析。通过一体化平台获取数据信息、电网拓扑信息和地理位置信息,进行故障定位,缩短故障处理时间,提升故障抢修工作效率,形成故障处理辅助方案。

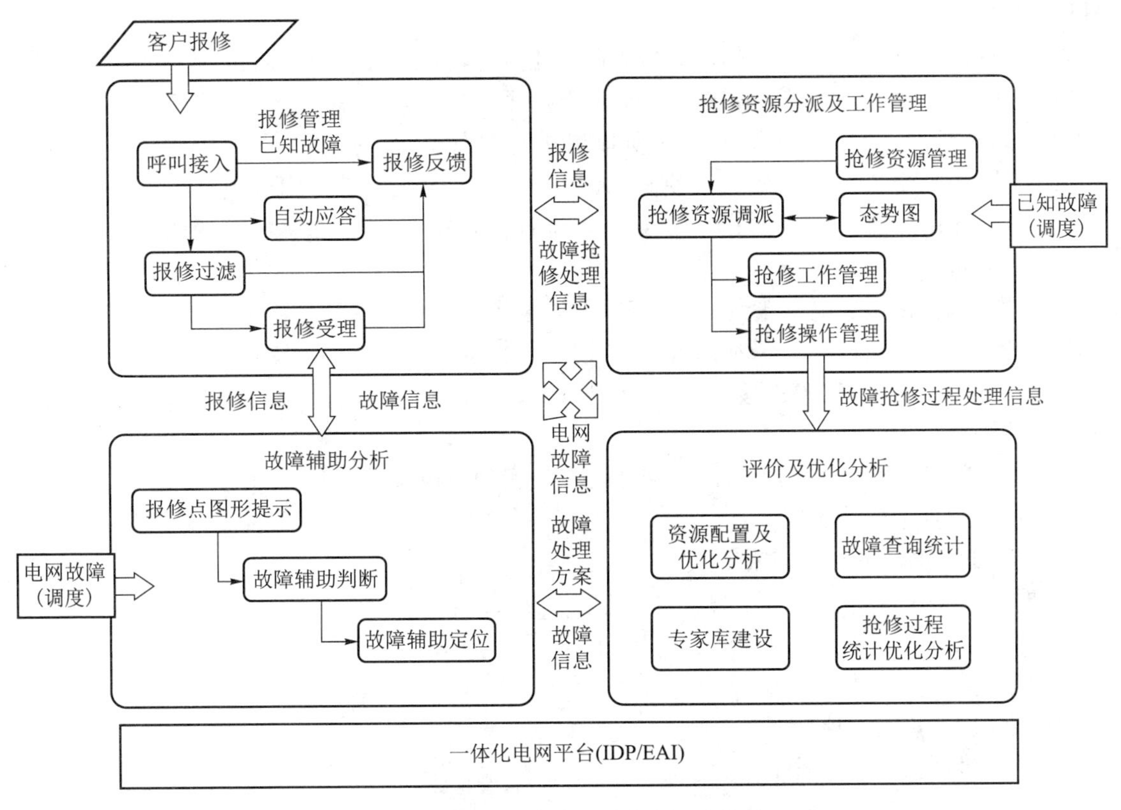

图6-6 故障抢修管理系统内部关联图

③抢修资源调派及工作管理。结合应急指挥系统,实现资源整合、统一调派,提高资源利用率;结合空间信息和实时定位信息,实现资源调度的优化;结合工作流程优化,建立横向贯通的抢修流程和工作管理。

④评价及优化分析。通过对抢修各个环节流程和效率的分析评价,发现异常因素,优化工作流程;通过构建专家库,预估故障修复时间;通过对电网设备故障的统计分析,指导设备选型优化;通过对资源利用率的统计分析,优化资源配置方案。

4. 电能质量监测

1)上海电网电能质量监测管理系统

上海电网电能质量监测管理系统通过设置主网、配电网(针对典型负荷群)特需监测区(针对电能质量敏感的供电区域,如高科技开发区、新能源发电区等)综合数据平台、世博园区等多个监测分区,建立了完整的电能质量数据库,对电能质量进行综合分析和处理。该系统由监测终端、通信系统、监测主站和用户端等构成。

整个系统采用双层结构,监测终端采集到的数据直接传输给监测主站,监测主站根据预定的功能要求完成所有的数据处理、储存和发布,用户根据自身的需要以用户浏览的方式从主站获得相关信息。系统能够监测全部电能质量指标,具备了对全网电能质量数据的浏览、统计、分析和整合功能,为电力系统运行、监督、管理部门及其他相关单位提供用户访问功能。系统所采用的软件由监测终端前置机软件,综合数据平台数据采集软件,智能电能表数据采集软件,电能质量存储、专业分析和统计软件,数据管理和发布软件,电能质量可视化展示软件以及电能质量评估等专家系统软件组成。

为了能够更好地根据监测数据及时掌握电网的电能质量情况,同管理者报告电网的电能质量情况,并与用户分享相关电能质量数据,上海电网电能质量监测管理系统建设了大屏幕分析展示系统,开发了电能质量可视化软件,进行了电能质量数据可视化分析和展示应用,主要包括电能质量各指标合格率展示、设备运行状况监控、报警事件监控统计、中心机房摄像监控、监测数据三维展示、统计数据按区域三维展示等功能。

2)世博园区子系统

为了提高世博园区电能质量,在已有电能质量监测网的基础上,新装设278个电能质量监测点,其中70个在世博园区内。同时,通过用电信息采集系统,读取世博园区内智能电能表所采集的与电能质量有关的数据。建立起10～220 V电压等级、覆盖整个世博园区的电能质量监测网。

另外,通过对已有电能质量监测系统的扩展,实现对电能质量的全面监测、统计与分析。其监控展示软件主要功能如下:

(1)管理世博园区电能质量监测终端;

(2)对世博园区电能质量监测点数据进行分析、统计;

(3)电能事故查询;

(4)电能数据统计报表;

(5)电能质量数据评估;

(6)对世博园区电能质量监测点数据进行可视化展现;

(7)电能质量评估报告输出;

(8)对系统软硬件的运行状态进行监控。

3)系统特点

上海电网电能质量检测管理系统规模大,检测分析指标齐全,展示方式新颖。在电能质量检测领域建立了一套较为完善的技术标准与工作标准体系,建成了电能质量研究室,开展动态电能质量检测和分析研究。

5. 其他

其他的四个示范工程包括储能系统、智能变电站、用电信息采集系统、智能楼宇/小区等。漕溪能源转换综合展示基地的储能系统,实现了100 kW·h磷酸铁锂电池和100 kW·h镍氢电池储能系统的并网运行;嘉定钠硫电池试验基地的储能系统,实现了100 kW·h钠硫电池储能系统的并网运行;崇明前卫村光伏发电与10 kW·h液流电池混合储能系统,实现了多种化学储能技术在上海电网中的应用,以及对储能系统的分散布置、集中监控和统一调度,体现储能技术在智能电网削峰填谷方面的作用,为推广应用储能技术做好准备。

智能变电站实现采集信息数字化,构建实时、可靠、完整的共享信息平台,提升现有设备和功能的技术水平。建设与世博园区国家电网馆一体化的110 kV蒙自全地下智能变电站,全站110 kV GIS采用光纤电流互感器、电子式电压互感器,10 kV GIS采用低功率电流、电压互感器;智能设备基于DL/T 860标准建模和通信,实现基于共享信息平台的信息共享和协调智能控制;站内配置动态无功补偿装置,对10 kV母线完全实现无功动态补偿;站用电系统配置有源电力滤波器。

用电信息采集系统按照国家电网公司统一的技术方案、技术标准和管理规范,将世博园区内28个35 kV计量点、91个10 kV计量点、10个380 V计量点，以及智能小区156个计量点列入示范性对象，安装国家电网公司统一标准的智能电能表和采集设备。考虑光纤、电力线载波、5G或GPRS等多种通信方式，采用高级量测、高速通信、高效调控的技术手段，实现用电信息的实时、全面和准确采集，满足各专业对用电信息的需求，实现电网企业与用户之间基本的双向互动功能，为开展其他增值服务奠定基础。智能楼宇/小区实现用户与电网之间电力流、信息流、业务流的双向互动。在世博园区国家电网馆开展智能楼宇建设，通过开发能量综合管理系统，实时采集用电设备运行状态，采用双向互动技术实现楼宇节能综合控制；突出介绍并展示智能变电站、清洁能源发电、新型负荷式用电设备的使用所带来的环境效益及经济效益。在浦东某居民社区建设智能小区（共132户），并在小区中建设一套智能家居样板房。小区采用基于EPON的全光纤到户接入方式，样板房采用光纤复合低压电缆，实现电力光纤到户，通过用户智能交互终端和智能用电服务平台，实现双向互动服务，达到增强用户体验、提供通信与能源一体化服务、构建新型用户关系、提高全社会能源利用水平的目的。

6.5.2 电力用户用电信息采集系统工程

用电信息采集系统的建设，将为智能用电服务提供有力的技术支撑。下面主要从工程背景、技术方案、实施计划以及预期目标等方面来对这个工程进行介绍。

1. 工程背景

2008年，国家电网公司开始推行用电信息采集系统，计划用3～5年完成终端侧容量为50 kV·A及以上用户用电信息采集及一体化平台建设，实现“全覆盖、全采集、全费控”的目标，为智能电网的信息化、自动化、互动化提供强有力的基础应用平台，以保证用电数据的实时高效的采集、处理和应用，为智能电网建设奠定坚实的基础。

2008年9月，国家电网公司组织制定了电力用户用电信息采集系统系列标准。该系列标准于2009年12月正式发布，内容包括系统及主站、采集终端、通信单元的功能配置、型式结构、性能指标、通信协议、安全认证、检验方法、建设及运行管理等内容。

2. 技术方案

用电信息采集系统的全面建设，要求对所有用户实施系统覆盖、用电信息采集和预付费控制。根据集约、统一、规范的原则以及营销业务功能实现的需求需要在统一的用电信息采集平台，即一体化平台上实现电力用户的全面覆盖。

1）采集要求

用电信息采集系统的采集对象包括所有电力用户，即专线用户、各类大中小型专用变压器用户、各类380 V供电的工商业用户和居民用户。公用配电变压器线损考核计量点，要求覆盖率达到100%。根据对各省用电信息采集系统的建设情况和营销业务的分类情况的调查，除电力用户外，尚有许多电能计量点没有实现远程采集。用电信息采集系统统一采集平台设计，能支持多信道和多采集终端类型，也可用来采集分布式发电上网关口和变电站关口等各类计量点。

2）应用部署模式

采集系统的应用部署模式与各个省电力公司的营销管理模式密切相关，分为集中式和分布式两种。

(1)集中式部署。集中式部署采用“集中采集,分布应用”模式,即全省仅部署一套主站系统、一个统一的通信接入平台,直接采集全省范围内的所有现场终端和表计,集中处理信息采集、数据存储和业务应用。下属的各地市电力公司不设立主站,用户统一登录到省电力公司主站,根据各自权限访问数据,执行本地区范围内的运行管理职能。集中式部署适用于用户数量相对较少、地域面积不特别大的省电力公司。

该方案按照省、市电力公司大集中的模式进行设计,按“一个平台、两级应用”的原则,在省电力公司建设全省统一的用电信息采集系统数据平台,各地市电力公司以工作站的方式接入系统。

(2)分布式部署。分布式部署采用“分布采集,汇总应用”模式,即在全省各地市电力公司分别部署一套主站系统,各自独立采集本地区范围内的现场终端和表计,实现本地区信息采集、数据存储和业务应用。省电力公司从各地市电力公司提取相关数据,完成省电力公司的汇总统计和全省应用。分布式部署适用于用户数量特别大、地域面积广阔的省电力公司。

该方案按照分级管理的要求,从上而下分为一级主站和二级主站两个层次。一级主站建设整个系统的数据应用平台,侧重于整体汇总管理分析;二级主站建设各自区域内的用电信息采集平台,实现实际的数据采集和控制运行。

分布式的用电信息采集系统对应于管理上的分层管理模式,即各省电力公司的省市两级管理模式,在省电力公司部署一级主站,地市电力公司部署二级主站,构成“以省电力公司为核心,以地市电力公司为实体”的全省用电信息采集系统。

3)通信信道

(1)远程信道。远程信道用于连接系统主站和采集终端,可采用的信道有电力专网(光纤信道、230 MHz无线、电力线载波)、无线公网(GPRS/CDMA)和有线公网(ADSL/PSTN 拨号)等。

(2)本地信道。本地信道用于连接电能表到采集终端,可采用的信道有低压电力线载波RS-485 总线、微功率无线等。

4)采集终端

根据用电信息采集系统建设的要求,国家电网公司组织制定了用电信息采集终端功能规范,将采集终端分为专用变压器采集终端、集中抄表终端(包括集中器、采集器)、分布式能源接入终端、储能接入终端等。

(1)专用变压器采集终端。它是指对专用变压器用户用电信息进行采集的设备。它可以实现电能表数据的采集、电能计量设备工况和供电电能质量监测,以及用户用电负荷和电能量的监控,并对采集数据进行管理和双向传输。

(2)集中抄表终端。它是指对低压用户用电信息进行采集的设备,包括集中器和采集器。集中器是指收集各采集器或电能表的数据,并进行处理、储存,同时能与主站或手持设备进行数据交换的设备。采集器是用于采集多个或单个电能表的电能信息,并可与集中器交换数据的设备。

(3)分布式能源监控终端。它是指对接入配电网的用户侧分布式能源系统进行监测与控制的设备。它可以实现对双向电能计量设备的信息采集、电能质量监测,并可接收主站命令。对分布式能源系统接入配电网进行解列控制。

(4)储能接入终端。它是指对接入配电网的用户侧储能装置进行监测与控制的设备。它可以实现对双向电能计量设备的信息采集和电能质量监测，并可接受主站命令，对储能装置接入配电网进行控制。

3. 实施计划及预期目标

国家电网公司计划分三个阶段推进用电信息采集系统建设：第一阶段（2009—2010 年）是规划试点阶段，在 27 个省级电网公司开展用电信息采集系统试点建设，同时完成容量为 50 kV·A及以上用户专用变压器和公用配电变压器采集终端的建设，用户采集覆盖率不低于 15%；第二阶段（2011—2015 年）是全面建设阶段，加快用电信息采集系统建设，实现“全覆盖、全采集、全费控”；第三阶段（2016—2020 年）是引领提升阶段，进一步优化用电信息采集系统，根据运行实践深化系统研究，完善系统功能，提升系统使用效率。

用电信息采集系统的预期目标如下：

（1）一体化平台。省电力公司建立一体化的用电信息采集系统后，采集监控对象涵盖专用变压器用户、公用配电变压器和低压居民，在同一个平台上完整地实现采集、监控和业务应用功能。

（2）智能用电服务。用电信息采集系统的建设，为智能用电服务体系建设提供了基本保证，满足了智能电网与用户的互动化需求，使用户可以随时了解电网信息，为用户提供灵活定制、多种选择、高效便捷的服务，不断提高服务能力，满足多样化用电服务需求，提升用户满意度。

（3）用电异常监测。建设用电信息采集系统，并配合专用传感器，可实时监视用户异常用电状况，及时发现计量设备损坏和准确地跟踪、定位有窃电嫌疑的用户。用电信息采集系统所记录的各种用电数据和曲线，为查处用户窃电提供了有力证据，是反窃电工作最有效的技术手段。

（4）用电信息共享。建设用电信息采集系统，可真正地实现与营销业务系统的无缝连接，实现了用户档案、计量数据、用户用电信息的共享，协调完成对营销计量、抄核收、用电检查、需求侧管理等业务流程的技术支持。

（5）营销业务支撑。建设用电信息采集系统，能够有效提高电能计量、远程抄表、预付费等营销业务处理自动化程度，提高营销管理整体水平；能够为 SG186 业务应用提供及时、完整、准确的数据支撑，满足了智能电网自动化、信息化的要求。

第7章 微电网和泛在电力物联网建设

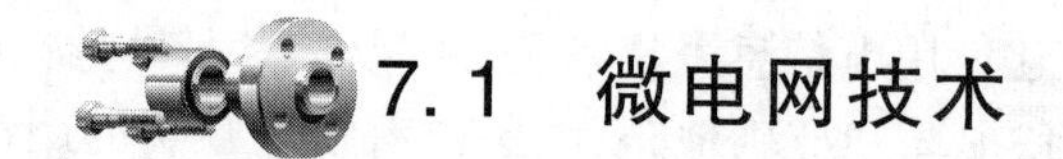

7.1 微电网技术

7.1.1 微电网的概念

微电网(micro grid,MG)是一种将分布式发电(distributed generation,DG)、负荷、储能装置、变流器以及监控保护装置等有机整合在一起的小型发输配电系统。凭借微电网的运行控制和能量管理等关键技术,可以实现其并网或孤岛运行、降低间歇性分布式电源给配电网带来的不利影响,最大限度地利用分布式电源出力,提高供电可靠性和电能质量。将分布式电源以微电网的形式接入配电网,被普遍认为是利用分布式电源有效的方式之一。微电网作为配电网和分布式电源的纽带,使得配电网不必直接面对种类不同、归属不同、数量庞大、分散接入的(甚至是间歇性的)分布式电源。国际电工委员会(IEC)在《IEC 2010—2030 年白皮书——应对能源挑战》中明确将微电网技术列为未来能源链的关键技术之一。

近年来,欧盟成员国、美国、日本等均开展了微电网试验示范工程研究,已进行概念验证控制方案测试及运行特性研究。国外微电网的研究主要围绕可靠性、可接入性、灵活性三个方面探讨系统的智能化、能量利用的多元化、电力供给的个性化等关键技术。微电网在我国也处于试验、示范阶段。这些微电网示范工程普遍具备以下四个基本特征。

(1)微型。微电网电压等级一般在 10 kV 以下,系统规模一般在兆瓦级及以下,与终端用户相连,电能就地利用。

(2)清洁。微电网内部分布式电源以清洁能源为主。

(3)自治。微电网内部电力电量能实现全部或部分自平衡。

(4)友好。可减少大规模分布式电源接入对电网造成的冲击,可为用户提供优质、可靠的电力,可实现并网离网模式的平滑切换。因此,与电网相连的微电网,可与配电网进行能量交换,提高供电可靠性和实现多元化能源利用。

微电网与电网之间信息交换量将日益增大并且在提高电力系统运行可靠性和灵活性方面体现出较大的潜力。微电网和配电网的高效集成,是未来智能电网发展面临的主要任务之一,通过借鉴国外对微电网的研究经验,近年来,一些关键的、共性的微电网技术得到了广泛的研究。然而,为了进一步保障微电网的安全、可靠、经济运行,结合我国微电网发展的实际情况,一些新的微电网技术有待进一步探讨和研究。

微电网是未来智能配电网实现自愈、用户侧互动和需求响应的重要途径,随着新能源、智能电网技术、柔性电力技术等的发展,微电网将具备如下新特征:

(1)微电网将满足多种能源综合利用需求并面临更多新问题。大量的入户式单相光伏、小型风机、冷热电三联供、电动汽车、蓄电池、氢能等家庭式分布电源,大量柔性电力电子装置的出现将进一步增加微电网的复杂性。屋顶电站、电动汽车充放电、智能用电楼宇和智能家居等带来微电网形式的多样化问题,多种微电源响应时间的问题,现有小发电机组并入微电网的可行性问题,微电网配置分布式电源和储能接口标准化问题,微电网建设环境评价和微电网内基于电力电子接口的电源与柔性交流输电系统(FACTS)装置控制耦合等问题,这些问题将成为未来微电网研究的热点。

(2)微电网将与配电网实现更高层次的互动。微电网接入配电网后,配电网结构、保护、控制方式,用电侧能量管理模式、电费结算方式等均需做出一定调整,同时带来上级调度对用户电力需求的预测方法、用电需求侧管理方式、电能质量监管方式等的转变。为此,一方面,通过不断完善接入配电网的标准,微电网将形成系列典型模式规范化建设和运行;另一方面,将加强配电网对微电网的协调控制和用户信息的监测力度,建立起与用户的良性互动机制,通过微电网内能量优化、虚拟电厂技术及智能配电网对微电网群的全局优化调控,逐步提高微电网的经济性,实现更高层次的高效、经济、安全运行。

(3)微电网将承载信息和能源双重功能。未来智能配电网、物联网业务需求对微电网提出了更高要求,微电网靠近负荷和用户,与社会的生产和生活息息相关。以家庭、办公室建筑等为单位的灵活发电和配用电终端、企业,电动汽车充电站以及物流等将在微电网中相互影响,分享信息资源。承载信息和能源双重功能的微电网,使得可再生能源能够通过对等网络的方式分享彼此的能源和信息。

7.1.2 微电网的构成与分类

1. 微电网的构成

微电网由分布式发电(DG)、负荷、储能装置及控制装置四部分组成,微电网对外是一个整体,通过一个公共连接点(point of common coupling,PCC)与电网相连。

(1)分布式发电。DG可以是以新能源为主的多种能源形式,如光伏发电、风力发电、燃料电池;也可以是以热电联供(combined heat and power,CHP)或冷热电联供(combined cooling heat and power,CCHP)形式存在,就地向用户提供热能,提高DG利用效率和灵活性。

(2)负荷。负荷包括各种一般负荷和重要负荷。

(3)储能装置。储能装置可采用多种储能方式,包括物理储能、化学储能、电磁储能等,用于新能源发电的能量存储、负荷的削峰填谷、微电网的“黑启动”。

(4)控制装置。由控制装置构成控制系统,实现分布式发电控制、储能控制、并离网切换控制、微电网实时监控、微电网能量管理等。

2. 微电网的分类

微电网建设应根据不同的建设容量、建设地点、分布式电源的种类,建设适合当地具体情况的微电网,建设的微电网按照不同分类方法可进行如下分类。

1)按功能需求分类

按功能需求划分,微电网分为简单微电网、多种类设备微电网和公用微电网。

(1)简单微电网。仅含有一类分布式发电,其功能和设计相对简单,如仅为了实现冷热电联供(CCHP)的应用或保障关键负荷的供电。

(2)多种类设备微电网。含有不止一类分布式发电,由多个不同的简单微电网组成或者由多种性质互补协调运行的分布式发电构成。相对于简单微电网,多种类设备微电网的设计与运行则更加复杂,该类微电网中应划分一定数量的可切负荷,以便在紧急情况下离网运行时维持微电网的功率平衡。

(3)公用微电网。在公用微电网中,凡是满足一定技术条件的分布式发电和微电网都可以接入,它根据用户对可靠性的要求进行负荷分级,紧急情况下首先保证高优先级负荷的供电。

微电网按功能需求分类很好地解决了微电网运行时的归属问题。简单微电网可以由用户所有并管理;公用微电网则可由供电公司运营;多种类设备微电网既可属于供电公司,也可属于用户。

2)按用电规模分类

按用电规模划分,微电网可分为简单微电网、企业级微电网、馈线区域微电网、变电站区域微电网和独立微电网,见表7-1。

表7-1 不同类型微电网发电量以及与主网连接方式

<table>
<tr><th>类型</th><th>发电量</th><th>主网连接</th></tr>
<tr><td>简单微电网</td><td><2 MW</td><td rowspan="4">常规电网</td></tr>
<tr><td>企业级微电网</td><td>2~5 MW</td></tr>
<tr><td>馈线区域微电网</td><td>5~20 MW</td></tr>
<tr><td>变电站区域微电网</td><td>>20 MW</td></tr>
<tr><td>独立微电网</td><td>根据海岛、山区、农村负荷决定</td><td>柴油机发电等</td></tr>
</table>

(1)简单微电网。用电规模小于2 MW,由多种负荷构成的、规模比较小的独立性设施机构,如医院、学校等。

(2)企业级微电网。用电规模在2~5 MW,由规模不同的冷热电联供设施加上部分小的民用负荷组成,一般不包含商业负荷和工业负荷。

(3)馈线区域微电网。用电规模在5~20 MW,由规模不同的冷热电联供设施加上部分大的商业负荷和工业负荷组成。

(4)变电站区域微电网。用电规模大于20 MW,一般由常规的冷热电联供设施加上附近全部负荷(即民用负荷、商业负荷和工业负荷)组成。

以上四种微电网的主网系统为常规电网,又统称为并网型微电网。

(5)独立微电网。独立微电网主要是指边远山区,包括海岛、山区、农村,常规电网辐射不到的地方,主网配电系统采用柴油发电机发电或其他小机组发电构成主网供电,满足地区用电。

3)按交直流类型分类

按交直流类型划分,微电网分为直流微电网、交流微电网和交直流混合微电网。

(1)直流微电网。直流微电网是指采用直流母线构成的微电网。DG、储能装置、直流负荷通过变流装置接至直流母线,直流母线通过逆变装置接至交流负荷,直流微电网向直流负荷、交流负荷供电。

直流微电网的优点:

①由于DG的控制只取决于直流电压,直流微电网的DG较易协同运行;

②DG和负荷的波动由储能装置在直流侧补偿;

③与交流微电网比较,直流微电网控制容易实现,不需要考虑各DG间的同步问题,环流抑制更具有优势。

直流微电网的缺点:常用的用电负荷为交流负荷,需要通过逆变装置给交流用电负荷供电。

(2)交流微电网。交流微电网是指采用交流母线构成的微电网,交流母线通过公共连接点(PCC)断路器控制,实现微电网并网运行与离网运行。DG、储能装置通过逆变装置接至交流母线。交流微电网是微电网的主要形式。

交流微电网的优点:采用交流母线与电网相连,符合交流用电情况;交流用电负荷无须专门的逆变装置。

交流微电网的缺点:微电网控制运行较难。

(3)交直流混合微电网。交直流混合微电网是指采用交流母线和直流母线共同构成的微电网。含有交流母线及直流母线,可以直接给交流负荷及直流负荷供电。整体上看,交直流混合微电网是特殊电源接入交流母线,仍可以看作是交流微电网。

4)按接入主网的不同类型分类

根据接入主网的不同类型,微电网可分为两种:一种是独立微电网;另一种是接入大电网的微电网,即并网型微电网。独立微电网控制复杂,需要稳态、动态、暂态的三态控制,接入大电网的并网型微电网仅需稳态控制即可。

7.1.3　微电网的体系结构

图7-1所示是采用“多微电网结构与控制”的微电网三层控制方案结构。最上层称为配电网调度层,从配电网的安全经济运行的角度协调调度微电网,微电网接受上级配电网的调节控制命令。中间层称为集中控制层,对DG发电功率和负荷需求进行预测,制订运行计划,根据采集电流、电压、功率等信息,对运行计划实时调整,控制各DG、负荷和储能装置的启停,保证微电网电压和频率稳定。在微电网并网运行时,优化微电网运行,实现微电网最优经济运行;在微电网离网运行时,调节分布电源出力和各类负荷的用电情况,实现电网的稳压安全运行。下层称为就地控制层,负责执行微电网各DG调节、储能充放电控制和负荷控制。

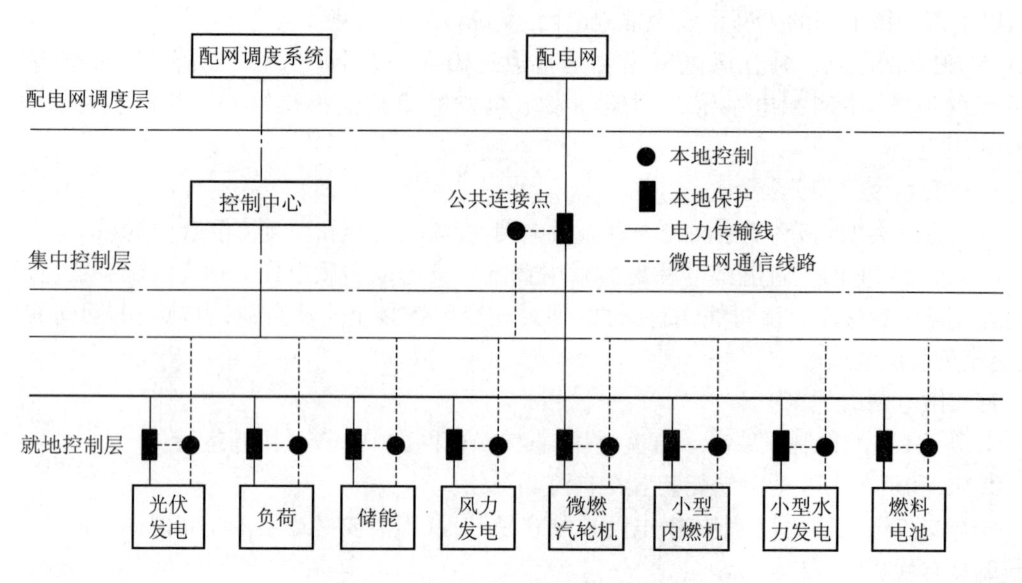

图7-1　微电网三层控制方案结构

1. 配电网调度层

配电网调度层为微电网配网调度系统，从配电网的安全、经济运行的角度协调微电网，微电网接受上级配电网的调节控制命令。

(1)微电网对于大电网表现为单一可控、可灵活调度的单元，既可与大电网并网运行，也可在大电网故障或需要时与大电网断开运行。

(2)在特殊情况下(如发生地震、暴风雪、洪水等意外灾害情况)，微电网可作为配电网的备用电源向大电网提供有力支撑，加速大电网的故障恢复。

(3)在大电网用电紧张时，微电网可利用自身的储能进行削峰填谷，从而避免配电网大范围地拉闸限电，减少大电网的备用容量。

(4)正常运行时参与大电网经济运行调度，提高整个电网的运行经济性。

2. 集中控制层

集中控制层为微电网控制中心(microgrid control center，MCC)，是整个微电网控制系统的核心部分，集中管理DG、储能装置和各类负荷，完成整个微电网的监视和控制。根据整个微电网的运行情况，实时优化控制策略，实现并网、离网、停运的平滑过渡。在微电网并网运行时负责实现微电网优化运行；在离网运行时调节分布式发电出力和各类负荷的用电情况，实现微电网的稳态、安全运行。

(1)微电网并网运行时实施经济调度，优化协调各DG和储能装置，实现削峰填谷以平滑负荷曲线。

(2)并离网过渡中协调就地控制器快速完成转换。

(3)离网时协调各分布式发电、储能装置、负荷，保证微电网重要负荷的供电、维持微电网的安全运行。

(4)微电网停运时，启用“黑启动”，使微电网快速恢复供电。

3. 就地控制层

就地控制层由微电网的就地控制器和就地保护设备组成。微电网就地控制器完成分布式发电对频率和电压的一次调节，就地保护设备完成微电网的故障快速保护。通过就地控制器和就地保护设备的配合实现微电网故障的快速"自愈"。DG 接受 MGCC 调度控制，并根据调度指令调整其有功、无功出力。

(1)离网主电源就地控制器实现 U/f 控制和 P/Q 控制的自动切换。

(2)负荷控制器根据系统的频率和电压，切除不重要的负荷，保证系统的安全运行。

(3)就地控制层和集中控制层采取弱通信方式进行联系。就地控制层实现微电网暂态控制，微电网集中控制层实现微电网稳态控制和分析。

7.1.4　微电网的运行模式

微电网运行分为并网运行和离网(孤岛)运行两种状态。并网运行根据功率交换的不同可分为功率匹配运行状态和功率不匹配运行状态。如图 7-2 所示，配电网与微电网通过公共连接点(PCC)相连，流过 PCC 处的有功功率为 ΔP、无功功率为 ΔQ。当 $\Delta P=0$ 且 $\Delta Q=0$ 时，流过 PCC 的电流为零，微电网各 DG 的出力与负荷平衡，配电网与微电网实现了零功率交换，这也是微电网最佳、最经济的运行方式，此种运行方式称为功率匹配运行状态。当 $\Delta P\neq 0$ 或 $\Delta Q\neq 0$ 时，流过 PCC 的电流不为零，配电网与微电网实现了功率交换，此种运行方式称为功率不匹配运行状态。在功率不匹配运行状态情况下，若 $\Delta P<0$，微电网各 DG 发出的电，除满足负荷使用外，多余的有功输送给配电网，这种运行方式称为有功过剩；若 $\Delta P>0$，微电网各 DG 发出的电不能满足负荷使用，需要配电网输送缺额的电力，这种运行方式称为有功缺额。同理，若 $\Delta Q<0$，称为无功过剩；若 $\Delta Q>0$，称为无功缺额，都为功率不匹配运行状态。

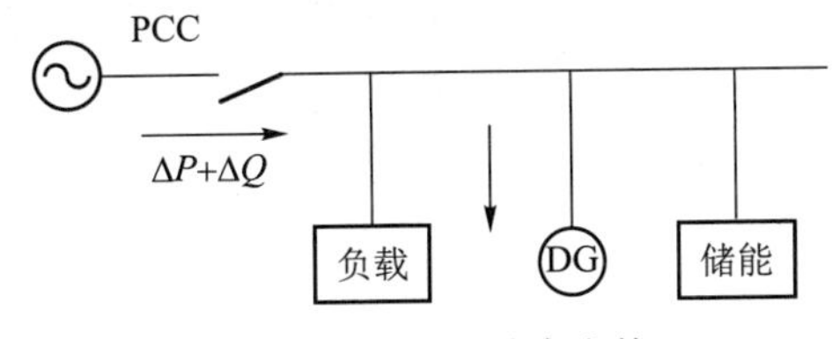

图 7-2　微电网功率交换

1. 并网运行

并网运行就是微电网与公用大电网相连(PCC 闭合)，与主网配电系统进行电能交换。

2. 离网运行

离网运行又称孤岛模式，是指在电网故障或计划需要时，与主网配电系统断开(即 PCC 断开)，由 DG、储能装置和负荷构成的运行方式。微电网离网运行时由于自身提供的能量一般比较小，不足以满足所有负荷的电能需求，因此依据负荷供电的重要程度的不同进行分级，保证重要负荷供电。

微电网可以在两种运行模式之间进行转换。

(1)微电网在停运时，通过并网控制可以直接转换到并网运行模式，并网运行时通过离网控制可转换到离网运行模式。

(2)微电网在停运时，通过离网控制可以直接转换到离网运行模式，离网运行时通过并网控制可转换到并网运行模式。

(3)并网或离网运行时,可通过停运控制使微电网停运。

7.1.5 微电网的互联

微电网互联运行是随着微电网的发展刚刚兴起的研究方向。微电网的互联方式可分为交流式与直流式两类。交流式互联即直接通过交流线路直接将交流微电网互联,关键问题是互联后各电源控制策略与参数的调整。直流式互联即通过背靠背换流器将两交流微电网系统互联,关键问题在于如何通过换流器控制参数的设定,实现功率的合理互传。

7.2 微电网的控制、运行与保护

根据接入主网的不同,微电网可分为两种:一种是独立微电网;另一种是接入大电网的微电网,即并网型微电网。独立微电网控制复杂,需要稳态、动态、暂态的三态控制,接入大电网的并网型微电网仅需稳态控制即可。研究微电网物理仿真模型和数字仿真模型的现代城市电网综合仿真实验室见附录A。

7.2.1 独立微电网三态控制

独立微电网主要是指边远地区,如海岛、边远山区、农村等常规电网辐射不到的地区,主网配电系统采用柴油发电机组发电(或燃气轮机发电)构成主网供电,DG接入容量接近或超过主网配电系统,即高渗透率独立微电网。独立微电网由于主网配电系统容量小,DG接入渗透率高,不容易控制,对高渗透率独立微电网采用稳态恒频恒压控制、动态切机减载控制、暂态故障保护控制的三态控制,可保证高渗透率独立微电网的稳定运行。独立微电网三态控制系统中每个节点有智能采集终端,把节点电流电压信息通过网络送到微电网控制中心。微电网控制中心由三态稳定控制系统构成(包括集中保护控制装置、动态稳定控制装置和稳态能量管理系统),三态稳定控制系统根据电压动态特性及频率动态特性,对电压及频率稳定区域按照一定级别划分为一定区域。

1. 微电网稳态恒频、恒压控制

独立微电网稳态运行时,没有受到大的干扰,负荷变化不大;柴油发电机组发电及各DG发电与负荷用电处于稳态平衡;电压、电流、功率等持续在某一平均值附近变化或变化很小;电压、频率偏差在电能质量要求范围内,属波动的正常范围。由稳态能量管理系统采用稳态恒频、恒压控制使储能平滑DG出力。实时监视、分析系统当前的电压U、频率f、功率P。若负荷变化不大,U、f、P在正常范围内,检查各DG发电状况,对储能进行充放电控制,平滑DG发电出力。

(1)DG发电盈余,判断储能的荷电状态(state of charge,SOC)。若储能到SOC规定上限,充电已满,不能再对储能进行充电,限制DG出力;若储能未到SOC规定上限,对储能进行充电,把多余的电力储存起来。

(2)DG发电缺额,判断储能的荷电状态。若储能到SOC规定下限,不能再放电,切除不重要负荷;若储能未到SOC规定下限,让储能放电,补充缺额部分的电力。

(3)若DC发电不盈余也不缺额,不对储能、DG、负荷进行控制调节。

以上通过对储能充放电控制、DG发电控制、负荷控制，达到平滑间歇性DG出力，实现发电与负荷用电处于稳态平衡，独立微电网稳态运行。

2. 微电网动态切机减载控制

系统频率是电能质量最重要的指标之一，系统正常运时，必须维持在50 Hz的偏差范围内。系统频率偏移过大时，发电设备和用电设备都会受到不良影响甚至引起系统的"频率崩溃"。用电负荷的变化会引起电网频率变化，用电负荷由三种不同变化规律的变动负荷组成。

（1）变化幅度较小，变化周期较短（一般为10 s以内）的随机负荷分量。

（2）变化幅度较大，变化周期较长（一般为10 s～30 min）的负荷分量。属于这类负荷的主要有电炉、电动机等。

（3）变化缓慢的持续变动负荷，引起负荷变化的主要原因是生产生活规律、作息制度等。系统受到负荷变化造成的动态扰动后，系统应具备进入新的稳定状态并重新保持稳定运行的能力。

常规的大电网主网系统中，负荷变化引起的频率偏移将由电力系统的频率调整来限制。对于负荷变化幅度小、变化周期短（一般为10 s以内）引起的频率偏移，一般由发电机的调速器进行调整，这就是电力系统频率的一次调整；对于负荷变化幅度大、变化周期长（一般在10 s～30 min）引起的频率偏移，单靠调速器的作用已不能把频率偏移限制在规定的范围内，必须有调频器参与调频，这种有调频器参与的频率调整称为频率的二次调整。

独立微电网系统没有可参与的一次调整的调速器、二次调整的调频器，负荷变化造成动态扰动时，系统不具备进入新的稳定状态并重新保持稳定运行的能力，因此要采用动态切机减载控制，由动态稳定控制装置实现独立微电网系统动态稳定控制。

动态稳定控制装置实时监视、分析系统当前的电压 U、频率 f、功率 P。若负荷变化大，U、f、P 超出正常范围时，检查各DG发电状况，对储能、DG、负荷、无功补偿设备进行联合控制。

（1）负荷突然增加，引起功率缺额、电压降低、频率降低、储能放电、补充功率缺额。若扰动小于30 min，依靠储能补充功率缺额；若扰动大于30 min，为保护储能，切除不重要负荷。若频率波动较大，直接切除不重要负荷。若 U 稍微超出额定电压波动范围，通过无功补偿装置，增加无功，补充缺额；若 U 严重超出额定电压波动范围，切除不重要负荷。

（2）负荷突然减少，引起功率盈余、电压上升、频率升高。f 稍微超出波动范围，储能充电，多余的电力储存起来，若扰动小于30 min，依靠储能调节功率盈余，若扰动大于30 min，限制DG出力；f 严重超出波动范围，直接限制DG出力。U 稍微超出额定电压波动范围，减少无功，调节电压；U 严重超出额定电压波动范围，切除不重要负荷。扰动大于30 min，不能靠储能调节功率盈余，储能调节用于调节变化幅度小、变化周期不长的负荷，平时让储能工作在30%～70%荷电状态，方便动态调节。

（3）故障扰动，引起电压、频率异常，依靠切机、减载无法恢复到稳定状态。可采用保护故障隔离措施，即下面介绍的暂态故障保护。

以上通过对储能充放电控制、DG发电控制、负荷控制，达到平滑负荷扰动，实现微电网电压频率动态平衡，独立微电网稳定运行。

3. 微电网暂态故障保护控制

独立微电网系统暂态稳定是指系统在某个运行情况下突然受到短路故障、突然断线等大的扰动后,能否经过暂态过程达到新的稳态运行状态或恢复到原来的状态。独立微电网系统发生故障,若不快速切除,将不能继续向负荷正常供电,不能继续稳定运行,失去频率稳定性发生频率崩溃,从而引起整个系统全停电。

对独立微电网系统保持暂态稳定的要求:主网配电系统故障,如主网配电系统的线路、母线、升压变压器、降压变压器等故障,由继电保护装置快速切除。

根据独立微电网故障发生时的特点,采用快速的分散采集和集中处理相结合的方式,由集中保护控制装置实现故障后的快速自愈,取代目前常规配电网保护提升电网自愈能力。其主要功能包括:

(1)当微电网发电故障时综合配电网系统和节点电压、电流等电量信息,自动进行电网开关分合,实现电网故障隔离、网络重构和供电恢复,提高用户供电可靠性。

(2)对多路供电路径进行快速寻优,消除和减少负载越限,实现设备负载基本均衡。

(3)采用区域差动保护原理,在保护区域内任意节点接入分布式电源,其保护效果和保护定值不受影响。

(4)对故障直接定位,取消上下级备自投的配合延时,实现快速的负荷供电恢复,提高供电质量。

独立微电网的暂态故障保护控制大大提高了故障判断速度,减少了停电时间,提高了系统稳定性。

由于采用快速的故障切除和恢复手段实现微电网暂态故障保护控制,配合微电网稳态恒频、恒压控制和微电网动态切机减载控制,实现独立微电网系统三态能量平衡控制,保证了微电网系统安全、稳定的运行。

7.2.2 微电网的逆变器控制

1. DG 并网逆变器控制

并网逆变器的作用是实现 DG 与电网的能量交换,能量交换是单向的,由 DG 到电网。微电网中并网逆变器并网运行时,从电网得到电压和频率作为参考;离网运行时,作为从控制电源,从主电源得到电压和频率作为参考,并网逆变器采用 P/Q 控制模式,根据微电网控制中心下发的指令控制其有功功率和无功功率的输出。

2. 储能变流器控制

储能变流器(power convertor system,PCS)是连接储能装置与电网的双向逆变器,可以把储能装置的电能放电回馈到电网,也可以把电网的电能充电到储能装置,实现电能的双向转换。具备对储能装置的 P/Q 控制,实现微电网的 DG 功率平滑调节,同时还具备作为主电源的控制功能,即 U/f 模式。在离网运行时,其作为主电源,提供离网运行的电压参考源,实现微电网的“黑启动”。

1)P/Q 控制模式

PCS 可根据微电网控制中心下发的指令控制其有功功率输入/输出、无功功率输入/输出,实现有功功率和无功功率的双向调节。

2)U/f 控制模式

PCS 可根据微电网控制中心下发的指令控制以恒压恒频输出,作为主电源,为其他 DG 提供电压和频率参考。

3. 电池管理系统

电池管理系统(battery management system,BMS)主要用于监控电池状态,实现对电池组的电量估算,防止电池出现过充电和过放电,提高使用安全性,延长电池的使用寿命,提高电池的利用率。其主要功能如下:

(1)检测储能电池的荷电状态,即电池剩余电量,保证荷电状态维持在合理的范围内,防止过充电或过放电对电池的损伤。

(2)动态监测储能电池的工作状态。在电池充放电过程中,实时采集电池组中的每块电池的端电压、充放电电流、温度及电池组总电压,防止电池发生过充电或过放电。同时能够判断出有问题的电池,保持整组电池运行的可靠性和高效性,使剩余电量估计模型的实现成为可能。

(3)单体电池间的均衡,为单体电池通过均衡充放电技术,使电池组中各个电池尽量达到均衡一致的状态。

7.2.3 微电网的并离网控制

微电网的并网运行和离网运行两种模式之间存在一个过渡状态。过渡状态包括微电网由并网转离网(孤岛)的解列过渡状态、微电网由离网(孤岛)转并网过渡状态和微电网停运过渡状态。

微电网并网运行时,由外部电网提供负荷功率缺额或者吸收DG发出多余的电能,达到运行能量平衡。在并网运行时,要进行优化协调控制,控制目标是使微电网系统能源利用效率最大化,即在满足运行约束条件下,最大限度地利用DG发电,保证整个微电网的经济性。

1. 解列过渡状态

配电网出现故障或微电网进行计划孤岛状态时,微电网进行解列过渡状态。首先要断开PCC断路器,DG逆变器的自身保护作用(孤岛保护)可能退出运行,进入暂时停电状态。此时要切除多余的负荷,将主电源从P/Q控制切换至U/f控制模式,为不可断电重要负荷供电,等待DG恢复供电。根据DG发电功率恢复对一部分负荷供电,由此转入了微电网离网(孤岛)运行状态。微电网离网(孤岛)运行时,通过控制实现微电网内部能量平衡、电压和频率的稳定,在此前提下提高供电质量,最大限度地利用DG发电。

2. 并网过渡状态

微电网离网(孤岛)运行状态时,监测配电网供电恢复或接收到微电网能量管理系统结束计划孤岛命令后,准备并网,同时准备为切除的负荷重新供电。此时若微电网满足并网的电压和频率条件,进入微电网并网过渡状态。闭合已断开的PCC断路器,重新为负荷供电。然后调整微电网内主电源U/f工作模式,转换为并网时的P/Q工作模式,进入并网运行。

3. 微电网停运过渡状态

微电网停运过渡状态是指微电网内部发生故障,DG或者其他设备故障等造成微电网不能控制和协调发电量等问题时,微电网要进入停运过渡状态,进行检修。微电网是在几种工作状态之间不断转换的,转换频率较高的是并网运行和离网(孤岛)运行。

(1)微电网的并网控制。并网分为检无压并网和检同期并网两种。

①检无压并网。检无压并网是在微电网停运，储能及 DG 没有开始工作，由配电网给负荷供电，这时 PCC 断路器应能满足无压并网，检无压并网一般采用手动合闸或遥控合闸。

②检同期并网。检同期并网检测到外部电网恢复供电，或接收到手动微电网能量管理系统结束计划孤岛命令后，先进行微电网内外部两个系统的同期检查，当满足同期条件时，闭合公共连接点处的断路器，并同时发出并网模式切换指令，储能停止功率输出并由 U/f 模式切换为 P/Q 模式，公共连接点断路器闭合后，系统恢复并网运行。

微电网并网之后，逐步恢复被切除的负荷以及分布式电源，完成微电网从离网到并网的切换。离网转并网控制流程图如图 7-3 所示。

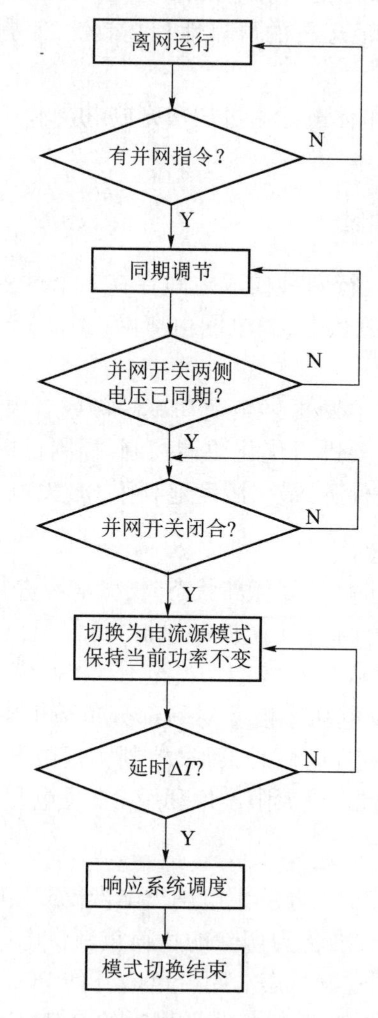

图 7-3　离网转并网控制流程图

(2)微电网的离网控制。微电网由并网模式切换至离网模式，需要先进行快速准确的孤岛检测，目前孤岛检测方法很多，要根据具体情况选择合适的方法。针对不同微电网系统内是否含有不能间断供电负荷的情况，并网模式切换至离网模式有两种方法，即短时有缝切换和无缝切换。

①微电网的孤岛现象。微电网解决 DG 接入配电网问题，改变了传统配电网的架构，由

单向潮流变为双向潮流，传统配电网在主配电系统断电时负荷失去供电。微电网需要考虑主配电系统断电后，DG 继续给负荷供电，组成局部的孤网，即孤岛现象（islanding）。孤岛现象分为计划性孤岛现象（intentional islanding）和非计划性孤岛现象（unintentional islanding）。计划性孤岛现象是预先配置控制策略，有计划地发生的孤岛现象；非计划性孤岛现象是非计划不受控地发生的孤岛现象，微电网中要禁止非计划性孤岛现象的发生。

非计划性孤岛现象的发生是不符合电力公司对电网的管理要求的，由于孤岛状态系统供电状态未知，脱离了电力管理部门的监控而独立运行，是不可控和高隐患的操作，将造成以下不良影响：

a. 可能使一些被认为已经与所有电源断开的线路带电，危及电网线路维护人员和用户的生命安全。

b. 干扰电网的正常合闸。孤岛状态的 DG 被重新接入电网时，重合时孤岛运行系统可能与电网不同步，可能使断路器受到损坏，并且可能产生很高的冲击电流，损害孤岛下微电网中的分布式发电装置，甚至会导致大电网重新跳闸。

c. 电网不能控制孤岛中的电压和频率，损坏用电设备和用户设备。如果离网的 DG 没有电压和频率的调节能力且没有安装电压和频率保护继电器来限制电压和频率的偏移，孤岛后 DG 的电压和频率将会发生较大的波动，从而损坏配电设备和用户设备。从微电网角度而言，随着微电网的发展以及 DG 渗透率的提高，防孤岛（anti-islanding）发生是必需的。防孤岛就是禁止计划性孤岛现象发生，防孤岛的重点在于孤岛检测，孤岛检测是微电网孤岛运行的前提。

②微电网并网转离网：

a. 有缝切换。由于公共连接点的低压断路器动作时间较长，并网转离网过程中会出现电源短时间消失也就是所谓的有缝切换。

在外部电网故障、外部停电，检测到并网母线电压、频率超出正常范围，或接收到上层能量管理系统发出的计划性孤岛命令时，由并离网控制器快速断开公共连接点断路器，并切除多余负荷后（也可以根据项目实际情况切除多余分布式电源），启动主控电源控制模式切换。由并网模式切换为离网模式，以恒频恒压输出，保持微电网电压和频率的稳定。

在此过程中，DG 的孤岛保护动作，退出运行。主控电源启动离网运行、恢复重要负荷供电后，DG 将自动并入系统运行。为了防止所有 DG 同时启动对离网系统造成巨大冲击，各 DG 启动应错开，并且由能量管理系统控制启动后的 DG，逐步增加出力直到其最大出力。在逐步增加 DG 出力的过程中，逐步投入被切除的负荷，直到负荷或 DG 出力不可调。发电和用电由离网期间达到新的平衡，实现微电网从并网到离网的快速切换。图 7-4 所示为有缝并网转离网切换流程。

b. 无缝切换。对供电可靠性有更高要求的微电网，可采用无缝切换方式。无缝切换方式需要采用大功率固态开关（导通或关断时间小于 10 ms）来弥补机械断路器开断较慢的缺点，同时需要优化微电网的结构。

将重要负荷、适量的 DG、主控电源连接于一段母线，该段母线通过一个静态开关连接于微电网总母线中形成一个离网瞬间可以实现能量平衡的子供电区域。其他的非重要负荷直接通过公共连接点断路器与主网连接。

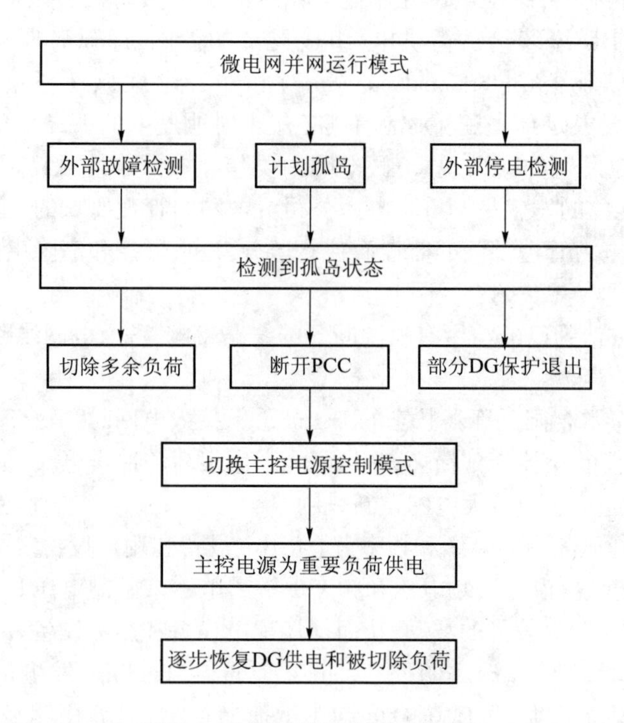

图 7-4　有缝并网转离网切换流程

由于微电网在并网运行时常常与配电网有较大的功率交换，尤其是分布式电源较小的微电网系统，其功率来源主要依靠配电网。当微电网从并网切换到离网时，会产生一个较大的功率差额，因此安装固态开关的回路应该保证离网后在很短的时间内重要负荷和分布式电源的功率能够快速平衡。在微电网离网后，储能或具有自动调节能力的微燃气轮机等承担系统频率和电压的稳定，因此其容量的配置需要充分考虑其出力、重要负荷的大小、分布式电源的最大可能出力和最小可能出力等因素。使用固态开关实现微电网并离网的无缝切换，并使微电网离网后的管理范围缩小。

在外部电网故障、外部停电，系统检测到并网母线电压、频率超出正常范围或者接收到上层能量管理系统发出的计划性孤岛命令时，由并离网控制器快速断开公共连接点断路器和固态开关。由于固态开关开断速度很快，固态开关断开后主控电源可以直接启动并为重要负荷供电，先实现重要负荷的持续供电。待公共连接点处的低压断路器、非重要负荷断路器断开后，闭合静态开关，随着大容量分布式发电的恢复发电，逐步恢复非重要负荷的供电。无缝并网转离网切换流程如图 7-5 所示。

7.2.4　微电网的运行

微电网的运行可以分为并网运行以及离网运行两种状态。

1. 微电网并网运行

微电网并网运行，其主要功能是实现经济优化调度、配电网联合调度、自动电压无功控制、间歇性分布式发电预测、负荷预测、交换功率预测，微电网并网运行流程如图 7-6 所示。

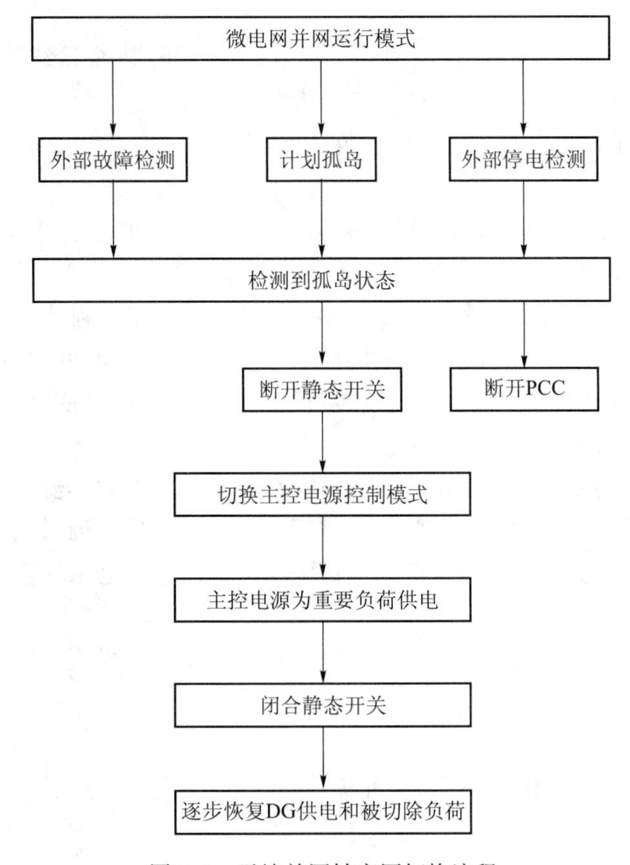

图7-5　无缝并网转离网切换流程

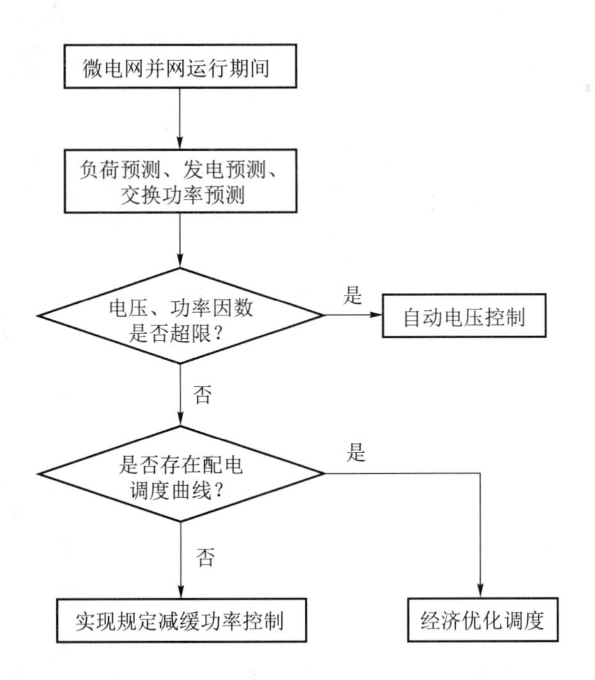

图7-6　微电网并网运行流程

1)经济优化调度

微电网在并网运行时,在保证微电网安全运行的前提下,以全系统能量利用效率最大为目标(最大限度地利用可再生能源),同时结合储能的充放电、分时电价等实现用电负荷的削峰填谷,提高整个配电网设备利用率及配电网的经济运行。

2)配电网联合调度

微电网集中控制层与配电网调度层实时信息交互,将微电网公共连接点处的并离网状态、交换功率上送调度中心,并接受调度中心对微电网的并离网状态的控制和交换功率的设置。当微电网集中控制层收到调度中心的设置命令时,通过综合调节分布式发电、储能和负荷,实现有功功率、无功功率的平衡。配电网联合调度可以通过交换功率曲线设置来完成,交换功率曲线可以在微电网管理系统中设置,也可以由配电网调度自动化系统命令进行设置。

3)自动电压无功控制

微电网对于大电网表现为一个可控的负荷。在并网模式下,微电网不允许进行电网电压管理,需要微电网运行在统一的功率因数下,进行功率因数管理。通过调度无功补偿装置、各分布式发电无功出力来实现在一定范围内对微电网内部的母线电压的管理。

4)间歇性分布式发电预测

通过气象局的天气预报信息以及历史气象信息和历史发电情况,预测短期内的 DG 发电量,实现 DG 发电预测。

5)负荷预测

根据用电历史情况,预测超短期内各种负荷(包括总负荷、敏感负荷、可控负荷、可切除负荷)的用电情况。

6)交换功率预测

根据分布式发电的发电预测、负荷预测、储能预测设置的充放电曲线等因素,预测公共连接支路上交换功率的大小。

2. 微电网离网运行

微电网离网运行,其主要功能是保证离网期间微电网的稳定运行,最大限度地给更多负荷供电。微电网离网运行流程如图 7-7 所示。

1)低频低压减载

负荷波动、分布式发电出力波动,如果超出了储能设备的补偿能力,可能会导致系统频率和电压的跌落。当跌落超过定值时,切除不重要或次重要负荷以保证系统不出现频率崩溃和电压崩溃。

2)过频过压切机

如果负荷波动、分布式发电出力波动超出储能设备的补偿能力导致系统频率和电压的上升,当上升超过定值时,限制部分分布式发电出力,以保证系统频率和电压恢复到正常范围。

3)分布式发电较大控制

分布式发电较大时可恢复部分已切负荷的供电,恢复与 DG 多余电力匹配的负荷供电。

4)分布式发电过大控制

如果分布式发电过大,此时所有的负荷均未断电、储能也充满,但系统频率、电压仍过高,分布式发电退出,由储能来供电,储能供电到一定程度后,再恢复分布式发电投入。

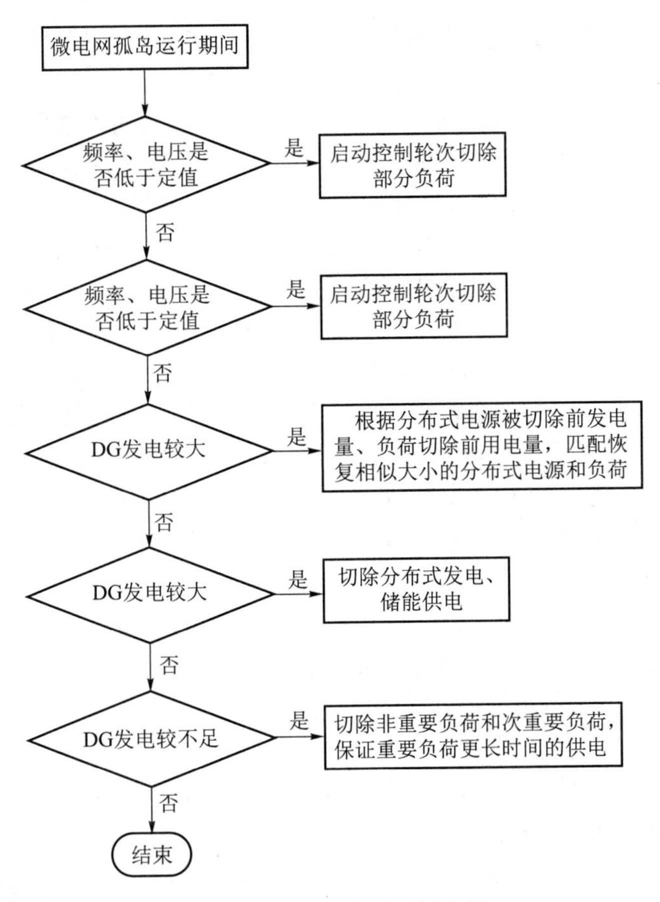

图7-7　微电网离网运行流程

5)发电量不足控制

如果发电出力可调的分布式发电已最大化出力,储能当前剩余容量小于可放电容量时,切除次重要负荷,以保障更重要的负荷有更长时间的供电。

7.2.5　微电网的主要保护问题

微电网和常规电力系统一样,要满足安全稳定运行的要求,其继电保护原则要满足可靠性、速动性、灵敏性、选择性。微电网并网运行时,其潮流实现了双向流动,即潮流可以由配电网流向微电网,也可以由微电网流向配电网,其双向流动的特点改变了常规配电网单向流运的特征,同时微电网接入采用了电力电子技术实现的“柔性”接入,其电源特征与常规的“旋转”发电机发电接入不同,从而对常规的配电网继电保护带来影响。

1. 微电网运行保护策略

微电网运行保护策略既要解决微电网接入对传统配电系统保护带来的影响,又要满足微电网离网运行对保护提出的新要求。微电网中多个分布式发电及储能装置的接入,改变了配电系统故障的特征,使故障后电气量的变化变得十分复杂,传统的保护原理和故障检测方法受到影响,可能导致无法准确地判断故障的位置。微电网运行保护策略是保证分布式发电供能系统可靠运行的关键。微电网既能并网运行又能独立运行,其保护与控制将变得十分复杂。从目前分布式发电供能系统的运行实践来看,微电网的保护和控制问题是微电网关键技术之一。

在微电网概念引入之前,接入的分布式发电不允许离网运行,即采用孤岛保护的策略,要求接入的逆变器除了具有基本保护功能外,还应具备防孤岛保护的特殊功能,系统故障时主动将分布式发电退出。主要的保护策略如下:

(1)配电网故障时主动将分布式发电退出,传统配电网的保护不受任何影响。

(2)限制 DG 的容量与接入位置,配电网不做调整。

(3)采用故障电流限制措施,如故障限流器,使故障时 DG 影响最低,配电网不做调整。

微电网接入后要求既能并网运行又能离网运行,其基本要求如下:

(1)在并网运行时,微电网内部若发生故障,微电网保护应可靠切除故障。例如,低压配电网电气设备发生故障时,低压配电网的保护应确保故障设备切除,微电网系统继续安全稳定地并网运行。

(2)微电网外部的配电网发生瞬时故障,配电网的保护应快速动作,配电网保护切除故障,微电网继续并网运行。

(3)微电网外部的配电网发生故障,配电系统侧保护装置跳闸后,微电网的孤岛保护,使微电网与配电网必须断开,确保微电网离网运行。

(4)离网运行时若发生微电网内部故障,微电网保护应可靠切除故障,离网运行的微电网继续安全地离网运行。

(5)微电网外部的配电网电源恢复,微电网恢复并网运行。

2. 微电网接入配电网保护方案

微电网对配电网一次设备及继电保护的要求:常规的单向辐射型配电网,仅在电源端配置断路器。常规的"手拉手"环网配电网在电源端及开环配置断路器,其余配置分段器。由于分段器没有跳开故障的能量,需要经过多次重合才能隔离故障。微电网的目标之一为提高供电可靠性及电能质量。快速的故障隔离是保证供电可靠性的重要措施。由于微电网接入,传统的配电一次设备无法满足快速故障隔离要求,因此需要配电网的一次设备配置如下:

(1)10 kV 以上配电网宜全部配置断路器。

(2)0.4 kV 低压配电网宜配置支持外部遥控功能的微型断路器。

(3)微电网接入应保证原有 0.4 kV 低压配电网接地方式不变。

(4)孤岛运行时,应考虑 DG 的接地。

7.3 微电网的技术应用与建设

7.3.1 微电网技术应用基础

就我国的电力行业而言,通过对含微电网的智能配电网进行合理规划与建设的模式还能够进一步提升对可再生能源的运行效果,并能够促进我国电网系统的运行安全性和可靠性得到进一步的提升。但是因为智能配电网在我国的应用起步比较晚,这也就导致了其在运行过程中依旧存在比较多的问题,并要求各电力企业能够不断加强对含微电网的智能配电网规划理论的研究工作,来促进我国的电力行业得到更进一步的发展。

微电网主要指的是由负荷、储能装置、监控保护装置等共同作用所构成的小型发配电系统,较之于传统的发配电系统,微电网能够实现对自身的有效控制、管理、保护工作。此外,微电网能够进行独立发电,也能够跟其他电网进行并网发电,因此说通过微电网的合理应用,还能够实现再生能源以及分布式能源接入电网,并能够实现对各种能源形式进行供给,其能够促进我国的电网系统朝着智能化电网的方向进行不断演变,对于我国电力行业的进一步发展也有着一定的积极意义。

7.3.2 建设目标和原则

对于含微电网的智能配电网进行电源规划时,需要在结合现阶段相关电力技术的基础上,来进行电源建设工作的合理规划,并需要在充分满足呈现出增长趋势的负荷需求这一基础上,来保障整个电源规划工作的经济性。因此,在具体的智能电网规划过程之中,首先要求对电网配置地区能源的分布以及负荷情况进行调查,在此基础上来进行电站建设位置的合理选择。针对微电网自身的分散式发电特征,要求在具体建设过程中进行资本的有效规划,借此来充分满足用户的实际用电需求。

为了获得良好的含微电网智能配电网电源规划效果,也就要求相关的规划人员能够从市场、经济、管理、能源以及技术五个方面来进行。其中,市场因素所造成的影响,主要是因为在智能配电网进行配发电过程中存在一定的复杂性,从而导致了一系列市场矛盾的出现。而经济影响表明含微电网的智能配电网的具体建设过程中,需要投入比较多的资金,但是该行业的融资情况不容乐观。管理影响则主要包含了现阶段我国所采用的管理机制中依旧存在一些问题,也就难以获得良好的智能配电网高效管理效果。能源的影响主要体现在我国电力系统应用新能源发电过程之中所造成的环境影响还无法进行准确的评估。技术影响则在于我国现阶段的智能配电网以及微电网发配电技术还不够完善,在具体应用过程中会受到各种外界因素的影响。

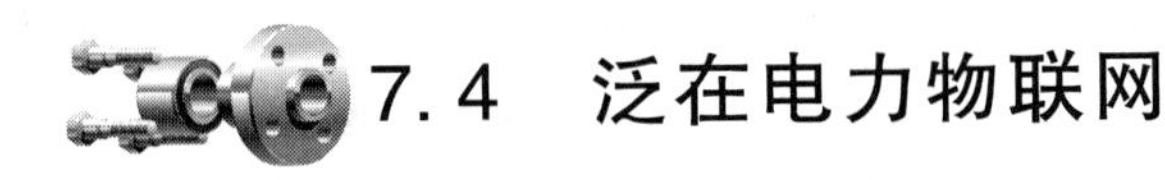

7.4 泛在电力物联网

7.4.1 泛在电力物联网的概念及特点

1. 概念

泛在电力物联网是指充分应用移动互联、人工智能等现代信息技术、先进通信技术,实现电力系统各个环节万物互联、人机交互,具有状态全面感知、信息高效处理、应用更加灵活等特征的智慧服务系统。通俗来说,泛在电力物联网的本质是一个物联网。物联网是把人与物、物与物相连的一张大网,如用手机控制家里的电视、空调等就是物联网的一种应用。电力物联网是把电力系统里的各种设备、电力企业和用户相连形成的一个网,而所谓的"泛在"就是"无所不包、无所不在"的意思。

2. 特点

物联网融合了传感、通信、自动化等多项技术，其基本特征为全面感知、可靠传递与智能处理。基于这些特征并结合电力行业，下面将对泛在电力物联网的特点进行叙述。

1）信息感知全面、组网快速灵活

泛在电力物联网中的传感器可以十分方便地根据电力行业的具体应用需求部署在电力系统的各个角落或直接封装于电力设备内部，实现无处不在的全面感知。随着无线通信技术的不断进步与发展，无线传感设备甚至无须架设固定的网络基础设施即可进行灵活部署，并通过自组织协作的方式迅速建立通信连接、快速组网，从而实现对电力系统中各个关键环节、部件及周围环境状态信息的实时感知、采集和处理。这对于涉及范围广泛、结构错综复杂的电力系统来说尤为重要。例如：将传感器部署于处于恶劣环境、可进入性差的海上风电场中，对风电机组进行状态监控，可以大幅度降低风电机组的故障率，提高风电场的经济效益。

2）信息融合度高、通信方式灵活

电力系统的运行调度和运行监控要求信息实时、准确、快速地传递，这需要通过有效的数据融合技术及灵活的通信方式才能实现。泛在电力物联网中的传感器在进行信息传递之前，可以对采集到的信息进行初步压缩，以避免冗余数据传递带来的信道拥塞和数据包丢失等问题，然后再将信息传递给网络中的汇聚中心（也可称网关或基站），进行进一步处理与融合，最后通过专用网络等传递给用户终端。同时，传感与通信设备能够以多跳的方式进行无线通信，通信网络中包含多条通信链路。多跳的方式缩短了物联网设备之间的通信距离，多条通信链路也增加了网络通信的灵活性和容错性。

3）拓扑变化频繁、具有自愈能力

泛在电力物联网网络拓扑变化频繁，主要有三个方面的原因：一是为了满足实际需要，追加部署新的传感设备或调整传感器的位置；二是为了节约传感设备的能量，各个传感设备在工作状态和休眠状态之间切换；三是有些传感设备因环境影响或硬件损坏等原因失效而退出网络拓扑连接。泛在电力物联网网络拓扑结构的频繁变化要求所部署的传感设备具有较强的自愈能力，即能够实时获得周围传感设备状态变化的信息（如新的传感设备加入、转为休眠状态或失效等信息），以便及时调整自身的信息感知范围，消除覆盖盲区或调整通信距离重新建立通信链路。电力系统结构复杂，有些应用环境甚至十分恶劣，因此必须考虑增强传感设备的自组织能力，以减少失效传感设备的修复或更换对电网运行监控带来的不利影响。有些情况下还需要通过部署冗余传感设备来提高调度监控的可靠性。

4）以数据为中心、面向具体服务

物联网创造了一种收集数据和利用数据的互动。应用于电力行业的成千上万个物联网设备会将电力系统的运行状态等信息均通过数据感知的形式体现出来，即生成大量数据（或称为大数据），因此泛在电力物联网是以数据为中心的网络。然而，大数据必须转化为可操作的、智能的信息才能从中获取价值。对数据的转化和理解是一个将数据包含的意义附加到一个具体经历或服务上的过程。因此，电力行业中的物联网必须针对具体的应用服务来对数据进行处理和应用。也正因为如此，物联网设备在电源要求、外观形状和用户界面设计等方面通常各有不同，根据特定应用服务设计或构建的物联网设备往往只能专属应用于该领域。例如，人们不能将为智能家居而制造的物联网设备用于其他商业、工业或医疗领域。

5)访问权力受限、安全性要求高

泛在电力物联网是应用于电力行业的网络,具有特定的应用范围。由于电力系统的运行关系到国计民生,泛在电力物联网必须具有极高的安全性和可靠性,确保隐私非常重要。因此,泛在电力物联网的绝大多数信息流原则上应只能在电力系统内部流动,其依赖的通信网络一般是电力行业的通信专用网络,在应急情况下也可以临时采用部分公共通信网络。所以,电力物联网的应用针对性与承载平台的通用性之间需要有应用中间件来适配,进行数据过滤、数据挖掘与决策支撑等智能信息处理。同时,泛在电力物联网应具有严格的用户身份识别、验证和访问权限制度,不同级别的工作人员应具有不同级别的管理权限,同时不同级别的用户也应享有不同等级的服务权限。

6)可扩展性强、智能化程度高

数据信息的采集与传递是泛在电力物联网的基本功能。远程抄表技术的日益普及和应用就是物联网在电力行业中应用的一个很好的案例。除此之外,电力工作人员还可以根据应用需求灵活地增设视频传感器、声音传感器等来更加直观地获取电网的实时运行状况,如智能变电站监控等。与此同时,也可以通过加装温湿度传感器、压力传感器等气象类传感器来获得实时的环境信息,以及时应对突发的恶劣天气状况,如风电场状态监测等。因此,泛在电力物联网具有便于扩展、智能化程度高的特点。随着信息技术的不断进步,在未来的电力系统中,人们将可以利用统一的物联网平台来接入各业务板块的智能物联设备,通过制订各类电力终端接入系统的统一信道、数据模型、接入方式,实现各类终端设备的即插即用,随时随地获取信息和享受服务。

7.4.2 泛在电力物联网的关键技术

在泛在电力物联网的构建过程中涉及多项关键技术,包括感知、通信、电源管理、大数据、计算、安全性等。下面将对泛在电力物联网构建过程中涉及的一些关键技术进行说明和分析。

1. 智能化终端技术

目前电力物联网业务终端主要包括智能电表、输变电监测装置、配电自动化装置、调度自动化测点等。现有终端标准不统一,需建立统一架构体系,统一标准智能化终端研发,形成业务终端统一接入和管理。

(1)需规范智能业务终端上连接口协议和数据格式,结合智能芯片精度高、体积小、低功耗等特点,推动新型业务终端规模化应用和存量终端更新换代、标准化接入。

(2)需加快研究跨专业数据同源采集和多终端功能集成与跨专业复用,提升业务终端在线率。

2. 通信网优化

通信网是泛在电力物联网网络层重要的基础支撑。结合泛在电力物联网建设和应用,为了实现通信网的低时延、高可靠、广覆盖、大连接等电力业务的需求,目前主要有以下几方面技术研究。

(1)研究信息大容量传输技术。对于系统内大规模信息传输数据需要研究支持泛在电力物联网的骨干网结构形式及组网方式,保证各类网络协议下信息的融合技术。

(2)支撑泛在电力物联的高可靠 IPv6(互联网协议第 6 版)网络技术。应该研究泛在电力物联网高可靠 IPv6 网络建模方法,保证高可靠 IPv6 网络的大流量广域承载,并优化各连接微域使其协同高效工作,以综合管控技术降低 IPv6 网络跨域时延。

(3)发展广覆盖、大连接通信接入技术。基于 5G 技术的泛在电力物联网,服务对象众多,为了应对不同设备通信接入需求,需要基于边缘计算技术,研究 5G 网络切片在电网的应用,并研发适用于泛在电力物联网的低功耗、低成本窄带通信芯片,从而开发面向低压配用电物联网的电力线载波与无线通信融合技术及装置。

(4)面向泛在电力物联网的集成通信协议技术。为了保证泛在电力物联网内各类设备的高效接入,需要构建带有设备自识别、自动注册、设备特征标识等共性功能的泛在电力物联网通信协议;满足能源互联网多业务场景、跨领域应用交互的泛在电力物联网通信协议适配;同时发展网络通信协议跨层优化技术,实现泛在电力物联网业务场景数据模型、信息模型和通信协议的映射。

3. 大数据分析

通过电力能源系统连接的成千上万个物联网设备将会生成大量数据,这些数据具有高速生成、类型多样、时效性要求高、准确性不一致等显著特点,使得数据的存储、共享和管理的过程都变得更加困难,如图 7-8 所示。

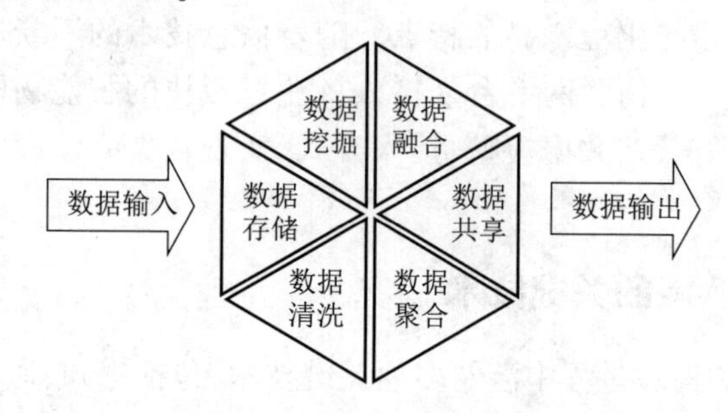

图 7-8　数据处理与计算技术

(1)物联网平台一方面需要研究面向调度运行、设备状态、客户服务、经营管理等的跨领域智能分析技术;另一方面需要研究面向政府和社会的大数据增值服务应用技术,使电力大数据开放共享。

(2)研究基于云端的在线开发试验技术、海量数据统一管理技术、复杂海量数据抽取技术等。同时对于多源电力大数据,研究基于机器学习、人工智能等方法的多源电力大数据质量评估及清洗治理技术,并建立电力大数据分析模型综合评价体系。

4. 网络信息安全

泛在电力物联网环境下,网络信息安全的重要性越来越凸显。数据的有效性及终端防护关键技术关系到国民生产安全。为应对上述要求,构建泛在电力物联网安全体系一方面需要建立设备层安全基础设施及防控技术体系,另一方面需要建立移动互联安全防护机制,应对网络攻击。

(1)端到端物联网安全体系。根据典型物联场景下的攻击路径、漏洞分析及攻击机理,研究物联网网络安全防护技术框架,提出面向物联网新型业务的分级安全管理体系。

(2)物联安全基础设施。一是从物理层研究芯片级物理信息泄露机理及防护关键技术;二是研究物联基础软硬件安全免疫关键技术,提出密码服务框架及轻量级密码应用技术,实现分布式授权和自适应微隔离防护。

(3)物联终端安全。一是要发展面向物联网设备的嵌入式安全操作系统,保证物联应用软件的安全加固;二是要发展终端层安全防护组件适配技术,实现物联网现场设备指纹感知和身份保护,并研究海量异构终端动态安全管控技术。

(4)移动和互联安全。为保证“人-物”、“物-物”和“人-人”安全互联,一方面需要研究融合业务特征的高效安全交互协议及关键技术,保证多密码模块的高性能网络安全接入。另一方面可通过区块链技术实现多方信任交互,保证移动办公安全防护,使跨区单向传送安全高效。

(5)数据安全。数据的隐秘性涉及用户商业机密及私隐权益,因此需要构建泛在电力物联网数据安全治理及隐私保护体系,研究支持跨域共享的数据访问控制模型及数据保护关键技术。同时,可基于数据动态脱敏技术、敏感数据标记及追踪溯源关键技术,研究面向业务的数据安全防护体系。

(6)态势感知与攻防对抗。一是要研究电力物联网网络安全全景监测及智能计量技术,符合泛在电力物联网业务特征;二是要研究面向异构设备的智能化漏洞发现技术,并实现物联终端漏洞自动修复机制;三是要研究“端-场-边-管-云”协同联动防御技术,加强物联网网络安全环境建设。

7.4.3　泛在电力物联网的应用

物联网在远程抄表、电力杆塔定位、配电网在线监测等电力行业的一些传统应用场合中已有不少研究成果。而近年来智能交通、智能家居、智慧城市等新兴业务领域的开拓也推进了泛在电力物联网产业链和生态圈建设的步伐。下面主要针对电动汽车智能车联网系统和智能家居系统进行详细介绍。

1. 电动汽车智能车联网系统

电力运输已经成为全球汽车行业的重要组成部分,这为全球汽车行业提供了环境、经济和能源安全效益。世界各国政府都在大力支持汽车制造商开发更多的电动汽车,并鼓励市民购买电动汽车。据美国爱迪生电气协会(Edison Electric Institute,EEI)2018 年 11 月做出的估计,到 2030 年,全球电动汽车的库存量将从 2018 年底的 100 多万辆增加到1 870 万辆,需要 960 万个充电端口来满足电动汽车充电,而电动汽车的年均销量将达到 350 万辆。由于电动汽车和电网之间的功率流具有双向性,将电动汽车集成到电力公用电网将有助于实现车辆到电网(vehicle-to-grid,V2G)和电网到车辆的应用。电动汽车可以提供多种电网服务,包括系统调节、旋转备用、负载均衡、可再生能源存储和平抑等,甚至可以直接通过与电网的互动实现电力交易而获得额外的收入,如图 7-9 所示。

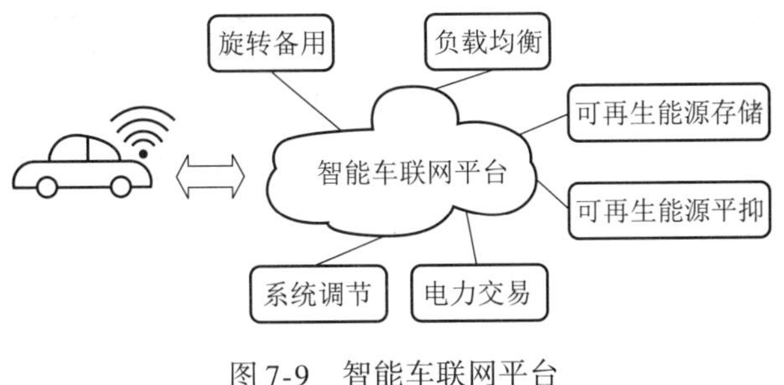

图 7-9　智能车联网平台

国家电网电动汽车服务有限公司就是一个具有平台型特征的物联网企业。目前,该公司已建设运营了智慧车联网平台,该平台已经连接了全国80%的公共充电桩和4万多辆电动汽车。基于这样的资源集合,该平台不仅仅局限于可以为客户提供充电服务,还扩展到了更多车辆服务,甚至可以与政府、电动汽车上下游企业分享平台上的数据信息。目前,该系统已经利用自身的数据资源为重庆、江西等六个省市的政府部门提供了充电监管平台,极大地方便了政府部门进行相应的管理决策。基于物联网系统,智慧车联网平台有了强大的数据支撑,能够最大范围地拓展电动汽车生态圈,提供更多的增值服务。国家电网电动汽车服务有限公司负责人认为:"智慧车联网的聚合能力不光可以打造交通领域清洁能源消费云体系,还可以使电动汽车参与到跨区跨省富余可再生能源电力现货交易以及清洁能源中长期交易中来。"当然,在将电动汽车整合到电网中时,也存在一些相关的挑战,例如不同时间的电力交易价格变化和大的电力波动。因此,针对电动汽车充放电的智能调度策略还需要进一步展开研究。

同时,基于电动汽车的发展,智能停车场也应运而生。智能停车场由执行V2G电力交易的插入式车辆,如插入式混合动力电动汽车组成。目前,单个智能停车场可以有数百辆车辆参与电网的电力交易。智能停车场可以提供多种电网服务,包括负荷调峰、最大限度地利用可再生能源、最大限度地降低能源成本和减少排放等。与众多分布式智能停车场相关的主要挑战是电网的稳定性和网络安全,因此提出更为先进的控制保护策略和安全管理措施十分必要。

2. **智能家居系统**

随着生活水平的提高,人们对居住环境的智能化要求也越来越高。因此,泛在电力物联网在智能家居环境中的应用前景十分广阔,如图7-10所示。现阶段,物联网部署于智能家居系统中主要用于对家庭居住环境的安全性进行监测,如降低一氧化碳和烟雾等有害气体泄漏的风险,或通过对家用设备的智能管理和远程操控使家庭生活更加方便和舒适。

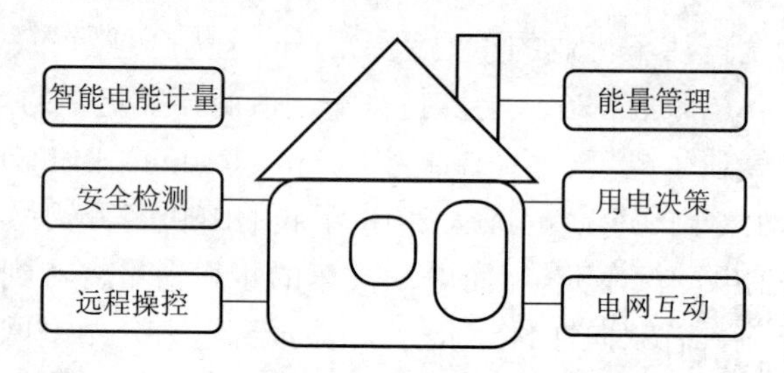

图7-10 泛在电力物联网在智能家居中的应用

在未来泛在电力物联网的环境下,智能家居系统将会进一步利用物联网赋予常用家庭用电设备良好的感知、决策和适应能力,提高它们的智能化程度,以便通过实时获取家庭负荷的信息及时制订合理的用电策略,最大限度地减少能源浪费、降低用户的用电成本,甚至可以通过分析历史数据对用户的用电行为提出评价和指导建议,或根据用户的需求提供量身定制的个性化用电套餐等服务。这些对泛在电力物联网的智能化程度提出了很高的要求,包括先进的物联网传感器技术、更好的无线连接、更小的设备尺寸、更便宜的价格、增强的计算能力和改进的控制决策系统等。

附录A
某电气学院实验室简介

现代城市电网综合仿真中心由物理仿真(简称“动模”)实验室和数字仿真实验室(RTDS)两部分组成。该实验室针对现代大型电力系统建设,包含发电、输变电、配电等全部电力系统组成环节,能够模拟整个电力系统的运行过程。

1. 现代城市电网综合仿真实验室(动模实验室)

现代城市电网综合仿真实验室(动模实验室)由三部分组成:一次设备大厅、监控调度控制室、电力系统二次保护监控设备室,如图A-1所示。

图A-1 现代城市电网综合仿真实验室(动模实验室)

(1)一次设备大厅:包括水电、火电、核电及风力发电机变压器组及相关控制调节柜;无穷大电源(大电网);500 kV/220 kV 变压器及高压输电线路;动态综合负荷等模拟设备;电力系统一次组网屏(首创)。根据实验需要可连接成各种典型一次接线。

可以模拟新能源发电、运行、控制。有两台5.5 kW同步风力发电机组,不同控制策略,可在不同风力模式下运行,包括超同步、次同步、低电压穿越等控制技术。还可模拟海上风电场风机的运行控制。电力系统动模实验室发电机及控制柜如图A-2所示。

(2)监控调度控制室:包括电力生产实际广泛应用的监控主站,界面及操作方式和现场实际控制室完全一致。主站系统可根据一次电网的连接进行电网的镜像组态。电力系统动模实验室监控中心如图A-3所示。

可针对电气工程及相关专业学生以及工程技术人员,进行现代电力系统和大型城市电网真实的模拟仿真和培训。特别是可以进行真实电力系统中所不允许也不可能的事故模拟训练,这是保证电网安全、稳定最好的训练平台和手段,可以极大地提高相关人员对大型电网故障情况下应对和处理能力。

图 A-2 电力系统动模实验室发电机及控制柜

图 A-3 电力系统动模实验室监控中心

(3)电力系统二次保护监控设备室:二次监控保护设备采用当前电力生产实际中广泛应用的真实监控和保护设备,和变电站现场完全相同,为一个典型的中型变电站二次系统,可进行专业实习实训。

2. 数字仿真实验室

除了物理动模仿真,还建立了数字仿真实验室(RTDS),可灵活搭建不同规模的电力系统仿真网络,比如大规模风电场仿真。也可面向智能变电站开展全数字化的二次设备和二次系统试验。同时,也可以和物理动模配合切换,实现动模数模综合仿真试验,并开展这方面的实验研究与教学。该电力系统混合仿真系统具有开创性意义,在国内处于领先地位。电力系统实时数字仿真(RTDS)实验室如图 A-4 所示。

图 A-4 电力系统实时数字仿真(RTDS)实验室

参考文献

[1] 陈珩. 电力系统稳态分析[M]. 北京:中国电力出版社,1995.

[2] 张建国. 电力系统分析[M]. 成都:电子科技大学出版社,2015.

[3] 傅质馨,李潇逸,袁越. 泛在电力物联网关键技术探讨[J]. 电力建设,2019,40(5):1-12.

[4] 杨挺,翟峰,赵英杰,等. 泛在电力物联网释义与研究展望[J]. 电力系统自动化,2019,43(13):9-20.

[5] 蔺鹏忠,蔺鹏伟. 泛在电力物联网规划与发展分析[J]. 农业科技与装备,2019(5):82-83.

[6] 滕乐天. 上海世博园智能电网综合示范工程[C]. //中国电机工程学会可靠性专业指导委员会、城市供电专业委员会 2010 年学术年会论文集. 北京:中国电机工程学会,2010:1-12.

[7] 朱雪凌. 电力系统继电保护原理[M]. 北京:中国电力出版社,2014.

[8] 张建中. 电力系统继电保护[M]. 北京:中国电力出版社,2011.

[9] 李敏,李科春. 电力系统继电保护[M]. 北京:冶金工业出版社,2014.

[10] 梁国艳,杨捷. 电力系统继电保护及自动化[M]. 北京:中国电力出版社,2012.

[11] 张菁. 电气工程基础[M]. 西安:西安电子科技大学出版社,2017.

[12] 王锡凡. 电气工程基础[M]. 2 版. 西安:西安交通大学出版社,2009.

[13] 艾芊,郑志宇. 分布式发电与智能电网[M]. 上海:上海交通大学出版社,2013.

[14] 白晓民,张东霞. 智能电网技术标准[M]. 北京:科学出版社,2018.

[15] 钱卫东. 电气设备[M]. 北京:北京邮电大学出版社,2008.

[16] 刘柏青. 电力系统及电气设备概论[M]. 武汉:武汉大学出版社,2005.

[17] 赵仲民. 电力系统与分析研究[M]. 成都:电子科技大学出版社,2017.

[18] 温步瀛. 电力工程基础[M]. 2 版. 北京:中国电力出版社,2014.

[19] 李光琦. 电力系统暂态分析[M]. 北京:中国电力出版社,2007.

[20] 刘万顺. 电力系统故障分析[M]. 北京:中国电力出版社,2010.

[21] 任思璟. 电力系统分析[M]. 吉林:吉林大学出版社,2016.

[22] 格雷斯比,李宏仲. 电力系统:3 版[M]. 北京:机械工业出版社,2016.

[23] 中国电机工程学会继电保护专业委员会. 智能电网保护与控制新技术[M]. 北京:中国水利水电出版社,2016.

[24] 董志明,张海燕,孙莉莉. 电气工程概论[M]. 重庆:重庆大学出版社,2015.

[25] 马静,王增平. 智能电网层次化保护[M]. 北京:科学出版社,2016.

[26] 程鹏. 电气工程中的核心理论及其发展研究[M]. 北京:中国水利水电出版社,2016.

[27] 周国亮,宋亚奇,朱永利. 智能电网大数据云计算技术研究[M]. 北京:清华大学出版社,2016.

[28] 丁坚勇,胡志坚. 电力系统自动化[M]. 北京:中国电力出版社,2015.

[29] 邱小林. 电气信息专业导论[M]. 北京:北京理工大学出版社,2015.

[30]《中国电力百科全书》委员会,《中国电力百科全书》编辑部. 中国电力百科全书:输电与变电卷[M]. 3 版. 北京:中国电力出版社,2014.

[31] 温步瀛. 电力工程基础[M]. 北京:中国电力出版社,2006.

[32] 程浩忠,张焰,严正,等. 电力系统规划[M]. 北京:中国电力出版社,2008.

[33] 张全元. 电气设备及运行维护系列:变压器分册[M]. 北京:中国电力出版社,2014.

[34] 鲁宗相,王彩霞,闵勇,等.微电网研究综述[J].电力系统自动化,2007,31(19):100-107.

[35] 雷金勇,白浩,马溪原,等.南方电网多能互补海岛微电网综述及展望[J].南方电网技术,2018,96(3):33-40.

[36] 杨新法,苏剑,吕志鹏,等.微电网技术综述[J].中国电机工程学报,2014(1):57-70.

[37] 曾鸣,王雨晴,李明珠,等.泛在电力物联网体系架构及实施方案初探[J].陕西电力,2019,47(4):1-7,58.

[38] 周峰,周晖,刁嬴龙.泛在电力物联网智能感知关键技术发展思路[J].中国电机工程学报,2020(1):70-82.

[39] BALAMURUGANCR, SELVARASUR, PERIAZHAAGARD. Power system operation and control[M]. London:Academic Press,2015.

[40] KIRSCHEN D S, STRBAC G. Fundamentals of power system economics[M]. New York:John Wiley & Sons, 2004.

[41] ADIBI M M. Expert system requirements for power system restoration[M]. New York:Wiley, 2009.

[42] JING M,WANG Z. Basic theories of power system relay protection[M]. London:Academic Press,2012

[43] SHI J, YOU T, HAO W. Application of flash animation in power system relay protection teaching[M]. New York:Wiley,2015.

[44] WEN Z, BURGEONING W U. Electric internet of things[J]. Electric Power Information Technology,2012,17(14):56-62.

[45] ROPPEL T A,GROSS C A. Fundamentals of electrical engineering[M]. New Jersey: Hoboken, 2012.

[46] DWIVEDI B,TRIPATHI A. Fundamentals of electrical engineering[M]. London:Chapman and Hall,2013.

[47] SAAD W, HAN Z, POOR H V, et al. Game-theoretic methods for the smart grid[J]. IEEE Signal Processing Magazine,2012,29(5):86-105.

[48] SAAD W, HAN Z. Game-theoretic methods for the smart grid: an over view of microgrid systems, demand-side management, and smart grid communications[J]. IEEE Signal Processing Magazine, 2012, 14(7):23-31.